应用型本科高校建设示范教材

工程力学教程篇

主　编　胡庆泉　王继燕

副主编　崔　泽　刘　隆　马昌红　杨尚阳

中国水利水电出版社
www.waterpub.com.cn
·北京·

内 容 提 要

本书是根据《高等学校理工科非力学专业力学基础课程教学基本要求》，并结合创建应用型本科院校背景，以及工程力学课程教学大纲的内容和要求编写的。本书分 3 篇（共 14 章）。第 1 篇静力学内容包括：静力学基础、平面力系、空间力系。第 2 篇材料力学内容包括：轴向拉伸与压缩、剪切与挤压、圆轴的扭转、弯曲、应力状态分析与强度理论、组合变形、压杆稳定。第 3 篇运动学和动力学内容包括：一点的运动分析、刚体的平面运动、质点动力学、动力学普遍定理。附录 I 为平面图形的几何性质。本书重视基本概念和基本分析方法，注重培养学生分析与解决问题的能力，并配有《工程力学导学篇》供读者使用。

本书可作为高等学校工科各相关专业的“工程力学”课程教材，也可供大专院校、成人高校师生及有关工程技术人员参考。

图书在版编目（CIP）数据

工程力学教程篇 / 胡庆泉，王继燕主编. -- 北京 : 中国水利水电出版社，2023.1
应用型本科高校建设示范教材
ISBN 978-7-5226-1348-2

Ⅰ. ①工… Ⅱ. ①胡… ②王… Ⅲ. ①工程力学－高等学校－教材 Ⅳ. ①TB12

中国国家版本馆CIP数据核字(2023)第022259号

策划编辑：杜　威　责任编辑：王玉梅　加工编辑：刘　瑜　封面设计：梁　燕

书　名	应用型本科高校建设示范教材 工程力学教程篇 GONGCHENG LIXUE JIAOCHENG PIAN
作　者	主　编　胡庆泉　王继燕 副主编　崔　泽　刘　隆　马昌红　杨尚阳
出版发行	中国水利水电出版社 （北京市海淀区玉渊潭南路 1 号 D 座　100038） 网址：www.waterpub.com.cn E-mail：mchannel@263.net（答疑） sales@mwr.gov.cn 电话：（010）68545888（营销中心）、82562819（组稿）
经　售	北京科水图书销售有限公司 电话：（010）68545874、63202643 全国各地新华书店和相关出版物销售网点
排　版	北京万水电子信息有限公司
印　刷	三河市德贤弘印务有限公司
规　格	170mm×240mm　16 开本　16.25 印张　309 千字
版　次	2023 年 1 月第 1 版　2023 年 1 月第 1 次印刷
印　数	0001—3000 册
定　价	48.00 元

前　言

本书是根据教育部高等学校力学教育指导委员会力学基础课程教学指导分委员会制定的《高等学校理工科非力学专业力学基础课程教学基本要求》，并结合创建应用型本科院校背景，以及工程力学课程教学大纲的内容和要求编写的。

本书分 3 篇（共 14 章）。第 1 篇静力学内容包括：静力学基础、平面力系、空间力系。第 2 篇材料力学内容包括：轴向拉伸与压缩、剪切与挤压、圆轴的扭转、弯曲、应力状态分析与强度理论、组合变形、压杆稳定。第 3 篇运动学和动力学内容包括：一点的运动分析、刚体的平面运动、质点动力学、动力学普遍定理。附录 I 为平面图形的几何性质。本书重视基本概念和基本分析方法，注重培养学生分析与解决问题的能力，并配有《工程力学导学篇》供读者使用。

在编写本书的过程中，编者结合目前创建应用型本科院校的背景，以及课程理论教学时数逐渐减少的实际情况，坚持理论联系实际的方针和把握够用、精炼的原则，充分吸取各高等院校近年来“工程力学”课程教学改革的经验，在内容的选择上，删繁就简，充实技术性、实用性、实践性的内容。本书内容编排与讲解由浅入深，循序渐进，充分反映编者长期教学所积累的经验和体会。

本书由胡庆泉、王继燕担任主编，崔泽、刘隆、马昌红、杨尚阳担任副主编。具体编写人员为：蒋彤（第 1、2 章），胡庆泉（第 3 章，附录 I），李琳（第 4 章），崔泽（第 5、6 章），高曦光（第 7 章），侯善片（第 8、9 章），马昌红（第 10 章），刘隆（第 11 章），杨尚阳（第 12 章），王继燕（第 13、14 章）。本书由胡庆泉、王继燕统稿，崔泽、刘隆、马昌红、杨尚阳、尹大刚等对全书进行了详细审阅。

限于编者的水平，本书难免有不足和欠妥之处，敬请广大教师和读者批评指正。

编者

2022 年 5 月

目　　录

第 1 篇　静力学

第 2 篇 材料力学

第 3 篇 运动学和动力学

第 1 篇　静　力　学

第 1 章　静力学基础

第 2 章　平面力系

第 3 章　空间力系

引 言

物体在力作用下的机械运动和变形机理构成了工程力学的研究范畴。

机械运动是指物体在空间的位置随时间的变化。静力学研究物体机械运动的特殊情况，即物体的平衡问题。所谓物体的平衡，是指物体相对于其周围物体保持静止或做匀速直线运动的状态。因此，静力学讨论以下三方面的问题。

1. 物体的受力分析

确定物体受几个力，每个力的作用位置和方向的分析过程。

2. 力系的等效替换

力系的等效替换（或简化）：将作用在物体上的一个力系用另一个力系代替，而不改变原力系对物体的作用效果，则称此两力系等效或互为等效力系。用一个简单力系等效地替换一个复杂力系对物体的作用，称为力系的简化。

3. 力系的平衡条件及其作用

归纳物体在各种力系作用下的平衡条件及相应的平衡方程。求解静力学平衡问题是静力学最重要的任务。

第 1 章　静力学基础

1.1　静力学的基本概念及基本公理

1.1.1　力和力系

推动小车由静止状态开始运动，手拉弹簧使弹簧产生伸长变形等生活中的活动，都使人感到自己在出力。经过长期的观察和分析，人们逐步建立了力的科学概念。力是物体间相互的机械作用。使物体的运动状态发生变化的作用效应，称为力的外效应；使物体发生变形的作用效应，称为力的内效应。

实践证明，力对物体的作用效应取决于三个要素：

- 力的大小。
- 力的方向。
- 力的作用点。

在力的三个要素中，只要有一个发生改变，力对物体的作用效应也就改变了。力的三个要素通常用一个有向线段表示，如图 1.1 所示。有向线段的长度表示力的大小，线段的起点或终点表示力的作用点，线段的方位加上箭头表示力的方向。由此可知，力是矢量。本书中用黑体字母表示矢量，字母不加黑表示力的大小。在国际单位制中力的单位为 N（牛顿）。

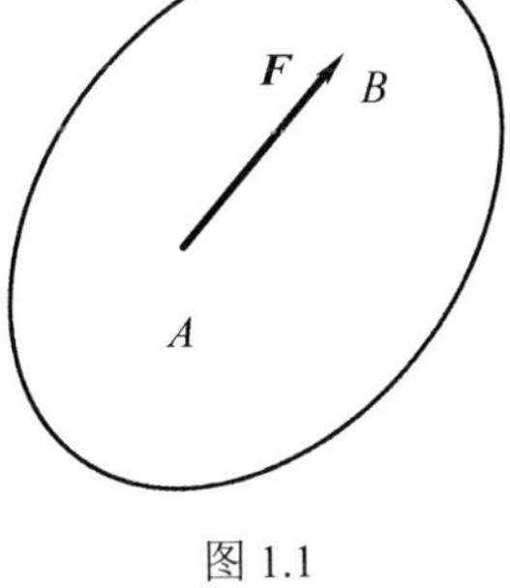

图 1.1

作用于物体上的一群力称为力系。力系依作用线的分布情况的不同有下列两种：

（1）所有力的作用线在同一平面，称为平面力系；否则为空间力系。

（2）所有力的作用线汇交于同一点，称为汇交力系；所有力的作用线都互相平行，称为平行力系；否则为任意力系。

若两力系分别作用于同一物体而效果相同，则此两力系称为等效力系。若力系和一力等效，则此力称为该力系的合力，力系中的各力称为此合力的分力。使物体保持平衡或运动状态不变的力系称为平衡力系。

1.1.2 刚体和变形体

刚体就是指在任何情况下永远不变形的物体。宇宙中没有真正的刚体，刚体是把实际物体抽象得到的理想化模型，这样的抽象简化了问题的研究，可按物体原有尺寸进行计算，得到有关刚体运动和平衡的普遍规律。

实际上，在自然界中任何物体受力后总会产生一些变形。当物体的变形对问题的研究起主要作用时，就不能把物体抽象为刚体，必须以另一种模型——变形体来代替。这种物体将在变形体力学中研究。

1.1.3 静力学公理

静力学中已被实践反复证实而不需证明的真理，称为静力学公理，它们奠定了静力学全部理论的基础。

公理 1 力的平行四边形法则公理：作用在物体上同一点的两个力，可以合成为一个合力，合力的作用点也在该点，合力的大小和方向由以这两个力为邻边所构成的平行四边形的对角线确定，如图 1.2 所示。这种合成方法也称为矢量加法。即合力矢等于这两个分力矢的矢量和，表示为

$$\boldsymbol{F}_{\mathrm{R}} = \boldsymbol{F}_1 + \boldsymbol{F}_2 \tag{1.1}$$

为了作图方便，也可以只作出平行四边形的一半，即三角形便可，如图 1.3 所示。这种求合力的方法称为力的三角形法则。

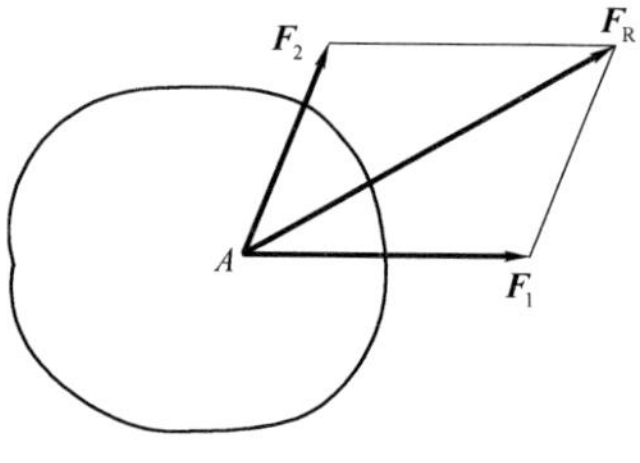

图 1.2

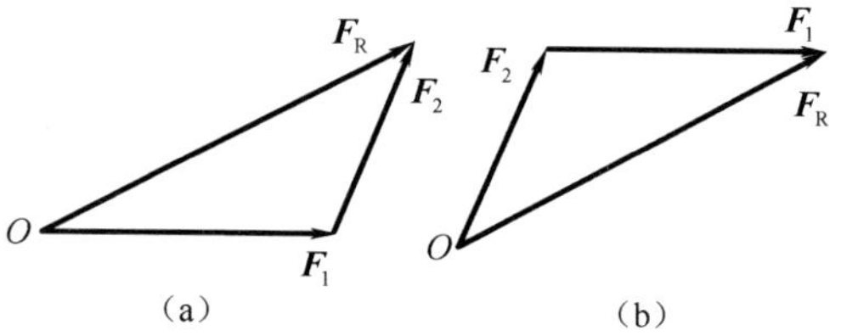

图 1.3

公理 1 提供了由两个力组成的最简单力系求其合力的法则，这也为以后复杂

力系简化提供了基础。

公理 2 二力平衡公理：作用于刚体的两个力平衡的充分必要条件是这两个力大小相等、方向相反、作用线共线，如图 1.4 所示。

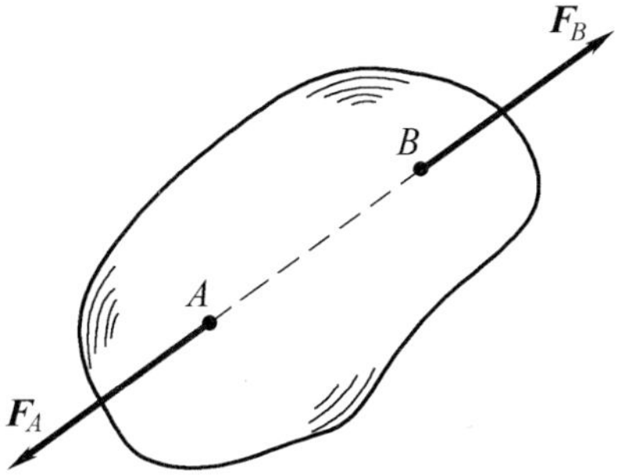

图 1.4

公理 2 表明了作用于刚体上的最简单力系平衡时所必须满足的条件。需要注意的是，这个公理只适用于刚体，对变形体来说只是必要条件，而非充分条件。例如，柔软的绳索在两个等值、反向、共线的拉力作用下平衡，但在承受等值、反向、共线的压力时就不平衡。

公理 3 加减平衡力系公理：在作用于刚体的任一力系上，加上或减去一个平衡力系，并不改变原力系对刚体的作用。公理 3 是研究力系等效替换的重要依据。

推论 1 力的可传性原理：作用于刚体上某点的力，可以沿着它的作用线移到刚体内任意一点，并不改变该力对刚体的作用效果。如图 1.5 所示，将作用在小车 A 点处的水平推力 $\boldsymbol{F}$，沿其作用线移到 B 点处，力 $\boldsymbol{F}'$ 对小车的作用效果与力 $\boldsymbol{F}$ 是相同的。考虑到力的可传性，作用于刚体上的力的三个要素可改为大小、方向和作用线。作用于刚体上的力可以沿着作用线移动，力矢量是滑移矢量。

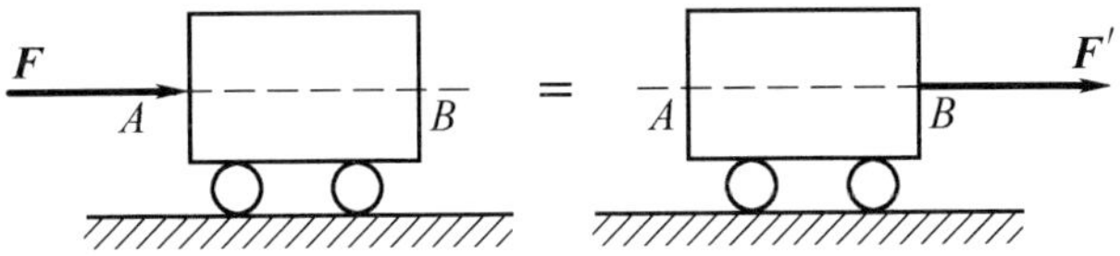

图 1.5

简单证明一下推论 1。刚体上的 A 点作用一力 $\boldsymbol{F}$，如图 1.6（a）所示。根据加减平衡力系公理，在力的作用线 B 点处加上两个相互平衡的力 $\boldsymbol{F}_1$ 和 $\boldsymbol{F}_2$，如图 1.6（b）所示，且使 $F_1 = F_2 = F$，如此力 $\boldsymbol{F}$ 和 $\boldsymbol{F}_1$ 也组成一个平衡力系，减去此平衡力系，就只剩下一个力 $\boldsymbol{F}_2$，如图 1.6（c）所示，即原来的力 $\boldsymbol{F}$ 沿其作用线由 A 点移到了 B 点。

推论 2 三力平衡汇交定理：作用于刚体上的三个相互平衡的力，若其中两个力的作用线汇交于一点，那么，这三个力必在同一平面内，且第三个力的作用线通过汇交点。

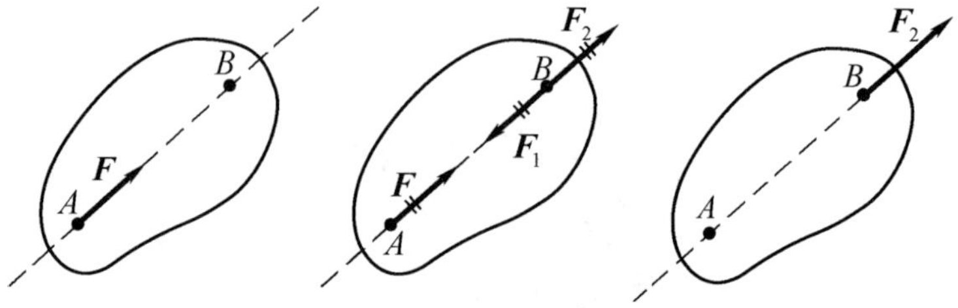

图 1.6

证明：如图 1.7 所示，在一刚体的 A、B、C 三点上，分别作用三个互不平行的力 $\boldsymbol{F}_1$、$\boldsymbol{F}_2$ 和 $\boldsymbol{F}_3$，其中 $\boldsymbol{F}_1$ 和 $\boldsymbol{F}_2$ 的作用线汇交于 O 点，根据力的可传性，将力 $\boldsymbol{F}_1$ 和 $\boldsymbol{F}_2$ 移到汇交点 O，再根据力的平行四边形法则，求出合力 $\boldsymbol{F}_{12}$。若刚体处于平衡状态，则力 $\boldsymbol{F}_3$ 应与 $\boldsymbol{F}_{12}$ 组成平衡力系，这两个力必须等值、反向、共线，所以力 $\boldsymbol{F}_3$ 的作用线必定通过 O 点，即三个力的作用线汇交于一点，也在同一平面内，定理得证。

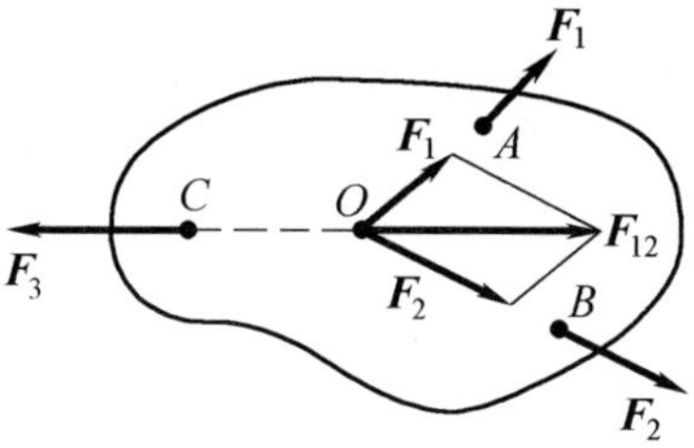

图 1.7

公理 4 作用与反作用定律：两个物体间相互作用的一对力，总是大小相等、方向相反、作用线相同，并分别作用于这两个物体。这两个力互为作用力和反作用力。

公理 4 概括了物体间互相作用的关系。值得注意的是，作用力与反作用力分别作用在两个相互作用的物体上，不能视作平衡力系。

1.2 力对点的矩和合力矩定理

1.2.1 平面上力对点的矩

如图 1.8 所示，用扳手拧紧螺母时，力 $\boldsymbol{F}$ 使扳手绕 O 点（称为矩心）转动，转动的效果不仅与力的大小有关，而且与矩心 O 到力 $\boldsymbol{F}$ 作用线的垂直距离 h（称为力臂）有关，用乘积 Fh 来表示力 $\boldsymbol{F}$ 使扳手绕 O 点转动效果的强弱。另外，当改变力 $\boldsymbol{F}$ 的指向时，扳手绕 O 点的转动方向也随之改变。于是，定义力的大小与力臂的乘积并冠以正负号，来度量力使物体绕 O 点转动效果的物理量，这个物量量称为平面力对点的矩，简称力矩，记作

$$m_O(\boldsymbol{F}) = \pm Fh \tag{1.2}$$

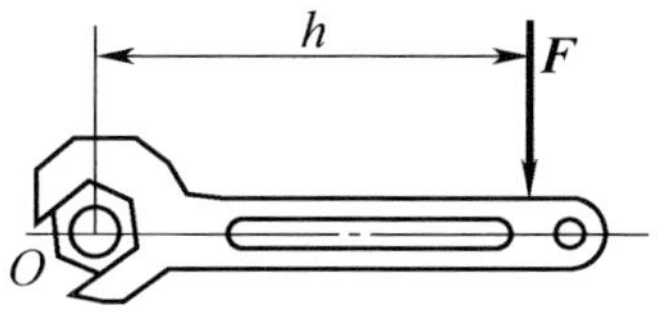

图 1.8

平面力对点的矩由力矩的大小和转向两个因素决定，可以用一个代数量完整地表示出来，单位为 $\mathrm{N \cdot m}$ 或 $\mathrm{kN \cdot m}$。其正负号按下述规定：力使物体绕矩心逆时针转动为正，反之为负。

由力矩的定义可知，当力的作用线通过矩心或力等于零时，力对该点的矩为零；当力在作用线上滑动时，力对该点的矩不变。

1.2.2 合力矩定理

平面汇交力系的合力对平面内任一点的力矩，等于各分力对同一点的矩的代数和，称为合力矩定理。其表达式为

$$m_O(\boldsymbol{F}_R) = \sum_{i=1}^{n} m_O(\boldsymbol{F}_i) = \sum m_O(\boldsymbol{F}) \tag{1.3}$$

在计算力矩时，若力臂不易求出，常将力分解为力臂易求的两个分力，然后应用合力矩定理来求力对点的矩。

例 1.1 力 $\boldsymbol{F}$ 作用于支架上的 C 点，如图 1.9 所示。已知 $F = 1200\mathrm{N}$，$a = 140\mathrm{mm}$，$b = 120\mathrm{mm}$，试求力 $\boldsymbol{F}$ 对作用面内 A 点之矩。

解：把力 $\boldsymbol{F}$ 分解为水平分力 $\boldsymbol{F}_x$ 和垂直分力 $\boldsymbol{F}_y$，由合力矩定理得

$$\begin{aligned} m_A(\boldsymbol{F}) &= m_A(\boldsymbol{F}_x) + m_A(\boldsymbol{F}_y) = -F\cos 30^\circ \cdot b + F\sin 30^\circ \cdot a \\ &= (-1200 \times 0.866 \times 0.12 + 1200 \times 0.5 \times 0.14)\ \mathrm{N \cdot m} = -40.7\mathrm{N \cdot m} \end{aligned}$$

负号表示力矩为顺时针转向。

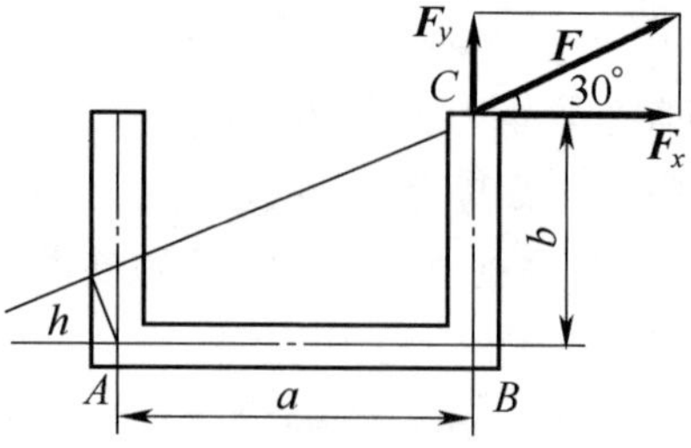

图 1.9

例 1.2 水平梁 AB 受按三角形分布的载荷作用，如图 1.10 所示。载荷的最大值为 q、梁长为 l。试求合力作用线位置。

解：在梁上距 A 端为 x 处取长度 dx，则在 dx 上作用力的大小为 $q'dx$，其中 q' 为该处的载荷集度。由图可知，$q'=xq/l$，因此载荷的合力大小为

$$Q=\int_0^l q'\mathrm{d}x=\int_0^l \frac{x}{l}q\mathrm{d}x=\frac{1}{2}ql$$

设合力作用线距 A 点为 h，根据合力矩定理有

$$Qh=\int_0^l q'x\mathrm{d}x$$

将 q'、Q 值代入上式积分，得

$$h=2l/3$$

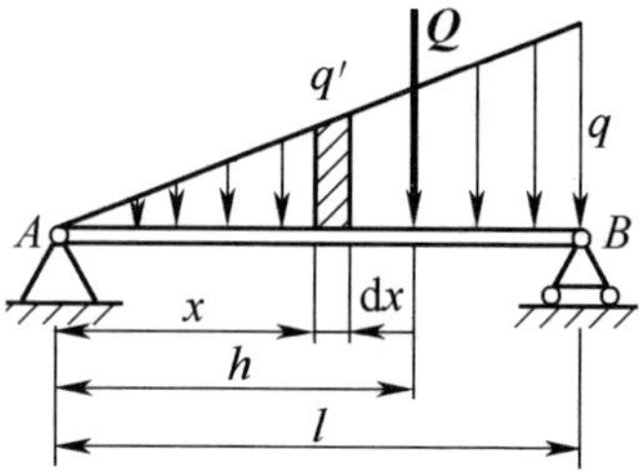

图 1.10

1.3 力　　偶

1.3.1 力偶的概念和性质

大小相等、方向相反、作用线互相平行却不重合的两个力称为力偶。例如，司机驾驶汽车、钳工用丝锥攻螺纹时，加在方向盘和丝杠上的力就是这样的力偶，如图 1.11 所示，记作 $(\boldsymbol{F},\boldsymbol{F}')$。力偶中两力作用线之间的垂直距离 d 称为力偶臂，力偶所在的平面称为力偶作用面。

力偶是由两个力组成的特殊力系，有以下基本性质：

（1）力偶无合力，或力偶无法合成为一个力，所以一个力偶不能和一个力等效，只能和一个力偶等效。

（2）力偶对物体的作用效果与力对物体的作用效果不同。力既可使物体移动，又可使物体转动，而力偶只能使物体转动。力偶和力是静力学的两个基本要素。

（3）力偶的两个力由于大小相等、方向相反、作用线互相平行，因此在任意坐标轴上的投影和恒为零。

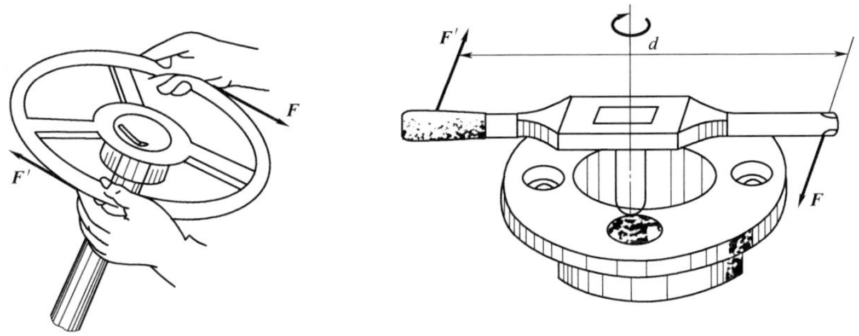

（a）　　　　（b）

图 1.11

1.3.2　力偶矩的概念

力偶无合力，本身又不平衡，力偶对物体的转动效果可用两个力对其作用面内任一点的力矩的和来度量。如图 1.12 所示，力偶 $(\boldsymbol{F},\boldsymbol{F}')$ 作用在物体上，其力偶臂为 d，则它对平面内任意点 O 的力矩之和为

$$m_O(\boldsymbol{F})+m_O(\boldsymbol{F}')=-F'x+F(d+x)=-F(d+x-x)=Fd$$

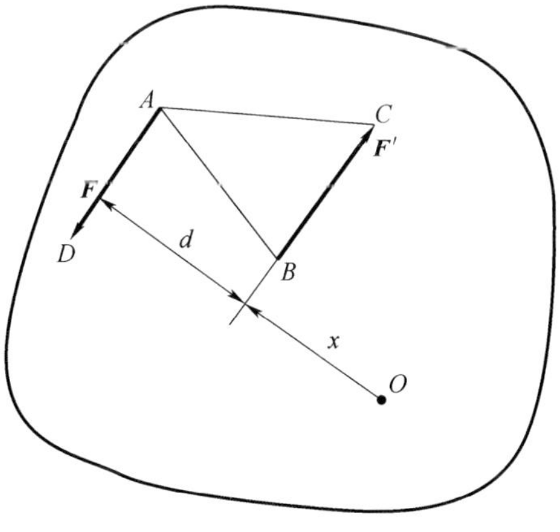

图 1.12

由于矩心的选择是任意的，故力偶对物体的转动效果只取决于两个因素，即力和力偶臂的大小，与矩心无关。用力偶中任一力的大小与力偶臂的乘积 Fd 定义力偶对物体的转动效果，称为力偶矩，用 M 表示，即

$$M = \pm Fd \tag{1.4}$$

式（1.4）中正负号表示力偶的转向。通常规定：逆时针方向为正，顺时针方向为负。因此，力偶矩是一个代数量，常用单位有 $\mathrm{N \cdot m}$ 或 $\mathrm{kN \cdot m}$，力偶对任何一点的力矩恒等于其力偶矩。

1.3.3 同一平面内力偶的等效定理

由于力偶无合力，因此一个力偶不能和一个力等效，只能和一个力偶等效，力偶对物体的转动效果只取决于力偶矩。所以，在同一作用面内的两个力偶等效的条件是力偶矩相等，也称为力偶的等效定理。

由力偶的等效定理得出如下性质：

（1）在保持力偶矩的大小和转向不变的条件下，可任意改变力偶中力的大小和力偶臂的长短。

（2）作用在刚体上的力偶，只要保持其转向及力偶矩的大小不变，可在其力偶作用面内任意转移位置。

证明从略。

由上述性质，力偶可用如图 1.13 所示的符号表示，其中 $M = Fd$ 。

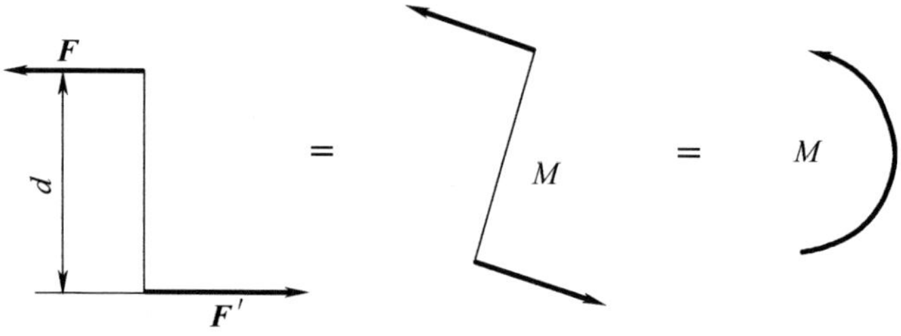

图 1.13

1.4 约束和约束力

在空间可做任意运动的物体称为自由体。因受到周围物体的阻碍，某些方向的运动受到限制的物体称为非自由体。生活中和工程中的大多数物体都是非自由体，如沿轨道行驶的火车、安装在轴承中的转轴、摆动的单摆等。

对非自由体某些方向的运动起限制作用的周围物体称为约束。例如，轨道是火车的约束，轴承是转轴的约束、绳子是单摆的约束等。约束阻碍限制物体的自由运动，改变了物体的运动状态，所以约束必然承受物体的作用力，同时给予物体以大小相等、方向相反的反作用力。将约束施加给非自由体的作用力称为约束反作用力（简称约束力、反力），属于被动力。由此可知，约束力作用在约束和非自由体的相互接触处，方向总是与非自由体被约束所限制的运动方向相反，大小依据平衡条件来确定。除约束力外，物体上受到的各种载荷，如重力、风力等。这些促使物体运动或有运动趋势的力，属于主动力。静力学中主动力常作为已知条件给出，重点是确定约束力。

下面将工程中常见的约束理想化，归纳为几种常见的约束类型，并根据它们的约束特性，分析其约束反力的特点和表示方法。

1.4.1　柔索约束

属于柔索约束的有工程中常见的绳索、钢丝绳、胶带、链条等，忽略刚性，不计重力，视为绝对柔软。这类约束的特点是只能承受拉力，不能承受压力，只能限制物体沿柔索伸长的方向运动。如图 1.14（a）所示，绳子吊起的球体在重力的作用下有下落的趋势，绳子阻止了球体向下的运动，因此，球体受到来自绳子的约束力，这个约束力显然是拉力，作用在绳子连接球体之处，如图 1.14（b）所示。

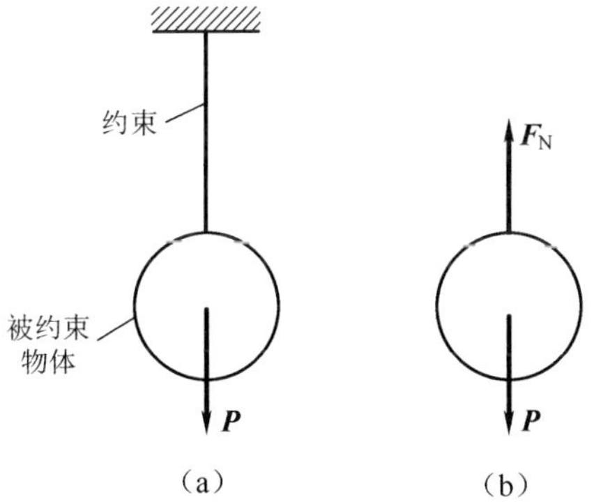

图 1.14

由于柔索只限制了物体沿柔索伸长方向的运动，而不能限制沿其他方向的运动，因此柔索约束的约束力只能是拉力，作用在连接点或假想截割处，沿柔索的中心线而背离物体，常用 $\boldsymbol{F}_T$ 或 $\boldsymbol{T}$ 表示。图 1.15（b）表示了皮带或链条对传动轮的柔索约束力。

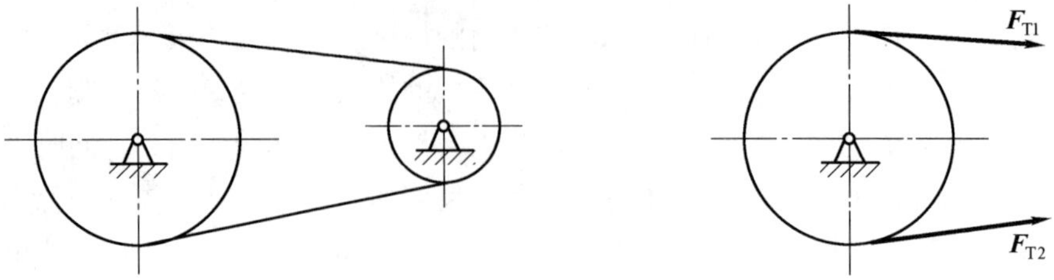

（a） （b）

图 1.15

1.4.2 光滑面约束

接触面上的摩擦力很小，忽略摩擦，接触面视为理想光滑面。这类约束的特点是无论支承接触表面的形状如何，只能承受压力，不能承受拉力，即不限制物体沿约束表面切线的运动，只能阻碍物体沿接触表面法线并向约束内部的运动。因此，光滑面约束对物体的约束力，作用在接触点处，沿接触表面的公法线方向，指向被约束的物体，这个力也称为法向约束力，常用 $\boldsymbol{F}_{\mathrm{N}}$ 或 $\boldsymbol{N}$ 表示，如图 1.16（b）和图 1.17（b）所示。

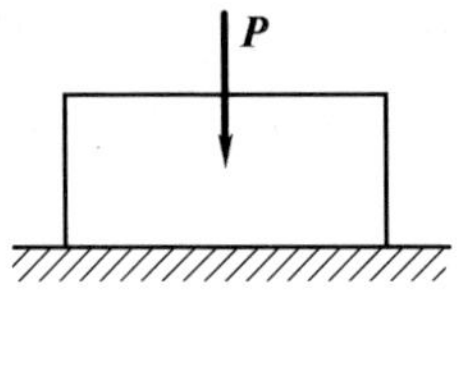

（a） （b）

图 1.16

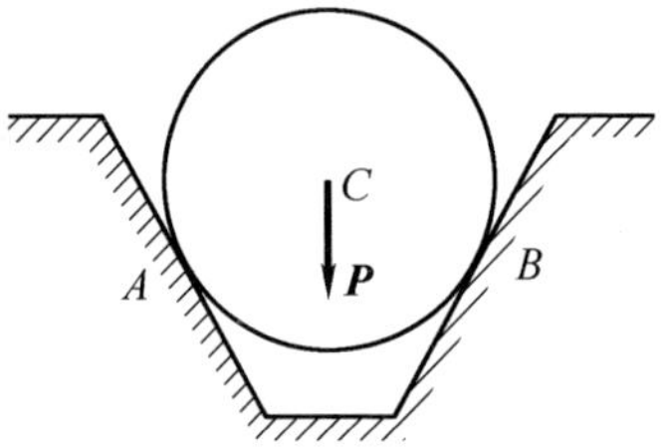

（a） （b）

图 1.17

1.4.3　光滑圆柱铰链约束

圆柱铰链简称圆柱铰，是连接两构件的圆柱形定位销。例如，门窗上的合页、画圆的工具圆规。由一个圆柱形销钉插入两个物体的圆孔中，视销钉与圆孔之间的接触是光滑的，这就构成了光滑圆柱铰链约束。这类约束有多种形式，下面分别进行讲述。

1. 圆柱形铰链约束

圆柱形铰链约束是由销钉 C 将两个有相同孔径的构件 A、B 连接而成的，如图 1.18（a)、(b）所示。构件 A、B 只能绕销钉 C 的轴线相对于销钉转动，但不能相对移动。由于销钉与构件圆孔接触曲面都是光滑的，两者之间的配合总有缝隙，即两圆柱面接触只是在局部某一点，如图 1.18（c）所示，其本质还是属于光滑面约束，因此销钉对构件的约束力 $\boldsymbol{F}_K$ 应通过构件圆孔中心。但接触点无法确定，导致约束力的方向难以确定，因此通常用通过铰链中心的两个互相垂直的未知分力 $\boldsymbol{F}_{Kx}$、$\boldsymbol{F}_{Ky}$ 表示这个约束力 $\boldsymbol{F}_K$，如图 1.18（d）所示。

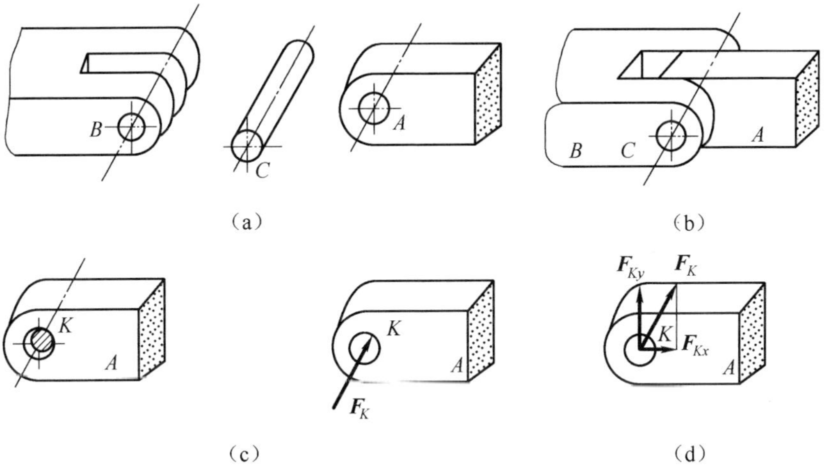

图 1.18

2. 固定铰链支座约束

将连接的两构件中的一个固定于地面或机架，形成固定铰链支座，简称固定铰支。图 1.19（a）为桥梁上所用一种支座的构造示意图，图 1.19（b)、(c）为固定铰链支座的计算简图。固定铰链支座的约束力也是通过支座中心的两个互相垂直的未知分力 $\boldsymbol{F}_{Ax}$、$\boldsymbol{F}_{Ay}$，如图 1.19（d）所示。固定铰支约束广泛存在于生活及工程实际中，请找出我们所在教室中，有关固定铰支座的实例，并指明其作用。

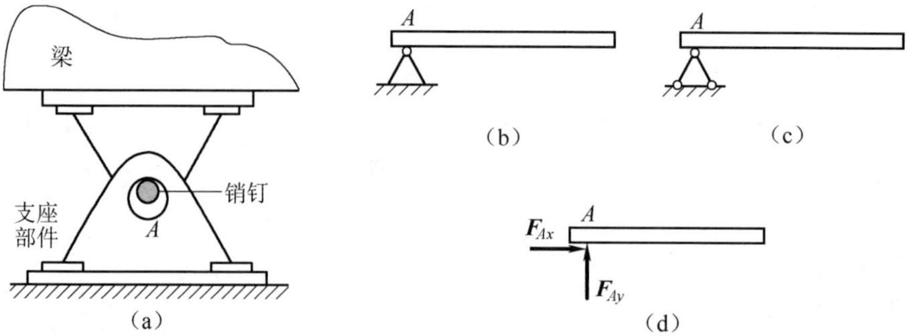

图 1.19

图 1.20（a）中所示的向心轴承，若忽略摩擦，则轴与轴承可以看成光滑面约束。因此，向心轴承对轴的约束力与固定铰链支座相同，通常也用通过支座中心的两个互相垂直的未知分力 $\boldsymbol{F}_{Ax}$、$\boldsymbol{F}_{Ay}$ 表示，如图 1.20（b）所示。

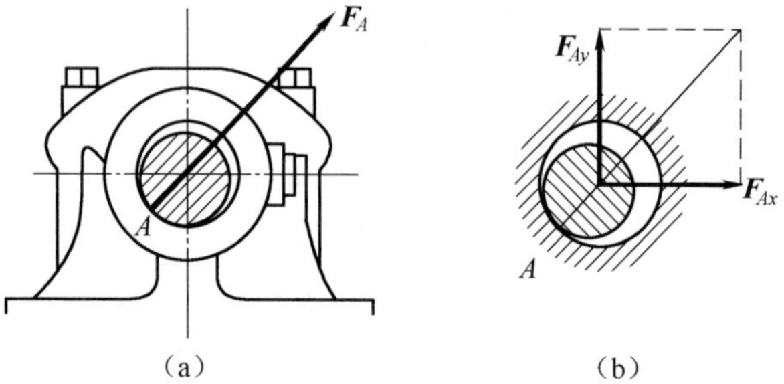

图 1.20

3. 活动铰链支座约束

在固定铰支座和光滑支撑面之间装上几个滚轴，则形成活动铰链支座，简称活动铰支，如图 1.21（a）所示。由于滚轴滚动方向可视为光滑，被支承的物体可沿支撑面的切线方向运动，法线方向的运动被限制，故活动铰链支座的约束力与光滑面约束相同，约束反力沿支撑面的法线方向，如图 1.21（e）所示。图 1.21（b）、（c）、（d）表示了活动铰链支座的几种简化形式。

4. 光滑球铰链约束

通过圆球和球壳将两个构件连接在一起的约束称为球铰链，如图 1.22（a）所示。这种约束使构件的球心不能有任何位移，但构件可绕球心任意转动。若忽略摩擦，其约束力应是通过接触点与球心，但方向不能确定的一个空间法向约束力，可用三个未知的正交分力 $\boldsymbol{F}_{Ax}$、$\boldsymbol{F}_{Ay}$、$\boldsymbol{F}_{Az}$ 表示，其简图及约束力如图 1.22（b）所示。

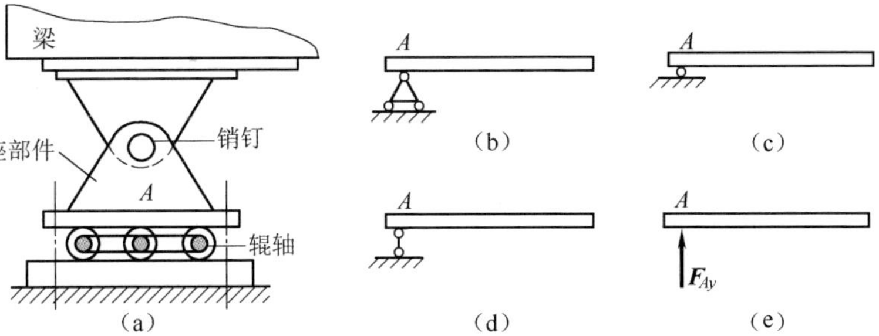

图 1.21

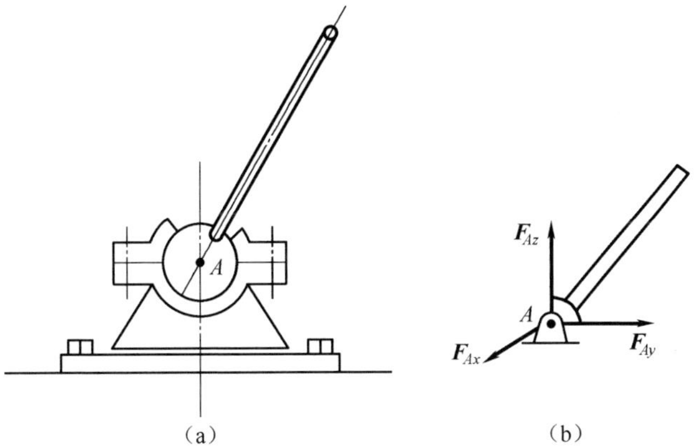

图 1.22

5. 止推轴承

与向心轴承不同，止推轴承除了能限制轴的径向位移外，还能限制轴沿轴向的位移，因此，它比向心轴承多一个沿轴向的约束力，与光滑球铰链约束力类似，可用三个未知的正交分力 $\boldsymbol{F}_{Ax}$、$\boldsymbol{F}_{Ay}$、$\boldsymbol{F}_{Az}$ 表示，其简图及约束力如图 1.23 所示。

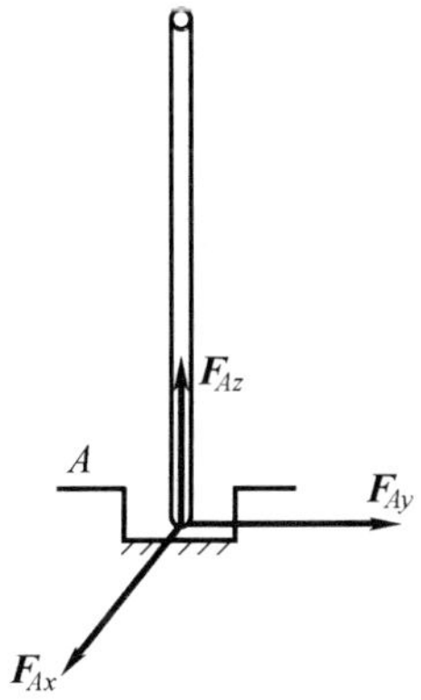

图 1.23

1.5 物体的受力分析与受力图

解决物体平衡或运动状态变化的问题，首先要明确研究对象，分析它的受力情况，确定每个力的作用点和方向，这个分析过程称为物体的受力分析。

受力分析的一般步骤如下：

（1）选择研究对象，画隔离体。研究对象可以是结构中的单一构件，或是其中的一部分，抑或是结构整体。明确研究对象后，将它从周围相连接的物体中分离出来，称为画物体的隔离体。在取隔离体时，约束被解除掉，所以必须在接触点上用约束力来代替。

（2）画受力图。取出隔离体后，先画出隔离体的图形，并画上作用于隔离体的主动力和全部的约束力，这样的图形称为受力图。一般先画主动力，再画约束力。

画受力图是求解力学问题的第一步，不能有任何错误。一定要注意以下几点：

- 一定要把研究对象从所属的环境中隔离出来，只有如此，才能暴露出物体之间的作用关系。
- 由于力是物体之间相互的机械作用，因此在画每一个力时，一定要知道谁是此力的施力物体，即是什么施力物体作用在研究对象上。不可漏画，也不要多画。
- 严格按约束类型和约束力的特点，画出相应的约束力，切不可设定物体所处的状态，而去主观推测物体的受力。
- 注意物体之间的相互作用。作用力的方向确定后，反作用力的方向应与之相反，它们不能出现在同一个受力图上。
- 受力图中的力，无论是主动力还是约束力都是外力，研究对象的内力一定不能在受力图中画出。

例 1.3 用力 $\boldsymbol{F}$ 拉动碾子以压平路面，重力为 $\boldsymbol{P}$ 的碾子受到一石块的阻碍，如图 1.24（a）所示。试画出碾子的受力图。

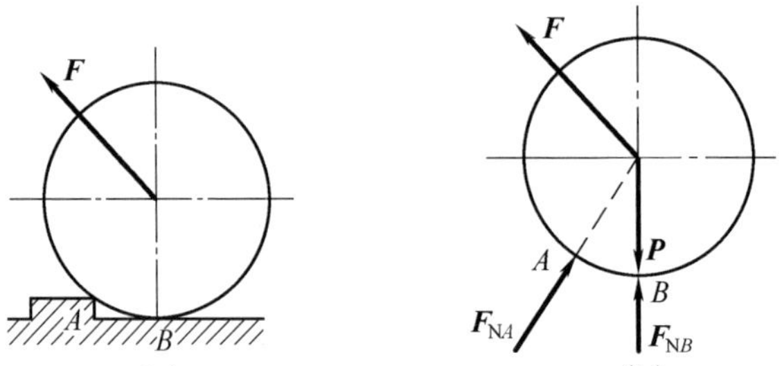

图 1.24

解：（1）取碾子为研究对象。解除碾子在 A、B 处的约束，得到隔离体。

（2）先画出作用在碾子中心 O 点处的主动力 $\boldsymbol{P}$ 和作用在碾子中心的拉力 $\boldsymbol{F}$，再画约束力。因碾子在 A 处和 B 处受到石块和地面的光滑面约束，故在这两处受光滑面约束力 $\boldsymbol{F}_{NA}$ 和 $\boldsymbol{F}_{NB}$ 的作用，它们都沿着碾子上接触点的公法线方向指向碾子中心。碾子的受力图如图 1.24（b）所示。

例 1.4　某结构如图 1.25（a）所示，各构件自重不计，受分布载荷作用。试画出构件 AC 和 BD 的受力图。

解：（1）先取构件 BD 为研究对象。由于构件自重不计，因此仅在 B 和 D 两点受到铰链的约束力，且构件处于平衡，符合二力平衡公理。B、D 处的力必定等值、反向、共线，用 $\boldsymbol{F}_B$ 及 $\boldsymbol{F}_D$ 表示。构件 BD 的受力图如图 1.25（b）所示。只受两个力作用而平衡的构件称为二力杆（二力构件、连杆）。

（2）再取构件 AC 为研究对象。作用力有：主动力分布载荷，A 处的固定铰链支座约束力 $\boldsymbol{F}_{Ax}$、$\boldsymbol{F}_{Ay}$，B 处则受到二力构件 BD 给它的反作用力 $\boldsymbol{F}_B'$，有 $\boldsymbol{F}_B=-\boldsymbol{F}_B'$。构件 AC 的受力图如图 1.25（c）所示。

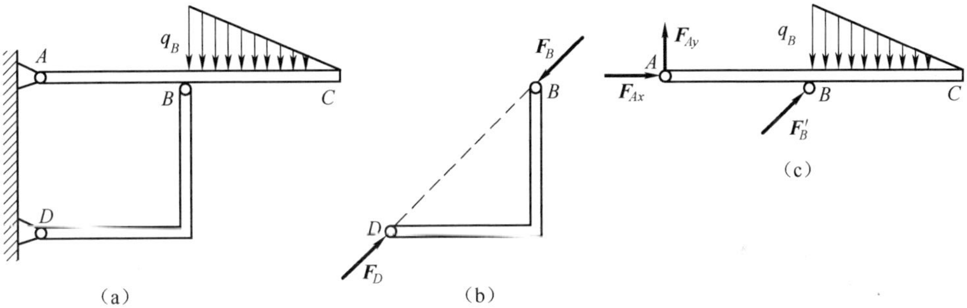

图 1.25

扩展阅读：静力学发展简史

静力学一词是由法国数学家、力学家皮埃尔·伐里农于 1725 年提出的。从现存的古代建筑，可以推测当时的建筑者已使用了某些由经验得来的力学知识，并且为了举高和搬运重物，已经能运用一些简单机械（如杠杆、滑轮和斜面等）。

静力学是从公元前 3 世纪开始发展，到公元 16 世纪伽利略奠定动力学基础为止。这期间经历了西欧奴隶社会后期、封建时期和文艺复兴初期。农业、建筑业的要求，以及同贸易发展有关的精密衡量的需要，推动了力学的发展。人们在使用简单的工具和机械的基础上，逐渐总结出力学的概念和公理。例如：从滑轮和杠杆得出力矩的概念；从斜面得出力的平行四边形法则等。

阿基米德是使静力学成为一门真正科学的奠基者。他在关于平面图形的平衡和重心的著作中，创立了杠杆理论，并且推导出了静力学的主要原理。阿基米德得出的杠杆平衡条件是：若杠杆两臂的长度同其上的物体的重力成反比，则此物体必处于平衡状态。阿基米德是第一个使用严密推理来求出平行四边形、三角形和梯形物体的重心的人，他还应用近似法，求出了抛物线段的重心。

著名的意大利艺术家、物理学家和工程师达·芬奇是文艺复兴时期首先跳出中世纪烦琐科学人们中的一个，他认为实验和运用数学解决力学问题有巨大意义。他应用力矩法解释了滑轮的工作原理；应用虚位移原理的概念来分析起重机构中的滑轮和杠杆系统；在一份草稿中分析了铅垂力奇力的分解；研究了物体的斜面运动和滑动摩擦阻力，首先得出了滑动摩擦阻力同物体的摩擦接触面的大小无关的结论。

对物体在斜面上的力学问题的研究，最有功绩的是斯蒂文，他得出并论证了力的平行四边形法则。静力学一直到伐里农提出了著名的伐里农定理后才完备起来。该定理和潘索多边形原理是图解静力学的基础。

图解静力学是静力学中用作图方式求解问题的一种方法。所得结果的精确度虽不如数解法，但能迅速得出一目了然的答案，故在一般工程结构的设计中也常采用。用此法进行设计，便于随时调整原始数据和迅速找出计算过程中的错误，并可用以比较几种设计方案的长处和短处。

分析静力学是意大利数学家、力学家拉格朗日提出来的，他在大型著作《分析力学》中，根据虚位移原理，用严格的分析方法叙述了整个力学理论。虚位移原理早在1717年已由伯努利提出，而应用这个原理解决力学问题的方法的进一步发展和对它的数学研究却是拉格朗日的功绩。

我国古代科学家对静力学有着重大的贡献。春秋战国时期伟大的哲学家墨翟（公元前5世纪至公元前4世纪）在他的代表作《墨经》中，对杠杆、轮轴和斜面作了分析，提出了杠杆的平衡原理。

第2章 平面力系

在静力学中，将力系分为平面问题和空间问题两部分进行研究。只要作用于物体上的力分布在一个平面内，或物体的受力情况有一对称面，即可简化为平面问题研究。平面静力学的研究不但在实际中有广泛应用，还为后续空间静力学的研究奠定基础。本章主要研究平面汇交力系、平面力偶系和平面任意力系的合成和平衡，以及利用得到的平衡条件和平衡方程，解决工程中有关此类力系的静力学问题。

2.1 平面汇交力系的合成与平衡

各力的作用线在同一个平面内，且汇交于一点的力系称为平面汇交力系。下面分别用几何法、解析法研究平面汇交力系的合成和平衡。

2.1.1 平面汇交力系的合成与平衡的几何法

如图 2.1（a）所示，刚体受平面汇交力系 $\boldsymbol{F}_1$，$\boldsymbol{F}_2$，$\boldsymbol{F}_3$，$\boldsymbol{F}_4$ 作用，利用力的平行四边形法则，将 $\boldsymbol{F}_1$、$\boldsymbol{F}_2$ 合成，得到合力 $\boldsymbol{F}_{R1}$，$\boldsymbol{F}_{R1}=\boldsymbol{F}_1+\boldsymbol{F}_2$，作用线过汇交点，重复使用此法则，得 $\boldsymbol{F}_{R2}=\boldsymbol{F}_{R1}+\boldsymbol{F}_3=\boldsymbol{F}_1+\boldsymbol{F}_2+\boldsymbol{F}_3$，最后得

$$\boldsymbol{F}_R=\boldsymbol{F}_1+\boldsymbol{F}_2+\boldsymbol{F}_3+\boldsymbol{F}_4$$

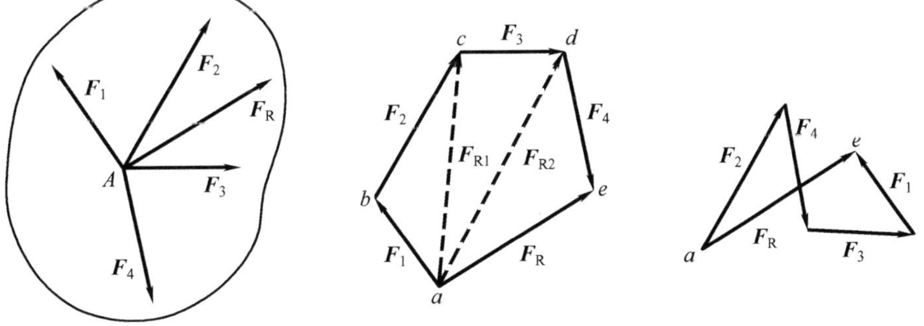

（a）　（b）　（c）

图 2.1

合力 $\boldsymbol{F}_{\mathrm{R}}$ 的作用线过汇交点 A。

也可以用更简单的方法求合力 $\boldsymbol{F}_{\mathrm{R}}$。$\boldsymbol{F}_{\mathrm{R1}}$、$\boldsymbol{F}_{\mathrm{R2}}$ 不作出，只需将各力矢 $\boldsymbol{F}_1$，$\boldsymbol{F}_2$，$\boldsymbol{F}_3$，$\boldsymbol{F}_4$ 依次首尾相连，得到一个不封闭的多边形 $abcde$，如图 2.1（b）所示。最后，从第一个矢量的起点指向最后一个矢量的终点引矢量 $\boldsymbol{ae}$，则矢量 $\boldsymbol{ae}$ 就是合力 $\boldsymbol{F}_{\mathrm{R}}$。这就是平面汇交力系合成的几何法，也称为力的多边形法则。若各力合成的次序不同，则得到的力多边形的形状不同，如图 2.1（c）所示，但是合力 $\boldsymbol{F}_{\mathrm{R}}$ 则完全相同。因此，合力 $\boldsymbol{F}_{\mathrm{R}}$ 与各力合成的次序无关。

将以上结论推广到平面汇交力系有 n 个力组成的情况，即

$$\boldsymbol{F}_{\mathrm{R}} = \boldsymbol{F}_1 + \boldsymbol{F}_2 + \boldsymbol{F}_3 + \cdots + \boldsymbol{F}_n = \sum_{i=1}^{n} \boldsymbol{F}_i = \sum \boldsymbol{F} \tag{2.1}$$

式（2.1）表明：平面汇交力系可以合成为一个合力，合力等于原力系中各力的矢量和，其作用线过各力的汇交点。

平面汇交力系的合成结果为一个合力，因此，平面汇交力系平衡的充分必要条件是合力等于零，即

$$\boldsymbol{F}_{\mathrm{R}} = \sum \boldsymbol{F} = 0 \tag{2.2}$$

由力的多边形法则可知，合力为零意味着第一个力的起点和最后一个力的终点重合，即力的多边形自行封闭。所以，平面汇交力系平衡的充分必要几何条件是力系的多边形自行封闭，如图 2.2 所示。

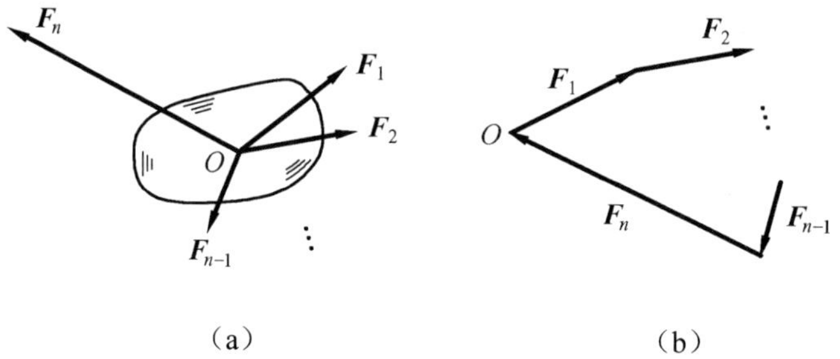

图 2.2

2.1.2　平面汇交力系的合成与平衡的解析法

刚体上作用平面汇交力系 $\boldsymbol{F}_1$，$\boldsymbol{F}_2$，…，$\boldsymbol{F}_n$，取 x、y 轴正向的单位向量为 $\boldsymbol{i}$、$\boldsymbol{j}$，则第 i 个力的解析表达式为

$$\boldsymbol{F}_i = \boldsymbol{F}_{ix} + \boldsymbol{F}_{iy} = F_{ix}\boldsymbol{i} + F_{iy}\boldsymbol{j}$$

合力的解析表达式为

$$\boldsymbol{F}_{\mathrm{R}} = F_{\mathrm{R}x}\boldsymbol{i} + F_{\mathrm{R}y}\boldsymbol{j}$$

由式（2.1）可知

$$\boldsymbol{F}_{\mathrm{R}} = \sum \boldsymbol{F} = (F_{1x} + F_{2x} + \cdots + F_{nx})\boldsymbol{i} + (F_{1y} + F_{2y} + \cdots + F_{ny})\boldsymbol{j} = F_{\mathrm{R}x}\boldsymbol{i} + F_{\mathrm{R}y}\boldsymbol{j}$$

即

$$\left.\begin{aligned} F_{\mathrm{R}x} = F_{1x} + F_{2x} + \cdots + F_{nx} = \sum F_x \\ F_{\mathrm{R}y} = F_{1y} + F_{2y} + \cdots + F_{ny} = \sum F_y \end{aligned}\right\} \tag{2.3}$$

其中，F_{1x} 和 F_{1y}，F_{2x} 和 F_{2y}，…，F_{nx} 和 F_{ny} 分别是各分力在 x 轴和 y 轴上的投影。

式（2.3）表明：合力在任意轴上的投影等于各个分力在同一轴上投影的代数和。这就是合力投影定理。

已知合力的投影 $\boldsymbol{F}_{\mathrm{R}x}$ 和 $\boldsymbol{F}_{\mathrm{R}y}$，可得合力 $\boldsymbol{F}_{\mathrm{R}}$ 的大小和方向余弦为

$$\left.\begin{aligned} F_{\mathrm{R}} = \sqrt{F_{\mathrm{R}x}^2 + F_{\mathrm{R}y}^2} = \sqrt{(\sum F_x)^2 + (\sum F_y)^2} \\ \cos(\boldsymbol{F}_{\mathrm{R}}, \boldsymbol{i}) = \frac{\sum F_x}{F_{\mathrm{R}}}, \cos(\boldsymbol{F}_{\mathrm{R}}, \boldsymbol{j}) = \frac{\sum F_y}{F_{\mathrm{R}}} \end{aligned}\right\} \tag{2.4}$$

平面汇交力系平衡的充分必要条件是合力等于零，由式（2.4）有

$$F_{\mathrm{R}} = \sqrt{(\sum F_x)^2 + (\sum F_y)^2} = 0$$

由此可得平面汇交力系的平衡方程

$$\left.\begin{aligned} \sum F_x = 0 \\ \sum F_y = 0 \end{aligned}\right\} \tag{2.5}$$

也就是说，平面汇交力系平衡的充分必要解析条件是：该力系中所有力在平面两个轴上投影的代数和分别等于零。这是两个独立的方程，可以求解两个未知量。

需要指出：选择坐标系以方便投影为原则，注意投影的正负和大小；未知力的指向可以假设，若计算结果为正值，则表示所假设的指向与力的实际指向相同，否则表示与力的实际指向相反；两投影轴不可平行。

例 2.1　如图 2.3（a）所示，物体重力 $P = 20\mathrm{kN}$，用钢丝绳挂在支架的滑轮 B 上，钢丝绳的另一端缠绕在绞车 D 上。杆 AB 与 BC 铰接，并以铰链 A、C 与墙连接。如两杆和滑轮的自重不计，并忽略摩擦和滑轮的大小，试求平衡时杆 AB 和 BC 所受的力。

解：AB、BC 两杆都是二力杆，假设杆 AB 受拉力，杆 BC 受压力，如图 2.3（b）所示。这两个未知力可通过求解两杆对滑轮的约束反力得到。

（1）选取滑轮为研究对象。其上受到钢丝绳的拉力$\boldsymbol{T}_1$和$\boldsymbol{T}_2$、杆AB和BC的反力$\boldsymbol{S}_{AB}$和$\boldsymbol{S}_{BC}$作用，已知$T_1=T_2=P$，由于滑轮的大小可忽略不计，故这些力可视为平面汇交力系，受力图如图2.3（c）所示。

（2）选取坐标轴如图2.3（c）所示。为使每个未知力只在一个坐标轴上有投影，坐标轴应尽量与未知力作用线垂直，列平衡方程

$$\sum F_x=0,\ -S_{AB}+T_1\sin 30^\circ-T_2\sin 60^\circ=0$$

$$\sum F_y=0,\ S_{BC}-T_1\cos 30^\circ-T_2\cos 60^\circ=0$$

可得

$$S_{AB}=-0.366P=-7.32\text{kN},\ S_{BC}=1.366P=27.32\text{kN}$$

S_{BC}为正值，表示$\boldsymbol{S}_{BC}$的假设方向与实际方向相同，即BC杆受压；S_{AB}为负值，表示$\boldsymbol{S}_{AB}$的假设方向与实际方向相反，即杆AB也受压。

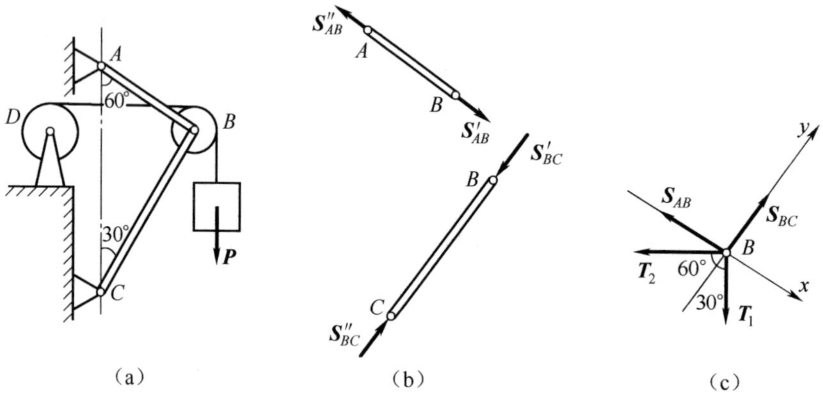

图2.3

2.2 平面力偶系的合成与平衡

作用在刚体同一平面内的一组力偶，称为平面力偶系。

2.2.1 平面力偶系的合成

设力偶$(\boldsymbol{F}_1,\boldsymbol{F}_1')$和$(\boldsymbol{F}_2,\boldsymbol{F}_2')$作用在同一平面内，如图2.4（a）所示，它们的力偶矩分别是$M_1=F_1d_1$和$M_2=-F_2d_2$。根据力偶等效定理，在保证力偶矩不变的条件下，可将这两个力偶变换成力偶臂为d的两个等效力偶$(\boldsymbol{F}_3,\boldsymbol{F}_3')$和$(\boldsymbol{F}_4,\boldsymbol{F}_4')$，有

$$F_3 = \frac{M_1}{d}, \quad F_4 = -\frac{M_2}{d}$$

再将$(\boldsymbol{F}_3, \boldsymbol{F}_3')$和$(\boldsymbol{F}_4, \boldsymbol{F}_4')$转移，使$\boldsymbol{F}_3$和$\boldsymbol{F}_4$、$\boldsymbol{F}_3'$和$\boldsymbol{F}_4'$的作用线重合，如图 2.4（b）所示。于是，力$\boldsymbol{F}_3$和$\boldsymbol{F}_4$合成为一个合力$\boldsymbol{F}$，$\boldsymbol{F}_3'$和$\boldsymbol{F}_4'$合成为一个合力$\boldsymbol{F}'$，$\boldsymbol{F} = \boldsymbol{F}_3 - \boldsymbol{F}_4$，$\boldsymbol{F}' = \boldsymbol{F}_3' - \boldsymbol{F}_4'$。显然，$\boldsymbol{F}$和$\boldsymbol{F}'$具有大小相等、方向相反、作用线互相平行却不重合的性质，故这两个合力组成一个新力偶$(\boldsymbol{F}, \boldsymbol{F}')$，如图 2.4（c）所示，其力偶矩为

$$M = F_{\mathrm{R}} d = (F_3 - F_4) d = F_3 d - F_4 d = M_1 + M_2$$

将此结果推广到 n 个力偶组成的平面力偶系的情况，则有

$$M = M_1 + M_2 + \cdots + M_n = \sum M \tag{2.6}$$

上式表明：平面力偶系的合成结果是一个合力偶，其力偶矩等于各分力偶的力偶矩的代数和。

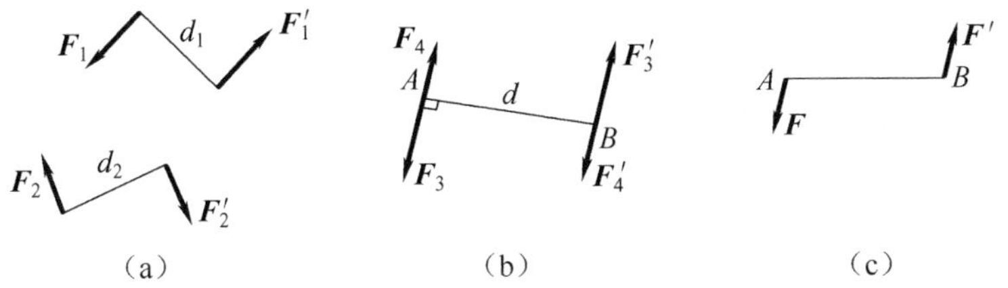

图 2.4

2.2.2　平面力偶系的平衡

若合力偶矩等于零的平面力偶系作用在物体上，物体必不能转动，反之亦如此。平面力偶系平衡的充分必要条件是：平面力偶系中各力偶矩的代数和等于零，即

$$\sum M = 0 \tag{2.7}$$

只有一个独立的方程，可以求解一个未知量。

例 2.2　简支梁 AB 上作用有两个平行力和一个力偶，如图 2.5（a）所示。已知 $P = P' = 2\mathrm{kN}$，$a = 1\mathrm{m}$，$M = 20\mathrm{kN \cdot m}$，$l = 5\mathrm{m}$。求 A、B 两支座的约束力。

解： $\boldsymbol{P}$、$\boldsymbol{P}'$组成一个力偶，故简支梁上的载荷为两个力偶。根据力偶只能与力偶等效的原则，支座 A、B 处约束力必须组成一个力偶。B 为活动铰链支座约束，其约束反力$\boldsymbol{F}_{\mathrm{N}B}$垂直支承面，固定铰链支座 A 处的约束反力$\boldsymbol{F}_{\mathrm{R}A}$与$\boldsymbol{F}_{\mathrm{N}B}$应组成一力偶，所以$\boldsymbol{F}_{\mathrm{R}A}$的作用线也沿铅垂线与$\boldsymbol{F}_{\mathrm{N}B}$方向相反，且$\boldsymbol{F}_{\mathrm{R}A} = \boldsymbol{F}_{\mathrm{N}B}$。

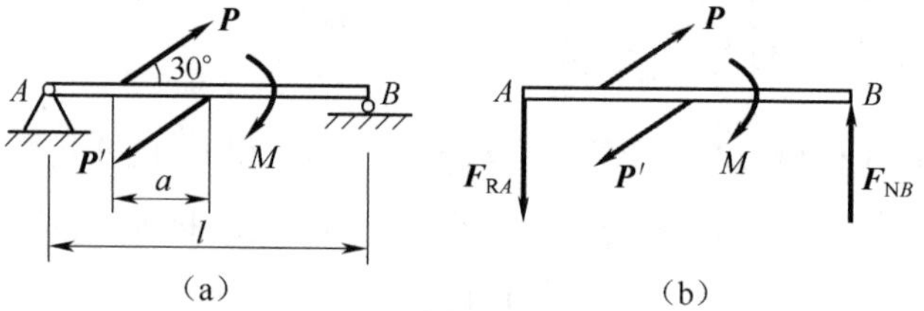

图 2.5

取简支梁 AB 为研究对象，由平面力偶系平衡方程

$$\sum M = 0,\ -Pa\sin 30^\circ - m + \boldsymbol{F}_{NB}l = 0$$

可得

$$\boldsymbol{F}_{NB} = 4.2\text{kN} = \boldsymbol{F}_{RA}$$

2.3 平面任意力系的简化及结果讨论

力的作用线在同一个平面内且呈任意分布的力系，称为平面任意力系。平面任意力系是一种复杂的力系，工程实际中许多构件的受力都可以简化为此种力系。由于此种力系在工程中较为常见，所采用的分析和解决问题的方法具有普遍性，因此本部分内容在静力学中占有重要地位。

2.3.1 力的平移定理

定理：可以把作用在刚体上 A 点的力 $\boldsymbol{F}$ 平行移到任一点 B，但必须同时附加一个力偶，这个附加力偶的矩等于原来的力 $\boldsymbol{F}$ 对新作用点 B 的力矩。

证明：设力 $\boldsymbol{F}$ 作用在刚体上的 A 点，如图 2.6（a）所示。现将力 $\boldsymbol{F}$ 平行移动到 B 点。根据加减平衡力系公理，在 B 点上加一对平衡力$(\boldsymbol{F}',\boldsymbol{F}'')$，令它们的作用线与力 $\boldsymbol{F}$ 作用线平行，且 $\boldsymbol{F}=\boldsymbol{F}'=-\boldsymbol{F}''$，如图 2.6（b）所示，这三力作用与原力是等效的。然后，将这三力看成一个作用在 B 点的力 $\boldsymbol{F}'$ 和一个力偶$(\boldsymbol{F},\boldsymbol{F}'')$。于是，原来作用在 A 点的力 $\boldsymbol{F}$，现在被一个作用在 B 点的力 $\boldsymbol{F}'$ 和一个力偶$(\boldsymbol{F},\boldsymbol{F}'')$所代替，如图 2.6（c）所示，从而实现了力的平行移动。附加上的力偶的矩为

$$M = Fd = M_B(\boldsymbol{F})$$

证明完毕。此定理的逆定理亦成立。

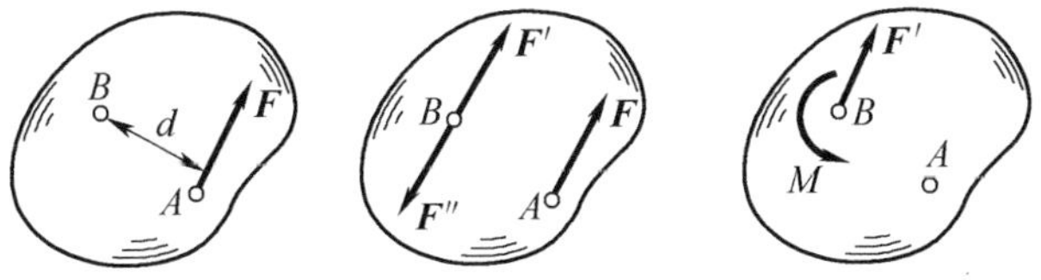

（a）　（b）　（c）

图 2.6

2.3.2　平面任意力系向一点的简化

设刚体上作用有 n 个力组成的平面任意力系 $\boldsymbol{F}_1$，$\boldsymbol{F}_2$，…，$\boldsymbol{F}_n$，如图 2.7（a）所示。从力系作用的平面内任选一点 O，O 点称为简化中心。根据力的平移定理，将力系中诸力分别平移到简化中心 O 点，结果是得到作用于 O 点的平面汇交力系 $\boldsymbol{F}_1'$，$\boldsymbol{F}_2'$，…，$\boldsymbol{F}_n'$，以及由相应的附加力偶组成的平面力偶系 M_1，M_2，…，M_n，如图 2.7（b）所示。其中

$$\boldsymbol{F}_1=\boldsymbol{F}_1'，\quad \boldsymbol{F}_2=\boldsymbol{F}_2'，\quad \cdots，\quad \boldsymbol{F}_n=\boldsymbol{F}_n'$$

这些附加力偶的矩分别等于力 $\boldsymbol{F}_1$，$\boldsymbol{F}_2$，…，$\boldsymbol{F}_n$ 对 O 点的矩，即

$$M_1=M_O(\boldsymbol{F}_1)，\quad M_2=M_O(\boldsymbol{F}_2)，\quad \cdots，\quad M_n=M_O(\boldsymbol{F}_n)$$

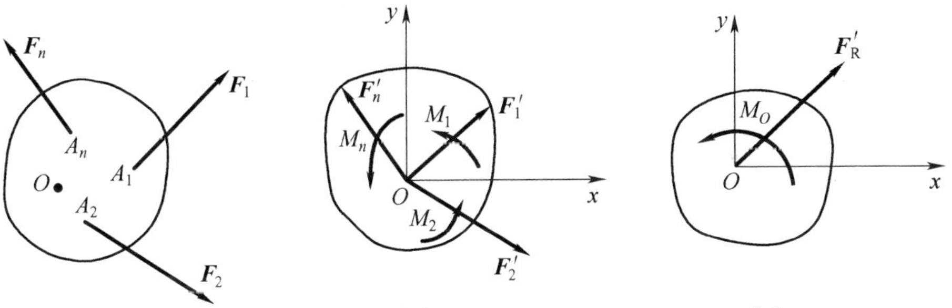

（a）　（b）　（c）

图 2.7

分别对平移后得到的两个简单力系进行合成。平面汇交力系可以进一步合成为作用线通过简化中心 O 点的一个力 $\boldsymbol{F}_R'$，$\boldsymbol{F}_R'$ 称为平面任意力系的主矢，如图 2.7（c）所示，其大小和方向等于原来各力的矢量和，即

$$\boldsymbol{F}_R'=\boldsymbol{F}_1'+\boldsymbol{F}_2'+\cdots+\boldsymbol{F}_n'=\sum_{i=1}^{n}\boldsymbol{F}_i'=\sum_{i=1}^{n}\boldsymbol{F}_i \tag{2.8}$$

平面力偶系可以合成为一个力偶，这个力偶的矩 M_O 称为平面任意力系对简化中心 O 点的主矩，等于各个附加力偶矩的代数和，也就是原来各力对 O 点的矩

的代数和，即

$$M_O = M_1 + M_2 + \cdots + M_n = \sum M_i = \sum_{i=1}^{n} M_O(\boldsymbol{F}_i) \tag{2.9}$$

综上所述，一般情况下，平面任意力系向作用面内任一点 O 简化，可得到一个力和一个力偶。这个力的作用线通过简化中心 O 点，其大小和方向等于力系中各个力的矢量和，称为平面任意力系的主矢。这个力偶的矩等于力系中各力对 O 点的矩的代数和，称为平面任意力系对简化中心 O 点的主矩。

如果选取不同的简化中心，那么平面任意力系的主矢和主矩是否会有所不同？因为主矢等于各力的矢量和，并不涉及作用点，所以它和简化中心的选择无关；而主矩等于各力对简化中心的矩的代数和，当取不同的点为简化中心时，各力的力臂将有改变，各力对简化中心的矩也随之改变，所以在一般情况下主矩和简化中心的选择有关。今后谈到主矩时，必须指明是力系对哪一点的主矩。

主矢 $\boldsymbol{F}_{\mathrm{R}}'$ 的大小和方向可用几何法和解析法求出。

通过 O 点选取直角坐标系 Oxy，如图 2.7（c）所示，则

$$F_{\mathrm{R}x}' = \sum_{i=1}^{n} F_{ix} \qquad F_{\mathrm{R}y}' = \sum_{i=1}^{n} F_{iy} \tag{2.10}$$

于是，主矢的大小和方向为

$$\left.\begin{aligned} F_{\mathrm{R}}' &= \sqrt{F_{\mathrm{R}x}'^2 + F_{\mathrm{R}y}'^2} = \sqrt{(\sum F_{ix})^2 + (\sum F_{iy})^2} \\ \cos(\boldsymbol{F}_{\mathrm{R}}', \boldsymbol{i}) &= \frac{\sum F_{\mathrm{R}x}'}{F_{\mathrm{R}}'},\quad \cos(\boldsymbol{F}_{\mathrm{R}}', \boldsymbol{j}) = \frac{\sum F_{\mathrm{R}y}'}{F_{\mathrm{R}}'} \end{aligned}\right\} \tag{2.11}$$

式中：$\boldsymbol{i}$、$\boldsymbol{j}$ 分别为沿 x、y 轴正向的单位矢量。

2.3.3 平面任意力系简化结果的讨论

根据上述结论可知：一般情况下，平面任意力系向作用面内任一点 O 简化，可得到一个主矢 $\boldsymbol{F}_{\mathrm{R}}'$ 和一个主矩 M_O。下面对简化结果可能出现的情况做进一步的讨论。

（1）$F_{\mathrm{R}}' = 0$，$M_O \neq 0$，则原力系可合成为一力偶，此力偶的矩 $M_O = \sum M_O(\boldsymbol{F})$。这种情况下主矩与简化中心的选择无关，因为不论力系向其所在平面内的哪一点简化，结果都是力偶矩相同的一个力偶。

（2）$\boldsymbol{F}_{\mathrm{R}}' \neq 0$，$M_O = 0$，则原力系可合成为作用线通过简化中心 O 点的一个力 $\boldsymbol{F}_{\mathrm{R}}'$，且 $\boldsymbol{F}_{\mathrm{R}}' = \sum \boldsymbol{F}' = \sum \boldsymbol{F}$。由于附加力偶系平衡，主矢即为力系的合力。

（3）$\boldsymbol{F}_{\mathrm{R}}' \neq 0$，$M_O \neq 0$，利用前面介绍的力的平移定理，可将简化所得进一

步合成为一个力。力偶矩为 M_O 的力偶用两个力 $\boldsymbol{F}_R$ 和 $\boldsymbol{F}_R''$ 表示，并令 $\boldsymbol{F}_R' = \boldsymbol{F}_R = \boldsymbol{F}_R''$，去掉平衡力系 $\boldsymbol{F}_R'$ 和 $\boldsymbol{F}_R''$，于是作用于 O 点的力 $\boldsymbol{F}_R'$ 和力偶 $(\boldsymbol{F}_R,\boldsymbol{F}_R'')$ 就合成为一个作用在 O' 点的力 $\boldsymbol{F}_R$，如图 2.8 所示。

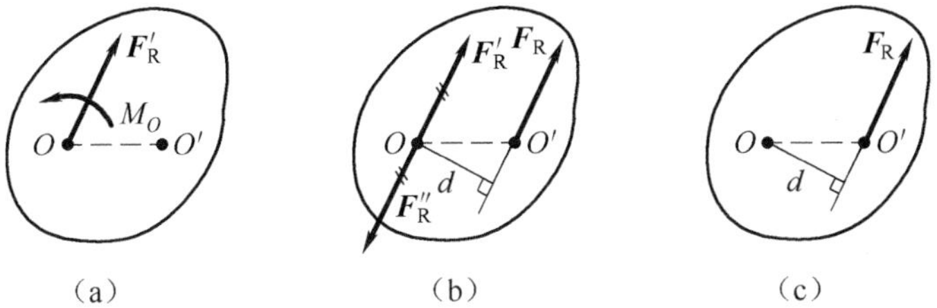

图 2.8

这个力 $\boldsymbol{F}_R$ 就是原力系的合力，合力作用线到 O 点的距离为 d，$d=\dfrac{|M_O|}{F_R'}$。至于合力 $\boldsymbol{F}_R$ 的作用线在 O 点的哪一侧，可以采用如下方法确定：$M_O>0$，从 $\boldsymbol{F}_R'$ 的始端顺看至末端，合力 $\boldsymbol{F}_R$ 在 $\boldsymbol{F}_R'$ 的右侧；反之，$M_O<0$，从 $\boldsymbol{F}_R'$ 的始端顺看至末端，合力 $\boldsymbol{F}_R$ 在 $\boldsymbol{F}_R'$ 的左侧。

由图 2.8（b）易见，合力 $\boldsymbol{F}_R$ 对点 O 的矩为

$$M_O(\boldsymbol{F}_R)=F_R d=M_O=\sum M_O(\boldsymbol{F}_i)$$

由于简化中心 O 点是任意选取的，故上式有普遍意义。这就表明：若平面任意力系可合成为一力，则其合力对作用面内任一点的矩等于力系中各力对同一点之矩的代数和。这就是平面任意力系情况下的合力矩定理。此定理也适用于有合力的空间力系。

（4）$\boldsymbol{F}_R'=0$，$M_O=0$，则原力系平衡，物体处于平衡状态。有关平衡问题的进一步研究，将在下面几节展开。

2.3.4　固定端约束

利用平面任意力系简化理论，分析一种工程中较为常见的约束类型　　固定端约束（插入端约束）及其约束力的表示方法。

约束物体和被约束物体彼此固结为一体，既限制物体的移动，同时又限制物体转动的约束，称为固定端约束（插入端约束）。例如，插入建筑物墙内的阳台、输电线的电线杆、固定在刀架上的车刀等，都是此种约束。上述实例中的阳台、电线杆、车刀等物体可以简化成一个杆件插入固定面的形式，如图 2.9（a）所示。杆上受到平面力系作用时，插入墙壁的固定端部分受到的约束力是杂乱分布的，

可视为一平面任意力系，如图 2.9（b）所示。选择插入点 A 为简化中心，将这群力向 A 点简化，结果为作用在 A 点的一个力 $\boldsymbol{F}_A$ 和一个力偶 M_A。因此，在平面力系下，固定端 A 处的约束力可简化为一个力和一个力偶，如图 2.9（c）所示。通常这个力 $\boldsymbol{F}_A$ 的大小和方向均未知，用两个未知约束分力 $\boldsymbol{F}_{Ax}$、$\boldsymbol{F}_{Ay}$ 表示，用 M_A 表示约束力偶。约束力 $\boldsymbol{F}_{Ax}$、$\boldsymbol{F}_{Ay}$ 限制杆端沿平面内任何方向的移动，称为固定端反力；约束力偶 M_A 限制杆在平面内的转动，称为固定端反力偶。因此，固定端约束包含三个未知量，如图 2.9（d）所示。

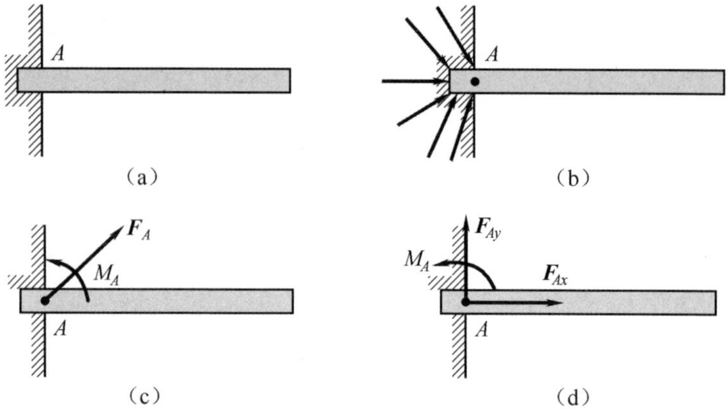

图 2.9

2.4 平面任意力系的平衡方程及其应用

从对平面任意力系向一点简化结果的讨论中可知：若简化所得的主矢和主矩同时为零，则物体处于平衡状态；反之，无论是主矢不等于零，还是主矩不等于零，物体都不会平衡。因此，平面任意力系平衡的必要充分条件是：力系的主矢和对任一点的主矩都等于零，即

$$\boldsymbol{F}_R' = 0, \quad M_O = 0 \tag{2.12}$$

平衡条件用解析形式表达

$$\sum F_x = 0, \quad \sum F_y = 0, \quad \sum M_O(\boldsymbol{F}) = 0 \tag{2.13}$$

由此得出平面任意力系平衡的解析条件是：力系中各力在平面内任选的两个坐标轴上投影的代数和分别为零，以及各力对于平面内任一点的矩的代数和也为零。式（2.13）称为平面任意力系的平衡方程的基本形式。其中，前两个为投影方程，后一个为力矩方程，是三个彼此独立的方程，可以求解三个未知量。

平面任意力系的平衡方程还有其他两种形式。

二力矩式： 两个力矩方程和一个投影方程，即

$$\sum M_A(\boldsymbol{F})=0 ,\quad \sum M_B(\boldsymbol{F})=0 ,\quad \sum F_x=0 \tag{2.14}$$

限制条件： A 、B 两点的连线 AB 不能与 x 轴垂直。

为什么要加上限制条件？因为当 $\sum M_A(\boldsymbol{F})=0$ 时，该力系不可能简化为一个力偶，但有可能是通过 A 点的合力或平衡。当同时有 $\sum M_B(\boldsymbol{F})=0$ 时，则该力系也许有一个合力沿 A 、B 两点的连线或平衡。如果再加上 $\sum F_x=0$ ，那么力系如有合力，则此合力必与 x 轴垂直。式（2.14）的限制条件完全排除了力系简化为一个合力的可能性，故所研究的力系必为平衡力系。

三力矩式： 三个力矩方程，即

$$\sum M_A(\boldsymbol{F})=0 ,\quad \sum M_B(\boldsymbol{F})=0 ,\quad \sum M_C(\boldsymbol{F})=0 \tag{2.15}$$

限制条件： A 、B 、C 三点不能共线。读者可自行证明这个限制条件。

如此，平面任意力系共有三种不同形式的平衡方程组，究竟选哪一种形式，需根据具体条件确定。对于受平面任意力系作用的研究对象的平衡问题，只可以列出三个独立的平衡方程，求解三个未知量，超过三个方程的其他平衡方程都是前三个方程的线性组合，不是独立的方程，但可利用这些方程来校核计算的结果。

例 2.3 有刚架 ABC ，A 处为固定端约束，在 AB 部分作用有均布载荷，载荷集度 $q=4\text{kN/m}$ ，C 处集中力 $P=20\text{kN}$ ，刚架自重不计，其他尺寸如图 2.10（a）所示。求固定端 A 处的约束力。

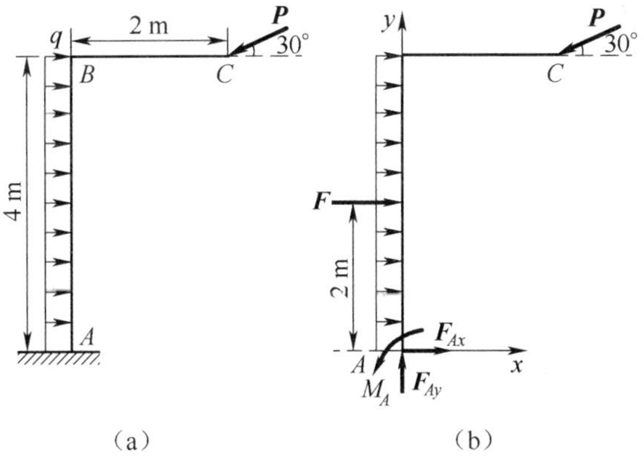

图 2.10

解：（1）取刚架 ABC 为研究对象。其上除主动力外，还有固定端 A 处的约束力 $\boldsymbol{F}_{Ax}$ 、$\boldsymbol{F}_{Ay}$ 和约束力偶 M_A 。均布载荷可视为一组平行力系，将其简化为一集中

力 $\boldsymbol{F}$，其大小为 $F=q\times4=16\text{kN}$，作用线通过矩形分布载荷图的几何中心，距 A 点为 2m。刚架受力图如图 2.10（b）所示。

（2）建图 2.10（b）所示的坐标系，列出平衡方程

$$\sum F_x=0,\quad F_{Ax}+F-P\cos30^\circ=0$$

$$\sum F_y=0,\quad F_{Ay}-P\sin30^\circ=0$$

$$\sum M_A(\boldsymbol{F})=0,\quad M_A-F\cdot2+P\cos30^\circ\cdot4-P\sin30^\circ\cdot2=0$$

解上述方程，得

$$F_{Ax}=1.32\ \text{kN},\quad F_{Ay}=10\ \text{kN},\quad M_A=-17.28\ \text{kN}\cdot\text{m}$$

负号说明图中所设转向与实际情况相反，应为顺时针转向。

例 2.4 塔式起重机如图 2.11 所示。机架重力 $G=220\text{kN}$，作用线通过塔架的中心，起吊物重力 $P=50\text{kN}$，起重悬臂长 12m，轨道 AB 的间距为 4m，平衡块重力 $Q=30\text{kN}$，到塔身中心线的距离为 6m，求轮子 A、B 对轨道的压力。

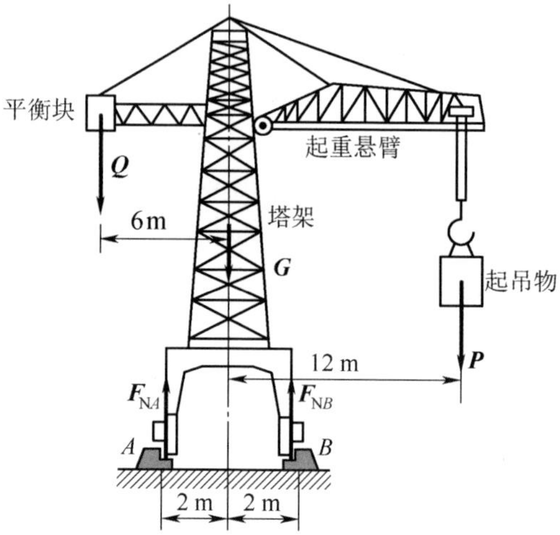

图 2.11

解：取塔式起重机为研究对象。其上除主动力塔身重力 $\boldsymbol{G}$、起吊物重力 $\boldsymbol{P}$、平衡块重力 $\boldsymbol{Q}$ 外，还有轨道对轮子 A、B 的约束力 $\boldsymbol{F}_{NA}$、$\boldsymbol{F}_{NB}$，如图 2.11 所示，这些力组成了平面任意力系的一种特殊情况——平面平行力系。若取 y 轴与各力的作用线平行，平面平行力系平衡方程的数目只有两个，可以求解两个未知量，即 $\sum F_y=0$，$\sum M_O(\boldsymbol{F})=0$。平面平行力系平衡方程的还有两个力矩方程的形式，即 $\sum M_A(\boldsymbol{F})=0$、$\sum M_B(\boldsymbol{F})=0$（限制条件：$A$、$B$ 两点的连线 AB 不能与力系中各力的作用线平行）。

正常工作状态，起重机在各力作用下处于平衡状态，列出平面平行力系的平衡方程

$$\sum M_A(\boldsymbol{F})=0,\quad Q\cdot(6-2)-G\cdot 2+F_{NB}\cdot 4-P\cdot(12+2)=0$$

$$\sum F_y=0,\quad F_{NA}+F_{NB}-Q-G-P=0$$

解上述方程，得

$$F_{NA}=45\text{kN},\quad F_{NB}=255\text{kN}$$

2.5　物体系统的平衡

2.5.1　静定和静不定问题

由前面的讨论可知，每种力系的独立平衡方程数目都是一定的。例如，平面汇交力系有两个平衡方程，只能求解两个未知量；平面力偶系有一个平衡方程，只能求解一个未知量；平面任意力系有三个平衡方程，只能求解三个未知量。如果所研究问题的未知量数目等于或少于独立平衡方程数目，这时的未知量可以由平衡方程全部求出，这种问题称为静定问题；反之，若未知量数目多于独立平衡方程数目，未知量不能全部由平衡方程求出，这种问题称为静不定问题或超静定问题。

图 2.12 是静不定问题的几个工程实例。在图 2.12（a）、（b）、（c）中，物体分别在平面汇交力系、平面平行力系、平面任意力系作用下平衡，独立平衡方程数目分别为两个、两个和三个，而未知量数目分别为三个、三个和四个，所以都属于静不定问题。另外，图中的独立平衡方程数目都只比未知量数目少一个，称为一次静不定问题。静不定问题的次数可依次类推。

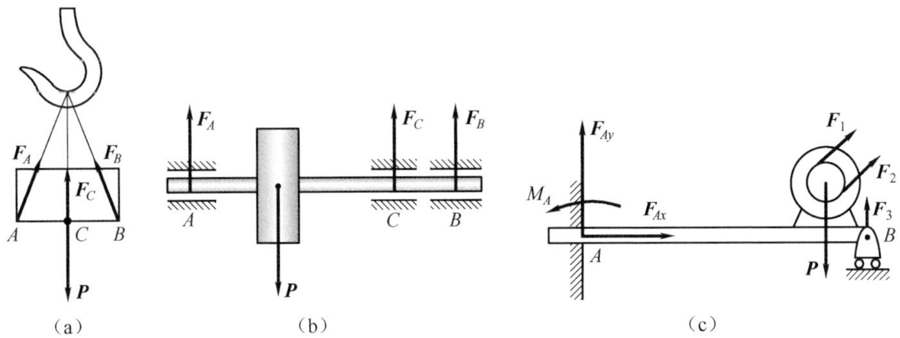

图 2.12

需要指出的是，静不定问题并不是无解的问题，未知量不能全部由平衡方程求出，是因为静力学中的物体被抽象成了刚体，变形被略去。实际上，任何物体受力后都会有变形，如果进一步考虑物体的变形，在平衡方程之外添加某些补充方程，静不定问题是可以求解的，也就是说，任何超静定问题可以借助于研究构件的变形求解，相关内容在后续的“材料力学”“结构力学”等课程中有详细介绍。

2.5.2 物体系统的平衡概述

工程实际中的结构或机械多是由几个物体以一定方式连接起来的系统，这种系统称为物体系统。当物体系统平衡时，组成该系统的每一个物体都处于平衡状态。研究它们的平衡问题，有时要求出系统所受的未知外力，而有时要求出它们之间相互作用的内力。当选取整个系统为研究对象时，物体之间相互作用的内力并不出现，因此，就要把某些物体分开来单独研究。另外，即使不要求求出物体之间相互作用的内力，对于物体系统的平衡问题，有时也要把物体分开来研究，才能求出所有的未知外力。对物体系统平衡的研究是静力学部分极为重要且相当复杂的内容。

以图 2.13（a）所示的三铰拱为例，该结构由刚体 AC 、BC 在 C 处铰接而成，要求出支座 A 、B 和 C 处的约束力。若选取整个系统为研究对象，C 处的约束力为内力，在受力图中不出现，未知量为固定铰链支座 A 处的 $\boldsymbol{F}_{Ax}$、 $\boldsymbol{F}_{Ay}$ 和 B 处的 $\boldsymbol{F}_{Bx}$、$\boldsymbol{F}_{By}$ 共四个，独立平衡方程数目为三个，是一次静不定问题，如图 2.13（b）所示。若选取刚体 AC 或 BC 为研究对象，C 处的约束力 $\boldsymbol{F}_{Cx}$、 $\boldsymbol{F}_{Cy}$ 转变为外力，未知量为 $\boldsymbol{F}_{Ax}(\boldsymbol{F}_{Bx})$、 $\boldsymbol{F}_{Ay}(\boldsymbol{F}_{By})$和 $\boldsymbol{F}_{Cx}$、 $\boldsymbol{F}_{Cy}$ 也是四个，独立平衡方程数目依然为三个，依然是一次静不定问题，如图 2.13（c）所示。但先以整体后以刚体 AC 或 BC 为研究对象，最终支座 A 、B 和 C 处的约束力均有解。由以上分析知，内力是系统中各物体间的作用力，根据作用和反作用公理，它们是成对出现的，研究整体平衡时，不必考虑在内。而研究系统里的某一部分时，已转化为外力的物体间的作用力，必须考虑在内。

鉴于物体系统平衡问题的特点，解决的思路大致有两条：

（1）先取整个系统为研究对象，列出平衡方程解出一些未知力，然后根据问题的要求，再选取系统中某些物体为研究对象，列出另外的平衡方程求解未知力。

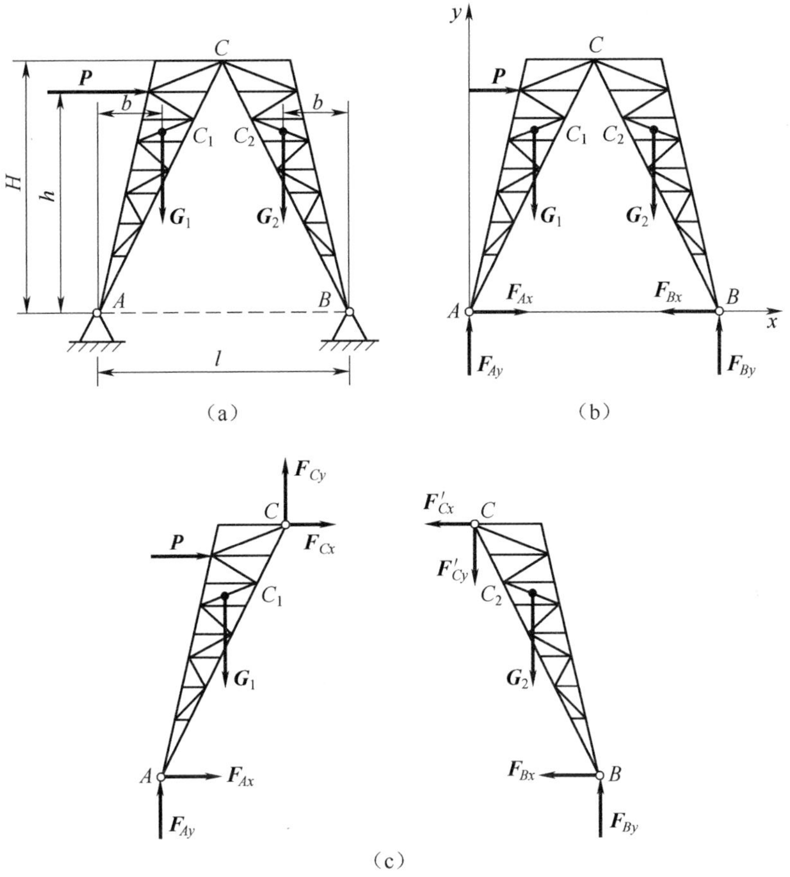

图 2.13

（2）分别选取系统中每一个物体为研究对象，列出全部的平衡方程然后求解。

需要注意的是，在选择研究对象和列平衡方程时，应使每一个平衡方程中未知量的数目尽可能少，最好是只有一个未知量，以避免求解联立方程。进行受力分析时，两个物体之间的相互作用力要符合作用反作用定律。

下面举例说明物体系统平衡问题的求解。

例 2.5 水平组合梁的支承和载荷如图 2.14（a）所示。$AB = BD = L$，$CB = BE = a$，$\alpha = 60°$，$\theta = 30°$。求支座 A、D 处的受力。

解： 梁是工程实际中常见的结构形式之一。结构用于承受载荷，必须几何形状不变。组合梁由 n 个梁组成，其中直接支撑在基础上、可单独承载的梁是结构的基本部分，如图 2.14（a）中的悬臂梁 AB，A 处和 B 处未知的约束力有五个；必须依靠基本部分的支撑才能承载的梁是结构的附属部分，如图 2.14（a）中的 BD

梁，B 处和 D 处未知的约束力有三个。单独考虑 AB 梁和 BD 梁，都是在平面任意力系作用下平衡，因而共有六个平衡方程，A 处、B 处和 D 处未知的约束力也是六个，所以组合梁的平衡问题是静定问题。

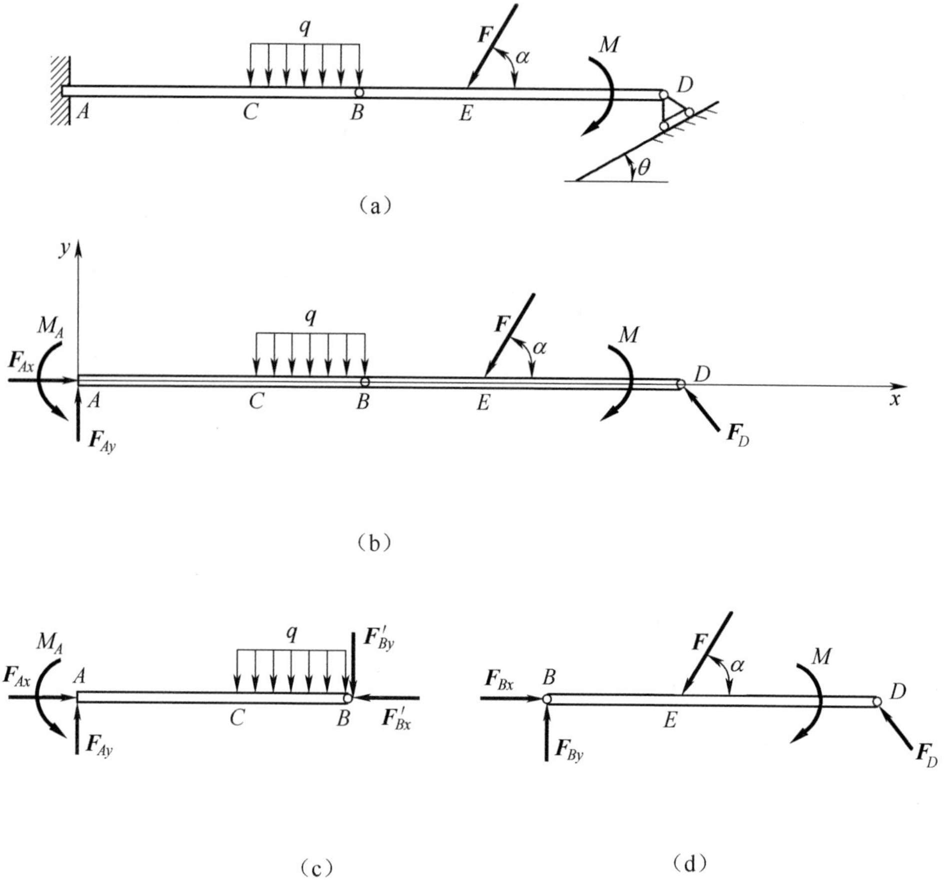

图 2.14

可先取 BD 梁为研究对象，受力如图 2.14（d）所示，列出对 B 点的力矩方程

$$\sum M_B(\boldsymbol{F})=0\text{，}\quad F_D\cos 30°\cdot L-M-F\sin 60°\cdot a=0$$

可得

$$F_D=\frac{2M+\sqrt{3}Fa}{\sqrt{3}L}$$

再以整体为研究对象，受力如图 2.14（b）所示，列平衡方程

$$\sum F_x=0\text{，}\quad F_{Ax}-F_D\sin 30°-F\cos 60°=0$$

$$\sum F_y=0\text{，}\quad F_{Ay}-F\sin 60°-qa+F_D\cos 30°=0$$

$$\sum M_A(\boldsymbol{F})=0,\quad M_A-M-qa\left(L-\frac{a}{2}\right)+F_D\cos30°\cdot2L-F\sin60°(L+a)=0$$

求得

$$F_{Ax}=\frac{2M+\sqrt{3}F(L+a)}{2\sqrt{3}L},\quad F_{Ay}=qa+\frac{\sqrt{3}F(L-a)-2M}{2L}$$

$$M_A=\frac{qa}{2}(2L-a)+\frac{\sqrt{3}}{2}F(L-a)-M$$

请读者自行计算对比，先以 BD 梁为研究对象，再以 AB 梁为研究对象的算法。

例 2.6　结构如图 2.15（a）所示。已知：$q=3\text{kN/m}$，$F=4\text{kN}$，$M=2\text{kN}\cdot\text{m}$，$l=2\text{m}$，$CD=BD$，$\varphi=30°$。求固定端 A 和支座 B 的受力。

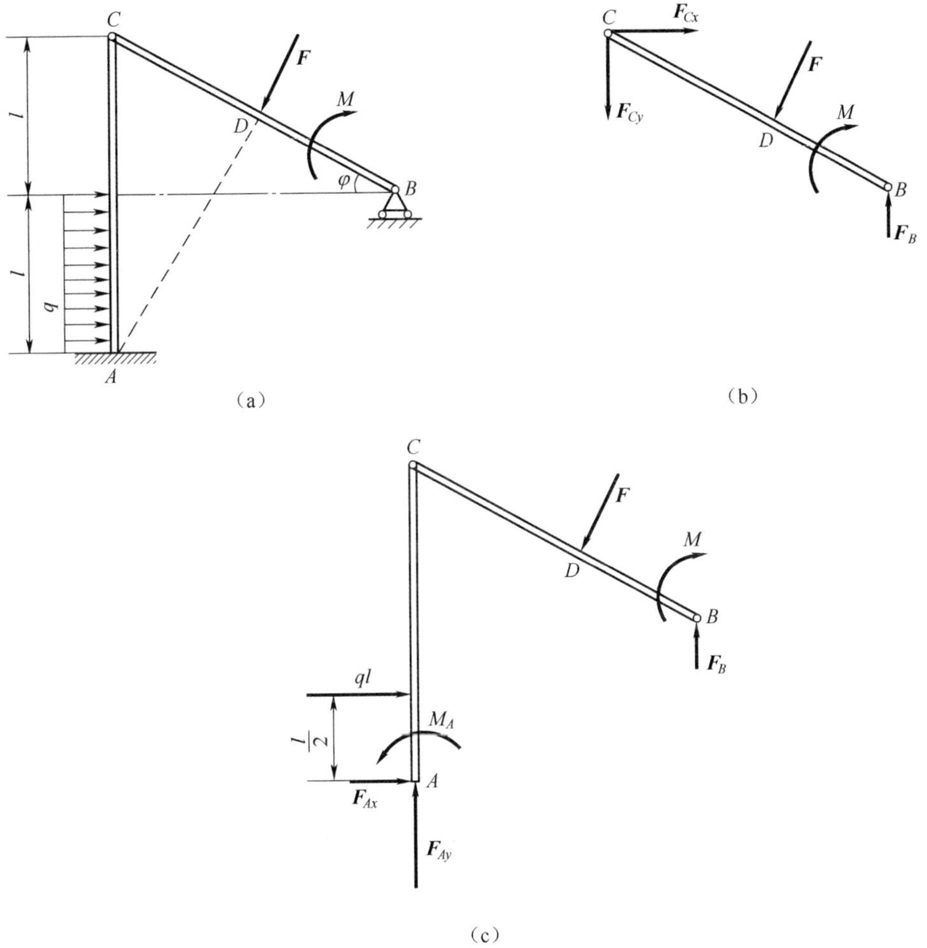

图 2.15

解：结构静定问题的分析请读者自行完成。

可先取CB杆为研究对象，受力如图 2.15（b）所示，列出对C点的力矩方程

$$\sum M_C(\boldsymbol{F})=0,\quad F_B\cot\varphi\cdot L-M-F\frac{l}{2\sin\varphi}=0$$

可得

$$F_B=2.89\text{kN}$$

再以整体为研究对象，受力如图 2.15（c）所示，列平衡方程

$$\sum F_x=0,\quad F_{Ax}-F\sin\varphi+ql=0$$

$$\sum F_y=0,\quad F_{Ay}-F\cos\varphi+F_B=0$$

$$\sum M_A(\boldsymbol{F})=0,\quad M_A-M-ql\frac{l}{2}+F_B\cot\varphi\cdot l=0$$

求得

$$F_{Ax}=-4\text{kN},\quad F_{Ay}=0.58\text{kN},\quad M_A=-2\text{kN}\cdot\text{m}$$

综合以上的例题，现将物体系统平衡问题的求解步骤归纳如下：

先确定物体系统平衡问题的静定和静不定。

研究对象选择顺序的安排，往往是决定问题难易的关键，选择的原则是便于求解未知量。一般可优先考虑整个系统，也可以是其中的某部分或某一物体。

画受力图和分析受力时，应注意内力和外力的区别、作用力和反作用力的画法等。

平衡方程的数目应与物体所受力系的类型相一致。为了避免联立方程的求解，在列力矩方程时，矩心选在尽可能多未知量作用线的交点上；投影轴选在与尽可能多未知量作用线垂直的方向上，力求做到一个平衡方程中只包含一个未知量，简化计算过程。利用不独立的平衡方程对计算结果进行校核。

2.6 考虑摩擦时的平衡问题

相互接触的两个物体之间如果不光滑，当它们之间有相对运动或具有相对运动的趋势时，就会在接触处产生一种阻碍运动的相互作用，这种作用称为摩擦。摩擦现象在自然界是普遍存在的。本书只介绍用于一般工程问题的经典摩擦理论。

按照接触物体之间可能会相对滑动或相对滚动，摩擦分为滑动摩擦和滚动摩擦。根据物体之间是否有良好的润滑剂，滑动摩擦又可分为干摩擦和湿摩擦。本节只介绍有滑动摩擦时物体的平衡问题。

2.6.1　滑动摩擦和滑动摩擦力

两个相互接触的物体，如果有相对滑动或相对滑动趋势，则在接触面上会产生彼此阻碍的力，这种阻力称为滑动摩擦力。滑动摩擦力属于约束力，作用于两物体相互接触处，其方向与相对滑动或相对滑动趋势的方向相反，它的大小根据主动力的变化而变化。

1. 未滑动状态和静滑动摩擦力

如图 2.16（a）中，物块 A 放在粗糙的水平面上，初始其只受到重力 $\boldsymbol{G}$ 和法向约束力 $\boldsymbol{F}_N$ 的作用，当物块 A 与接触面之间没有相对滑动的趋势时，并不存在摩擦问题。当受到水平推力 $\boldsymbol{F}$ 的作用，摩擦问题产生。设推力大小可以变化，当推力由零逐渐增加，但不是很大时，物块 A 处于未滑动状态，即仍保持静止。此时，支撑面对物块 A 除作用有法向约束力 $\boldsymbol{F}_N$ 外，还有一个阻碍物块 A 沿水平面向右滑动的切向约束力——静滑动摩擦力，简称静摩擦力，用 $\boldsymbol{F}_s$ 表示。物块 A 在推力 $\boldsymbol{F}$ 、重力 $\boldsymbol{G}$ 、法向约束力 $\boldsymbol{F}_N$ 和静滑动摩擦力 $\boldsymbol{F}_s$ 作用下平衡，于是静滑动摩擦力的大小可由平衡方程求得

$$\sum F_x = 0 ,\quad F_s = F$$

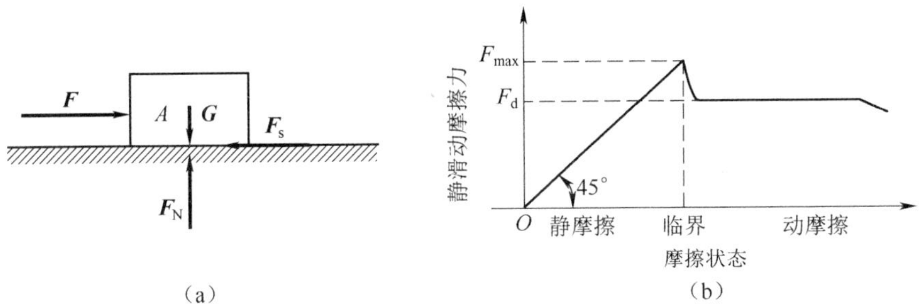

图 2.16

由上式可知，只要物块 A 保持静止，静滑动摩擦力的大小随推力 $\boldsymbol{F}$ 的增加而增加，方向与物块 A 的运动趋势相反。当推力为零时，静滑动摩擦力也为零。

2. 临界状态和最大静滑动摩擦力

当推力的大小达到一定的数值时，物块 A 处于将要滑动而没有滑动的临界状态，静滑动摩擦力也就达到了最大值，即最大静滑动摩擦力，简称最大静摩擦力，用 $\boldsymbol{F}_{max}$ 表示。

实验证明：最大静滑动摩擦力的大小与两个接触物体间的法向约束力 $\boldsymbol{F}_N$ 成正比，即

$$F_{max} = f_s F_N \tag{2.16}$$

式（2.16）称为静摩擦定律（又称库仑定律），其中 f_s 称为静滑动摩擦因数，简称静摩擦因数。它是量纲为一的数，大小与两接触面的材料及表面情况（粗糙度、干湿度、温度等）有关，与接触的面积大小通常无关。

3. 相对滑动状态和动滑动摩擦力

此后，如果推力再增大一点，或受到环境的任何扰动，物块 A 将开始滑动。可见，在推动物块 A 由静止到滑动的过程中，静滑动摩擦力的大小随主动力的改变而改变，但介于零与最大值之间，即

$$0 \leqslant F_s \leqslant F_{max} \tag{2.17}$$

达到临界状态后，若推力 $\boldsymbol{F}$ 超过最大静滑动摩擦力 $\boldsymbol{F}_{max}$，物块就不能保持平衡，开始滑动，这时接触物体之间仍作用有阻碍相对滑动的力，称为动滑动摩擦力，简称动摩擦力，用 $\boldsymbol{F}_d$ 表示。

实验证明：动摩擦力的大小与两个接触面间的法向约束力 $\boldsymbol{F}_N$ 成正比，即

$$F_d = f_d F_N \tag{2.18}$$

式（2.18）称为动摩擦定律（又称库仑定律），其中 f_d 是动滑动摩擦因数，简称动摩擦因数。它的大小除了与接触物体的材料和接触面的表面情况有关之外，还与接触点的相对滑动速度大小有关，当相对速度不大时，可近似地认为是个常数。图 2.16（b）所示为干摩擦实验曲线。一般情况下，动摩擦因数略小于静摩擦因数。工程中常常忽略静摩擦因数、动摩擦因数之间的差别。表 2.1 列出了一部分常用材料的静摩擦因数、动摩擦因数。对于特殊问题的摩擦因数可由实验测定。

表 2.1

材料	静摩擦因数		动摩擦因数	
	干	润滑	干	润滑
金属对金属	0.15～0.30	0.10～0.20	0.15～0.20	0.05～0.15
金属对木材	0.50～0.60	0.10～0.20	0.30～0.60	0.10～0.20
木材对木材	0.40～0.60	0.10	0.20～0.50	0.10～0.15
皮革对木材	0.40～0.60		0.30～0.50	
皮革对金属	0.30～0.50	0.15	0.60	0.15
橡皮对金属			0.80	0.50
麻绳对木材	0.50～0.80		0.50	
塑料对钢材		0.09～0.10		

2.6.2　考虑滑动摩擦时物体的平衡问题

考虑滑动摩擦时物体（物体系统）平衡问题的解法和没有滑动摩擦的平衡问题的解法本质上是一样的，仍然是先选取研究对象，画出其受力图，然后用平衡条件求解。但考虑滑动摩擦时有以下特点：

（1）分析物体受力时，必须考虑摩擦力，并且要画好摩擦力的方向（与物体相对滑动方向或滑动趋势方向相反）。两个物体之间的摩擦力，互为作用力与反作用力，动摩擦的方向与物体运动速度方向相反。

（2）求解考虑滑动摩擦的平衡问题时，除列出物体所受力系应有的平衡方程外，还要加上补充方程 $F_{\max} = f_s F_N$。

（3）由于物体平衡时，静摩擦力有一定范围，即 $0 \leqslant F \leqslant F_{\max}$，因此在考虑滑动摩擦时，所求的相关量（如作用在物体上的力或物体的几何尺寸）应具有一个范围。

例 2.7　如图 2.17 所示，一物块重力为 $\boldsymbol{P}$，放在倾角为 α 的斜面上，它与斜面间的摩擦因数为 f_s。当物体处于平衡时，试求水平力 $\boldsymbol{Q}$ 的大小。

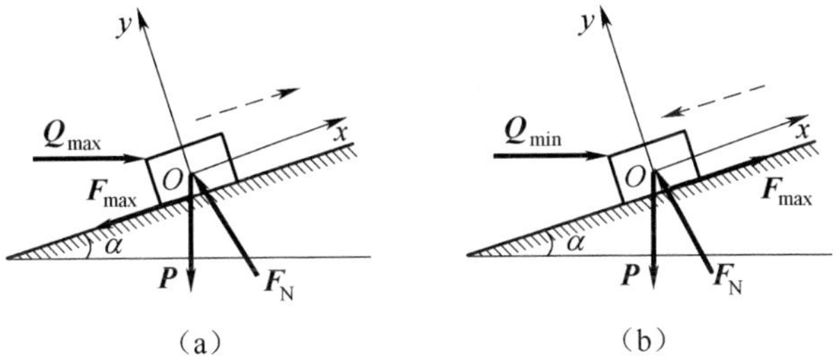

图 2.17

解：选物块为研究对象。由经验知，力 $\boldsymbol{Q}$ 太大，物块将上滑；力 $\boldsymbol{Q}$ 太小，物体将下滑；因此力 $\boldsymbol{Q}$ 的数值必在一定范围内。

先求 $\boldsymbol{Q}$ 过大的情况。此时，物体处于向上滑动的临界状态。摩擦力沿斜面向下，并达到极限值。物体在 $\boldsymbol{P}$、$\boldsymbol{F}_N$、$\boldsymbol{F}_{\max}$ 和 $\boldsymbol{Q}_{\max}$ 四个力作用下平衡，如图 2.17（a）所示。建立如图坐标系，列平衡方程得

$$\sum F_x = 0,\ Q_{\max}\cos\alpha - P\sin\alpha - F_{\max} = 0$$

$$\sum F_y = 0,\ F_N - Q_{\max}\sin\alpha - P\cos\alpha = 0$$

应用库仑（摩擦）定律，列出补充方程

$$F_{\max} = f_s F_N$$

联立以上三式，可解得

$$Q_{\max}=P(\tan\alpha+f_{\mathrm{s}})/(1-f_{\mathrm{s}}\tan\alpha)$$

再求Q过小的情况。此时，物体处于将要向下滑动的临界状态。摩擦力沿斜面向上，并达到极限值。物体受力如图 2.17（b）所示。建立如图坐标系，列平衡方程得

$$\sum F_x=0,\ \ Q_{\min}\cos\alpha-P\sin\alpha+F_{\max}=0$$

$$\sum F_y=0,\ \ F_{\mathrm{N}}-Q_{\min}\sin\alpha-P\cos\alpha=0$$

列出补充方程

$$F_{\max}=f_{\mathrm{s}}F_{\mathrm{N}}$$

联立以上三式可得

$$Q_{\min}=P(\tan\alpha-f_{\mathrm{s}})/(1+f_{\mathrm{s}}\tan\alpha)$$

综合以上结果，可得物体平衡时力Q的大小范围：

$$P(\tan\alpha-f_{\mathrm{s}})/(1+f_{\mathrm{s}}\tan\alpha)\leqslant Q\leqslant P(\tan\alpha+f_{\mathrm{s}})/(1-f_{\mathrm{s}}\tan\alpha)$$

第3章 空间力系

各力作用线不在同一平面内的力系称为空间力系，空间力系按其作用线分布情况可分为空间汇交力系、空间力偶系和空间任意力系等。空间任意力系是力系中最普通的情形，其他各种力系都是它的特殊情形。本章将介绍力对点的矩和力对轴的矩的概念及关系，并在此基础上研究空间力系的简化和平衡条件，最后介绍物体重心的概念及重心位置的确定方法。

3.1 空间汇交力系的合成与平衡

3.1.1 力在直角坐标轴上的投影

1. 一次投影法

如图 3.1 所示，若已知力 $\boldsymbol{F}$ 与三个坐标轴 x、y、z 的夹角分别为 θ、β、γ，则力 $\boldsymbol{F}$ 在三个坐标轴上的投影分别为

$$\left.\begin{aligned} F_x &= F\cos\theta \\ F_y &= F\cos\beta \\ F_z &= F\cos\gamma \end{aligned}\right\} \tag{3.1}$$

相应地，若已知力 $\boldsymbol{F}$ 的三个投影，也可以求出力 $\boldsymbol{F}$ 的大小和方向余弦，即大小为

$$F = \sqrt{F_x^2 + F_y^2 + F_z^2} \tag{3.2}$$

方向余弦为

$$\left.\begin{aligned} \cos\theta &= \frac{F_x}{F} \\ \cos\beta &= \frac{F_y}{F} \\ \cos\gamma &= \frac{F_z}{F} \end{aligned}\right\} \tag{3.3}$$

2. 二次投影法

如图 3.2 所示，若已知力 $\boldsymbol{F}$ 与 z 轴的夹角 γ、力 $\boldsymbol{F}$ 在 Oxy 平面上的投影 $\boldsymbol{F}_{xy}$ 与

x 轴间的夹角 φ，则力 $\boldsymbol{F}$ 在三个坐标轴上的投影分别为

$$F_x = F\sin\gamma\cos\varphi,\quad F_y = F\sin\gamma\sin\varphi,\quad F_z = F\cos\gamma \tag{3.4}$$

这种投影法先将力 $\boldsymbol{F}$ 投影到平面 Oxy，得到力 $\boldsymbol{F}_{xy}$，然后再将力投影到坐标轴 x、y 上，因此称为二次投影法。注意，与力在轴上的投影是代数量不同，力在平面上的投影是矢量。二次投影法中所需的两个角度便于测量，因此较为常用。

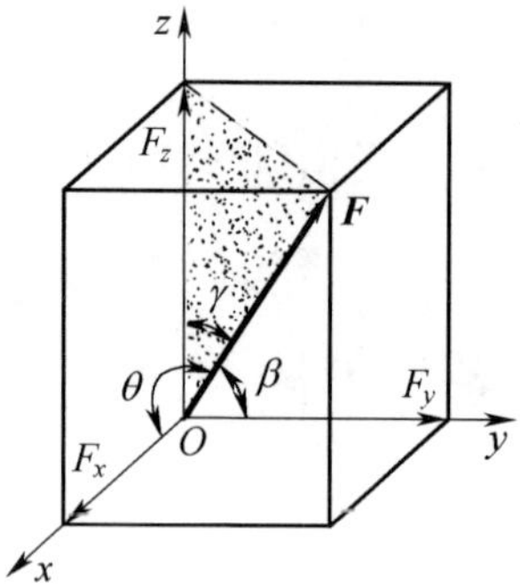

图 3.1

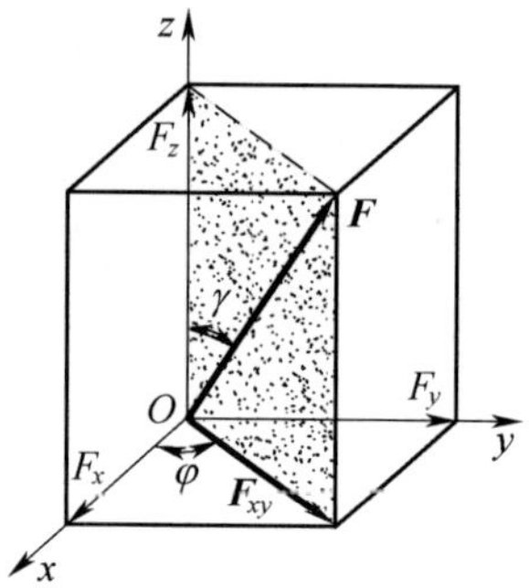

图 3.2

3.1.2 空间汇交力系的合成

空间力系中，如果各力作用线交于一点，称为空间汇交力系。将平面汇交力系的合成结果（公式）推广至空间汇交力系，可得：空间汇交力系的合力等于各分力的矢量和，且合力的作用线通过汇交点，即

$$\boldsymbol{F}_{\mathrm{R}} = \boldsymbol{F}_1 + \boldsymbol{F}_2 + \cdots + \boldsymbol{F}_n = \sum \boldsymbol{F}_i = \sum F_x \boldsymbol{i} + \sum F_y \boldsymbol{j} + \sum F_z \boldsymbol{k} \tag{3.5}$$

式中：$\sum F_x$、$\sum F_y$、$\sum F_z$ 分别为合力 $\boldsymbol{F}_{\mathrm{R}}$ 在 x、y、z 轴上的投影。

由此，可得到合力的大小和方向余弦：

$$\left.\begin{aligned} F_{\mathrm{R}} &= \sqrt{\left(\sum F_x\right)^2 + \left(\sum F_y\right)^2 + \left(\sum F_z\right)^2} \\ \cos(\boldsymbol{F}_{\mathrm{R}}, \boldsymbol{i}) &= \frac{\sum F_x}{F_{\mathrm{R}}} \\ \cos(\boldsymbol{F}_{\mathrm{R}}, \boldsymbol{j}) &= \frac{\sum F_y}{F_{\mathrm{R}}} \\ \cos(\boldsymbol{F}_{\mathrm{R}}, \boldsymbol{k}) &= \frac{\sum F_z}{F_{\mathrm{R}}} \end{aligned}\right\} \tag{3.6}$$

3.1.3　空间汇交力系的平衡条件

空间汇交力系合成为一个合力，因此，空间汇交力系平衡的充分必要条件是：该力系的合力等于零，即

$$\boldsymbol{F}_{\mathrm{R}}=0 \tag{3.7}$$

根据式（3.7），必须满足

$$\sum F_x=0,\ \sum F_y=0,\ \sum F_z=0 \tag{3.8}$$

因此，空间汇交力系平衡的充分必要条件为：该力系中各力在三个坐标轴上的投影代数和分别等于零。

式（3.8）称为空间汇交力系的平衡方程，可求解三个未知量。

3.2　空间力对点的矩和空间力对轴的矩

3.2.1　力对点的矩用矢量表示

在空间力系中，各力作用线不在同一平面内，力对物体的转动效应就不能够用代数量来度量，除了力矩的大小和转向，还必须考虑力矩作用面的方位。因此，空间力对点的矩的概念应包括三个要素：力矩的大小、力矩在平面内的转向，以及力矩作用平面的方位。这三个要素用一个矢量表示，即力矩矢 $\boldsymbol{M}_O(\boldsymbol{F})$。

力对点的矩即力矩矢表示如下：设在空间 A 点作用一力 $\boldsymbol{F}$，以矢量 $\boldsymbol{AB}$ 表示，如图 3.3 所示。取 O 点为矩心，矩心到力作用线的距离为 d。过矩心 O 作矢量 $\boldsymbol{M}_O(\boldsymbol{F})$，其长度表示力矩的大小，即 $|\boldsymbol{M}_O(\boldsymbol{F})|=Fd=2A_{\triangle OAB}$；矢量方位与力矩作用面 OAB 的法线方位相同；矢量指向按右手螺旋法则确定，即以右手的四指表示力矩的转向，则大拇指指的就是矢量 $\boldsymbol{M}_O(\boldsymbol{F})$ 的方向。

由图 3.3 可见，当矩心的位置改变时，力矩矢 $\boldsymbol{M}_O(\boldsymbol{F})$ 的大小和方向都随之改变，故力矩矢 $\boldsymbol{M}_O(\boldsymbol{F})$ 的矢端必须在矩心，不可以随意挪动，因此，这种矢量称为**定位矢量**。

另一方面，图 3.3 中用 $\boldsymbol{r}$ 表示力 $\boldsymbol{F}$ 的作用点 A 对 O 的矢径，则矢积 $\boldsymbol{r}\times\boldsymbol{F}$ 的模等于 $\triangle OAB$ 面积的两倍，方位与 $\boldsymbol{r}$ 和 $\boldsymbol{F}$ 所组成的平面垂直，指向按右手螺旋法则确定。因此可得

$$\boldsymbol{M}_O(\boldsymbol{F})=\boldsymbol{r}\times\boldsymbol{F} \tag{3.9}$$

上式为力对点的矩即力矩矢的表达式，即力对任一点的矩，等于矩心到力的作用点的矢径与该力的矢量积。

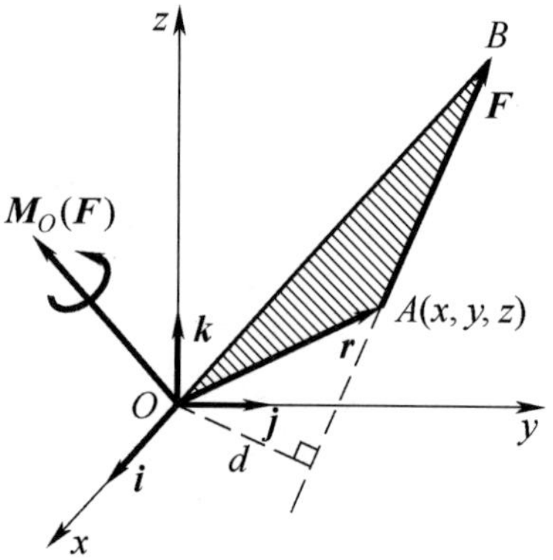

图 3.3

以O为坐标原点，作坐标系$Oxyz$。设力$\boldsymbol{F}$作用点A的坐标为$A(x,y,z)$，力在三个坐标轴上的投影分别为F_x、F_y、F_z，则有

$$\boldsymbol{M}_O(\boldsymbol{F})=\boldsymbol{r}\times\boldsymbol{F}=\begin{vmatrix}\boldsymbol{i} & \boldsymbol{j} & \boldsymbol{k}\\ x & y & z\\ F_x & F_y & F_z\end{vmatrix}$$
$$=(yF_z-zF_y)\boldsymbol{i}+(zF_x-xF_z)\boldsymbol{j}+(xF_y-yF_x)\boldsymbol{k} \tag{3.10}$$

上式中，单位矢量$\boldsymbol{i}$、$\boldsymbol{j}$、$\boldsymbol{k}$前面的系数，应分别表示力矩矢$\boldsymbol{M}_O(\boldsymbol{F})$在三个坐标轴上的投影，即

$$\left.\begin{aligned}\left[\boldsymbol{M}_O(\boldsymbol{F})\right]_x&=yF_z-zF_y\\ \left[\boldsymbol{M}_O(\boldsymbol{F})\right]_y&=zF_x-xF_z\\ \left[\boldsymbol{M}_O(\boldsymbol{F})\right]_z&=xF_y-yF_x\end{aligned}\right\} \tag{3.11}$$

力对点的矩的单位为$\mathrm{N\cdot m}$或$\mathrm{kN\cdot m}$。

3.2.2 力对轴的矩

为了研究力使物体绕固定轴转动的效应，需要了解力对轴的矩的概念。现以开门为例进行说明。如图 3.4 所示，在门上的A点处作用一力$\boldsymbol{F}$，使门绕门轴z转动。将$\boldsymbol{F}$分解为平行于z轴的力$\boldsymbol{F}_z$和垂直于z轴的力$\boldsymbol{F}_{xy}$。由经验可知，分力$\boldsymbol{F}_z$不能使门绕门轴转动，只有分力$\boldsymbol{F}_{xy}$才可以使门绕z轴转动，因此分力$\boldsymbol{F}_{xy}$对门轴有矩。现用符号$M_z(\boldsymbol{F})$表示力$\boldsymbol{F}$对z轴之矩，O点为平面Oxy与z轴的交点，d为O点到力$\boldsymbol{F}_{xy}$作用线的距离。分力$\boldsymbol{F}_{xy}$使门绕z轴的转动效应，可用该分力对O点的矩来度量。因此，力对轴的矩的定义为：力对轴的矩的大小，等于该力在垂直于该轴平面上的分力对该轴与这个平面的交点的矩。表示为

$$M_z(\boldsymbol{F}) = M_O(\boldsymbol{F}_{xy}) = \pm F_{xy} d = \pm 2A_{\triangle OAB} \tag{3.12}$$

力对轴的矩是一个代数量，是力使刚体绕该轴转动效果的度量，正负号表示力 $\boldsymbol{F}$ 使物体绕 z 轴转动的方向，通常用右手螺旋法则确定，即以右手四指表示力 $\boldsymbol{F}$ 使物体绕 z 轴转动的方向，若大拇指的指向与 z 轴正向相同，则 $M_z(\boldsymbol{F})$ 取正号，反之取负号。力对轴的矩的单位为 $\mathrm{N \cdot m}$ 或 $\mathrm{kN \cdot m}$。

从力对轴的矩的定义可知：

（1）力与轴平行（$\boldsymbol{F}_{xy} = 0$）或相交（$d = 0$）时，也就是力与轴位于同一平面时，力对轴的矩为零。

（2）当力沿其作用线移动时，它对轴的矩不变（$\boldsymbol{F}_{xy}$ 和 d 都不变）。

式（3.12）是力对轴的矩的定义式，力对轴的矩也可用解析式来表示。设力 $\boldsymbol{F}$ 在三个坐标轴上的投影分别为 $\boldsymbol{F}_x$、$\boldsymbol{F}_y$ 和 $\boldsymbol{F}_z$，力作用点 A 的坐标为 $A(x, y, z)$。如图 3.5 所示，由合力矩定理可求得

$$M_z(\boldsymbol{F}) = M_O(\boldsymbol{F}_{xy}) = M_O(\boldsymbol{F}_x) + M_O(\boldsymbol{F}_y) = xF_y - yF_x$$

同理可得其余二式。将三式合写为

$$\left.\begin{aligned} M_x(\boldsymbol{F}) &= yF_z - zF_y \\ M_y(\boldsymbol{F}) &= zF_x - xF_z \\ M_z(\boldsymbol{F}) &= xF_y - yF_x \end{aligned}\right\} \tag{3.13}$$

上述三式是计算力对轴的矩的解析式。

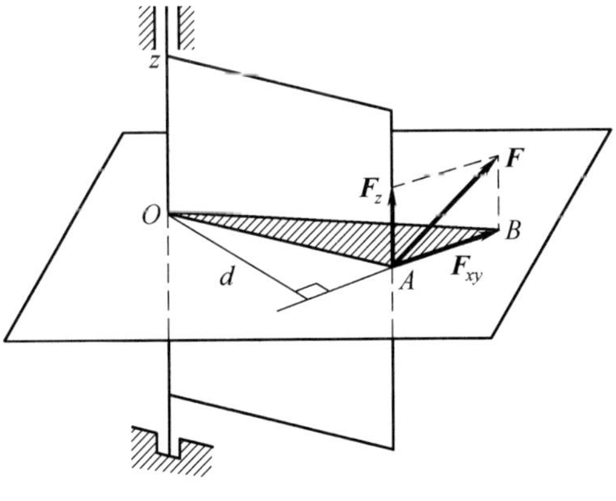

图 3.4

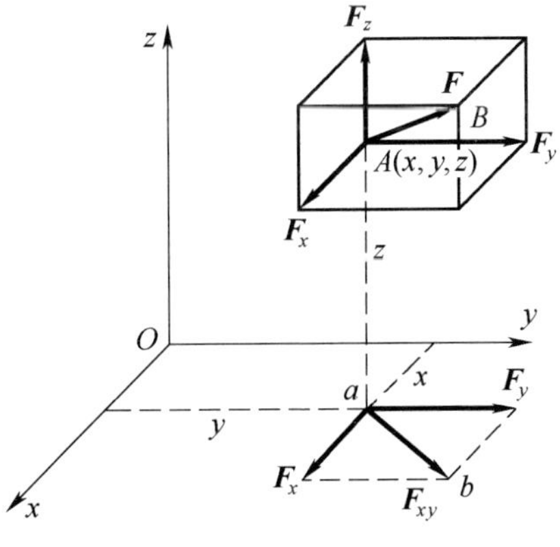

图 3.5

3.2.3 力对点的矩与力对轴的矩的关系

比较式（3.11）和式（3.13），可得

$$\left.\begin{aligned}\left[\boldsymbol{M}_O(\boldsymbol{F})\right]_x &= M_x(\boldsymbol{F})\\ \left[\boldsymbol{M}_O(\boldsymbol{F})\right]_y &= M_y(\boldsymbol{F})\\ \left[\boldsymbol{M}_O(\boldsymbol{F})\right]_z &= M_z(\boldsymbol{F})\end{aligned}\right\} \tag{3.14}$$

上式说明，力对点的矩矢在通过该点的某轴上的投影等于力对该轴的矩。

若力 $\boldsymbol{F}$ 对通过 O 点的直角坐标轴 x、y、z 的矩是已知的，则可求得该力对 O 点的矩矢 $\boldsymbol{M}_O(\boldsymbol{F})$ 的大小和方向余弦：

$$\left.\begin{aligned}&\left|\boldsymbol{M}_O(\boldsymbol{F})\right| = \sqrt{\left[M_x(\boldsymbol{F})\right]^2 + \left[M_y(\boldsymbol{F})\right]^2 + \left[M_z(\boldsymbol{F})\right]^2}\\ &\cos(\boldsymbol{M}_O,\boldsymbol{i}) = \frac{M_x(\boldsymbol{F})}{\left|\boldsymbol{M}_O(\boldsymbol{F})\right|}\\ &\cos(\boldsymbol{M}_O,\boldsymbol{j}) = \frac{M_y(\boldsymbol{F})}{\left|\boldsymbol{M}_O(\boldsymbol{F})\right|}\\ &\cos(\boldsymbol{M}_O,\boldsymbol{k}) = \frac{M_z(\boldsymbol{F})}{\left|\boldsymbol{M}_O(\boldsymbol{F})\right|}\end{aligned}\right\} \tag{3.15}$$

3.3 空间任意力系的简化及平衡方程

空间力系中各力的作用线在空间任意分布，称为空间任意力系。

3.3.1 空间任意力系向一点的简化

同平面任意力系的简化方法一样，由力的平移定理，空间任意力系可以向任一点简化，得到一个空间汇交力系和一个空间力偶系，然后再分别求二者的合成结果。

设刚体上受到由 n 个力组成的空间任意力系（$\boldsymbol{F}_1$，$\boldsymbol{F}_2$，$\boldsymbol{F}_3$，…，$\boldsymbol{F}_n$）的作用。O 为空间中任意确定的点，将力系诸力都平移到 O 点，并相应地增加一个附加力偶。这样，原来的空间任意力系与空间汇交力系和空间力偶系等效，如图 3.6 所示。其中

$$\boldsymbol{F}_1' = \boldsymbol{F}_1,\quad \boldsymbol{F}_2' = \boldsymbol{F}_2,\quad \cdots,\quad \boldsymbol{F}_n' = \boldsymbol{F}_n$$

$$\boldsymbol{M}_1 = M_O(\boldsymbol{F}_1),\quad \boldsymbol{M}_2 = M_O(\boldsymbol{F}_2),\quad \cdots,\quad \boldsymbol{M}_n = M_O(\boldsymbol{F}_n)$$

空间汇交力系合成可得一合力 $\boldsymbol{F}'_{\mathrm{R}}$，称为原力系主矢，即

$$\boldsymbol{F}'_{\mathrm{R}}=\sum\boldsymbol{F}_i \tag{3.16}$$

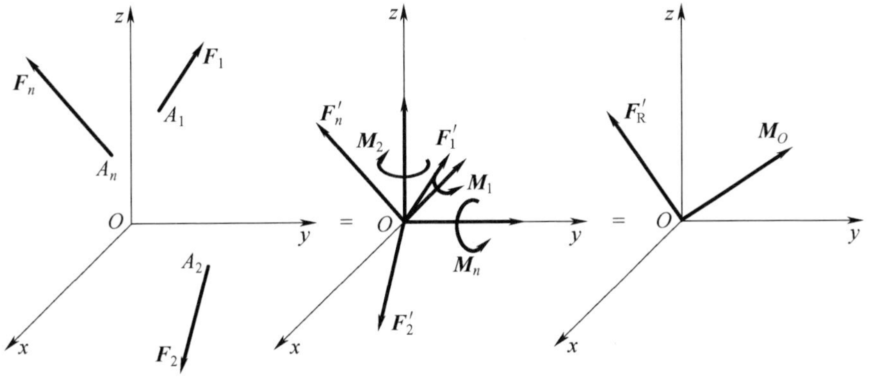

图 3.6

主矢等于力系中各力的矢量和。主矢的大小和方向与简化中心的选择无关。但力系简化后主矢作用线应过简化中心 O 点。

在实际计算时，常采用解析式。可由简化中心 O 作直角坐标系 $Oxyz$ 。则

$$\left.\begin{aligned}&F'_{\mathrm{R}}=\sqrt{F'^2_{\mathrm{R}x}+F'^2_{\mathrm{R}y}+F'^2_{\mathrm{R}z}}=\sqrt{(\sum F_x)^2+(\sum F_y)^2+(\sum F_z)^2}\\&\cos\alpha=\sum F'_{\mathrm{R}x}/F'_{\mathrm{R}},\ \cos\beta=\sum F'_{\mathrm{R}y}/F'_{\mathrm{R}},\ \cos\gamma=\sum F'_{\mathrm{R}z}/F'_{\mathrm{R}}\end{aligned}\right\} \tag{3.17}$$

式中：α、β、γ 分别为主矢 $\boldsymbol{F}'_{\mathrm{R}}$ 与 x、y、z 轴的夹角。

空间力偶系合成得一合力偶，其矩为 $\boldsymbol{M}_O$，称为原力系主矩，即

$$\boldsymbol{M}_O=\sum\boldsymbol{M}_i \tag{3.18}$$

根据力的平移定理，附加力偶矩矢等于各力对 O 点的矩矢。因此有

$$\boldsymbol{M}_O=\sum\boldsymbol{M}_i=\sum\boldsymbol{M}_O(\boldsymbol{F}_i) \tag{3.19}$$

同样，以 M_{Ox}、M_{Oy}、M_{Oz} 分别表示主矩 $\boldsymbol{M}_O$ 在 x、y、z 轴上的投影。应用力对点的矩与力对轴的矩的关系式，可得

$$\left.\begin{aligned}M_{Ox}&=\left[\sum\boldsymbol{M}_O(\boldsymbol{F})\right]_x=\sum M_x(\boldsymbol{F})\\M_{Oy}&=\left[\sum\boldsymbol{M}_O(\boldsymbol{F})\right]_y=\sum M_y(\boldsymbol{F})\\M_{Oz}&=\left[\sum\boldsymbol{M}_O(\boldsymbol{F})\right]_z=\sum M_z(\boldsymbol{F})\end{aligned}\right\}$$

因此有

$$\left.\begin{aligned}&M_O=\sqrt{M_{Ox}^2+M_{Oy}^2+M_{Oz}^2}=\sqrt{\left[\sum M_x(\boldsymbol{F})\right]^2+\left[\sum M_y(\boldsymbol{F})\right]^2+\left[\sum M_z(\boldsymbol{F})\right]^2}\\&\cos\alpha'=M_{Ox}/M_O,\ \cos\beta'=M_{Oy}/M_O,\ \cos\gamma'=M_{Oz}/M_O\end{aligned}\right\}\quad(3.20)$$

式中：α'、β'、γ' 分别为主矩与 x、y、z 轴的夹角。

不难看出，当选取不同的点为简化中心时，主矩也不相同，也就是说，主矩与简化中心的选取有关。因此，当谈到力系的主矩时，必须指明对哪一点的主矩。

3.3.2 空间任意力系的平衡方程

由上面的讨论可知，空间任意力系平衡的充分必要条件是：力系的主矢 $\boldsymbol{F}_{\mathrm{R}}'$ 和力系对任一点的主矩 $\boldsymbol{M}_O$ 都等于零，即 $\boldsymbol{F}_{\mathrm{R}}'=0$，$\boldsymbol{M}_O=0$。取直角坐标系 $Oxyz$，则有

$$\boldsymbol{F}_{\mathrm{R}}'=\sqrt{(\sum F_x)^2+(\sum F_y)^2+(\sum F_z)^2}=0$$

$$M_O=\sqrt{M_{Ox}^2+M_{Oy}^2+M_{Oz}^2}=\sqrt{\left[\sum M_x(\boldsymbol{F})\right]^2+\left[\sum M_y(\boldsymbol{F})\right]^2+\left[\sum M_z(\boldsymbol{F})\right]^2}=0$$

若要上式成立，则必须有

$$\left.\begin{aligned}\sum F_x=0\\\sum F_y=0\\\sum F_z=0\\\sum M_x=0\\\sum M_y=0\\\sum M_z=0\end{aligned}\right\}\quad(3.21)$$

这就是空间任意力系的平衡方程式，它说明了空间任意力系平衡的充分必要条件是：力系中各力在三个任选的坐标轴上的投影的代数和等于零，以及各力对三个坐标轴的力矩的代数和也都等于零。

对于空间平行力系，如图 3.7 所示，令 z 轴与各力平行，则各力对 z 轴的矩等于零，又由于 x、y 轴都与这些力垂直，因此各力在 x、y 轴上的投影也等于零，这样，空间任意力系六个平衡方程式中，第一个、第二个和第六个平衡方程式成了恒等式。因此，空间平行力系只有三个平衡方程式，可求解三个未知量，即

$$\left.\begin{aligned}\sum F_z &= 0\\ \sum M_x &= 0\\ \sum M_y &= 0\end{aligned}\right\} \tag{3.22}$$

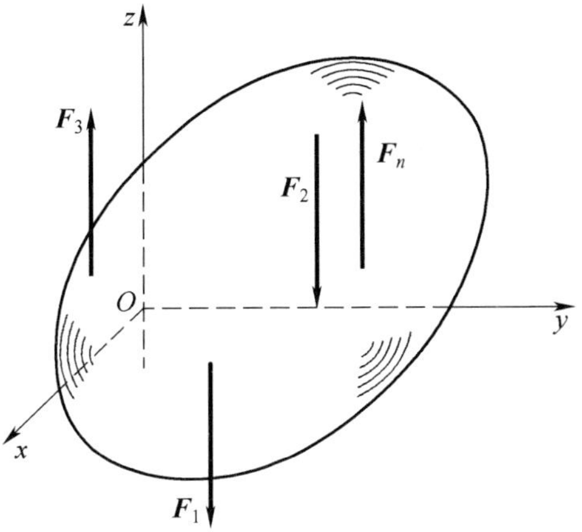

图 3.7

3.4　平行力系中心与重心

无论是在日常生活中，还是在工程实际中，确定物体重心的位置都具有非常重要的意义。重心可以看成平行力系中心的特例，因此，下面先研究平行力系的中心。

3.4.1　平行力系中心

设有一空间同向平行力系 $\boldsymbol{F}_1$，$\boldsymbol{F}_2$，$\boldsymbol{F}_3$ 分别作用在物体上的 A_1、A_2、A_3 各点，如图 3.8 所示，按照两个同向平行力系合力的求法，先将力 $\boldsymbol{F}_1$ 和 $\boldsymbol{F}_2$ 合成为一个力 $\boldsymbol{F}_{R1}$，其大小为 $F_{R1}=F_1+F_2$，其作用线和 A_1A_2 相交于 C_1 点，则 $C_1A_1:C_1A_2=F_2:F_1$，再将 $\boldsymbol{F}_{R1}$ 与 $\boldsymbol{F}_3$ 合成为一个力 $\boldsymbol{F}_R$。这就是该空间同向平行力系的合力，其大小为 $F_R=F_{R1}+F_3=F_1+F_2+F_3$，其作用线和 C_1A_3 相交于 C 点，则 $CC_1:CA_3=F_3:F_{R1}$。如果将 $\boldsymbol{F}_1$、$\boldsymbol{F}_2$ 各绕其作用点向同一方向转过一角度 α，$\boldsymbol{F}_R$ 也将向同一方向转过同一角度 α（图 3.8），因为 $C_1A_1:C_1A_2=F_2:F_1$ 的关系在转动后仍然成立，所以 $\boldsymbol{F}_{R1}$ 仍通过 C_1 点，转过同样的角度。同理，力系的合力 $\boldsymbol{F}_R$ 也绕 C 点转过同样的角度。

由此可知，C 点的位置仅与各平行力的大小和作用点的位置有关，而与各平行力的方向无关，C 点就称为该平行力系的中心。

为了求得平行力系的中心坐标，可以将平行力系中的各个力绕各自的作用点转动，使之先后平行于任意坐标轴（图 3.9），分别使用合力矩定理，即可求得平行力系中心 C 的坐标公式：

$$\left.\begin{aligned} x_C &= \sum F_i x_i / \sum F_i \\ y_C &= \sum F_i y_i / \sum F_i \\ z_C &= \sum F_i z_i / \sum F_i \end{aligned}\right\} \tag{3.23}$$

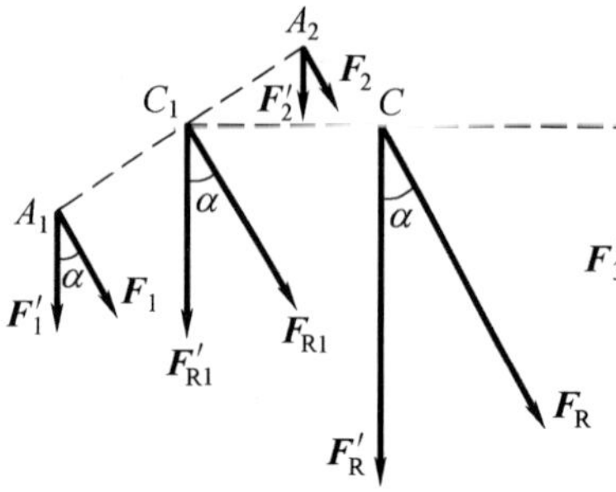

图 3.8

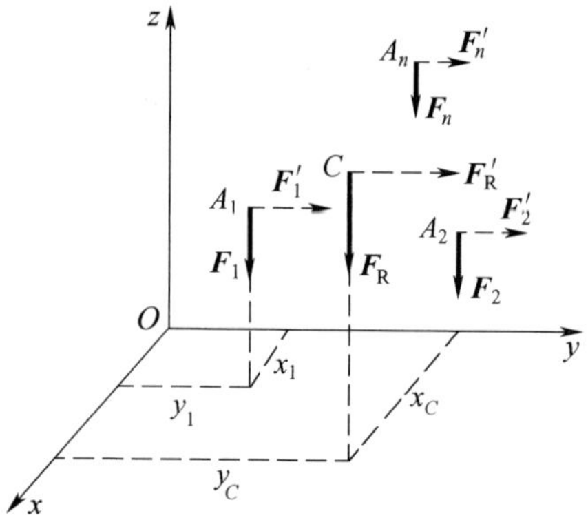

图 3.9

3.4.2 重心坐标的一般公式

将物体分割成许多微小体积，每一小块体积受的重力为 $\boldsymbol{P}_i$，其作用点为 $M_i(x_i, y_i, z_i)$，如图 3.10 所示，则各微小体积的重力为一平行力系。平行力系的合力 $\boldsymbol{P}$ 的大小 $P = \sum P_i$，称为物体的重量。而此平行力系的中心称为物体的重心。

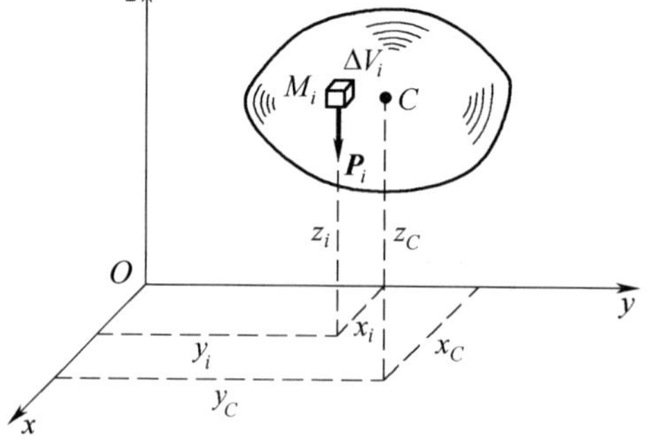

图 3.10

物体重心坐标公式可以根据平行力系中心的坐标公式直接得出

$$\left.\begin{aligned} x_C &= \sum P_i x_i \Big/ \sum P_i = \sum P_i x_i \Big/ P \\ y_C &= \sum P_i y_i \Big/ \sum P_i = \sum P_i y_i \Big/ P \\ z_C &= \sum P_i z_i \Big/ \sum P_i = \sum P_i z_i \Big/ P \end{aligned}\right\} \tag{3.24}$$

物体分割得越多，即每一小块体积越小，则按公式（3.24）计算的重心位置越准确。在极限情况下，用积分计算可得如下公式：

$$\left.\begin{aligned} x_C &= \int_V \gamma x \mathrm{d}V \Big/ \int_V \gamma \mathrm{d}V \\ y_C &= \int_V \gamma y \mathrm{d}V \Big/ \int_V \gamma \mathrm{d}V \\ z_C &= \int_V \gamma z \mathrm{d}V \Big/ \int_V \gamma \mathrm{d}V \end{aligned}\right\}$$

式中：γ 为物体单位体积重量；V 为物体的体积。

对于均质物体，γ 是常数，上式写成

$$\left.\begin{aligned} x_C &= \int_V x \mathrm{d}V \Big/ V \\ y_C &= \int_V y \mathrm{d}V \Big/ V \\ z_C &= \int_V z \mathrm{d}V \Big/ V \end{aligned}\right\} \tag{3.25}$$

由上式可知，均质物体的重心就是它的几何中心，几何中心只取决于物体的几何形状，通常称为形心。

现代工程结构中常用薄壳以节约材料，减轻结构重量，对于均质等厚的板，其重心公式为

$$\left.\begin{aligned} x_C &= \int_A x \mathrm{d}A \Big/ A \\ y_C &= \int_A y \mathrm{d}A \Big/ A \\ z_C &= \int_A z \mathrm{d}A \Big/ A \end{aligned}\right\} \tag{3.26}$$

式中：A 为整个板的面积。

当物体的质量分布具有对称面、对称轴或对称中心时，则物体的重心一定在它的对称面、对称轴或对称中心上。

简单形状均质物体的重心坐标公式，可查工程手册有关部分，现摘录几种常用的以供参考，见表 3.1。

表 3.1

图形	重心位置	图形	重心位置
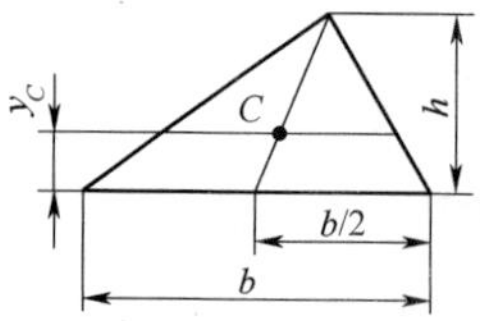 三角形	在中线的交点 $y_C=\frac{1}{3}h$	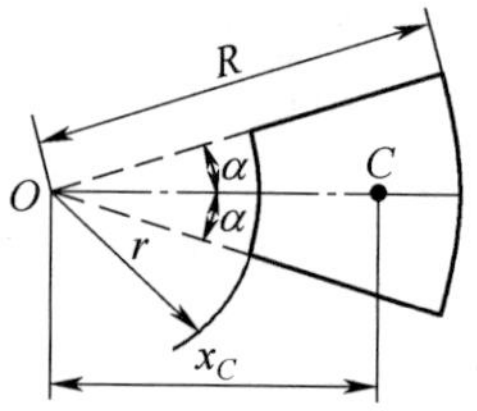 部分圆环	$x_C=\frac{2}{3}\cdot\frac{(R^3-r^3)\sin\alpha}{(R^2-r^2)\alpha}$
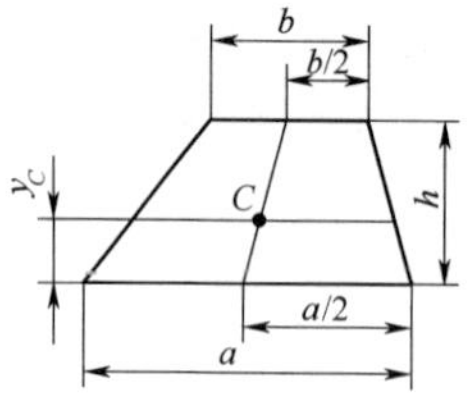 梯形	$y_C=\frac{h(a+2b)}{3(a+b)}$	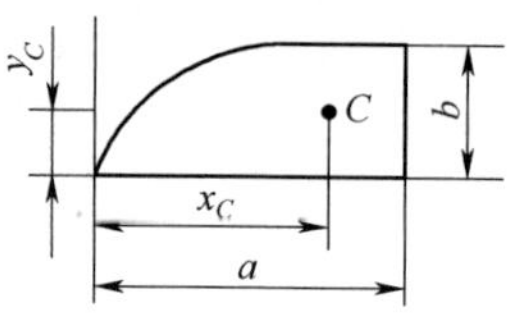 抛物线面	$x_C=\frac{3}{5}a$ $y_C=\frac{3}{8}b$
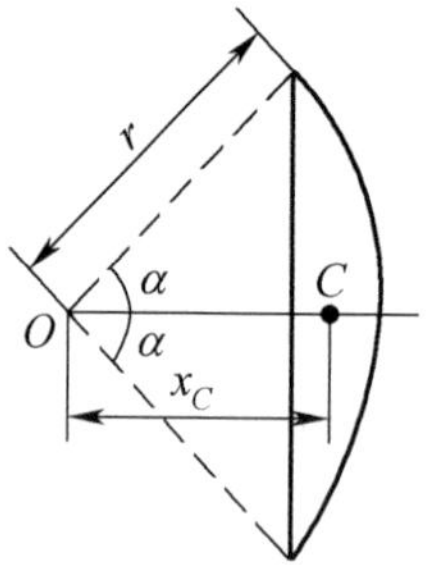 月牙形	$x_C=\frac{2}{3}\cdot\frac{r^3\sin^3\alpha}{A}$ A（面积） $=\frac{r^2(2a-\sin 2a)}{2}$	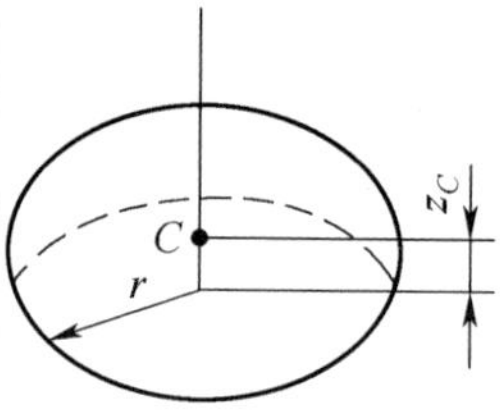 半球	$z_C=\frac{3}{8}r$
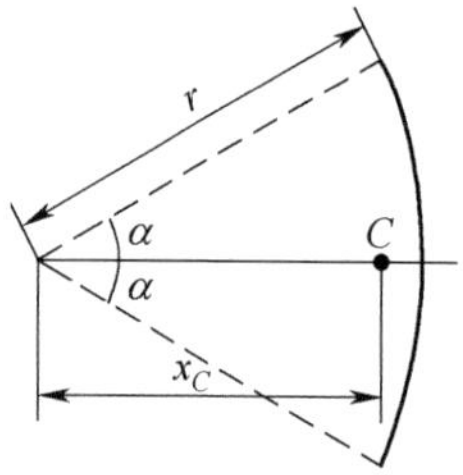 圆弧	$x_C=\frac{r\sin\alpha}{\alpha}$	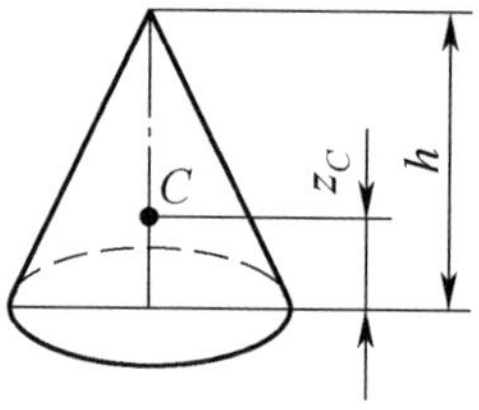 圆锥体	$z_C=\frac{1}{4}h$

3.4.3　组合形状物体的重心

工程上常用的确定组合形状物体重心位置的几种方法如下所述。

1. 分割法

在实际工程中经常遇到的物体形状比较复杂，但它们大多数可看成由简单形状物体组合而成，因此用分割法将形状比较复杂的物体分割成几部分。每一部分形状都比较简单，其重心位置比较容易求出。这样，就可以根据上面介绍的重心坐标公式来求出整个物体的重心。

$$\left.\begin{aligned} x_C &= \sum V_i x_i / V \\ y_C &= \sum V_i y_i / V \\ z_C &= \sum V_i z_i / V \end{aligned}\right\} \tag{3.27}$$

或

$$\left.\begin{aligned} x_C &= \sum V_i x_i / V \\ y_C &= \sum V_i y_i / V \end{aligned}\right\} \tag{3.28}$$

2. 负面积法（或负体积法）

如果在物体的体积或面积内切去一部分（如有空穴的物体），求这类物体的重心时仍可采用与分割法相同的方法，只要把切去部分的体积或面积取为负值，然后根据重心坐标公式就可求出整个物体的重心。

3. 实验法

对形状复杂的物体，用计算的方法求重心位置比较麻烦，在工程上常用实验的方法测定重心的位置，下面介绍两种常用方法。

（1）悬挂法。形状不规则的薄板的重心位置可以用悬挂法求得。用一根线将薄板悬挂于其边上任一点 A（图 3.11），根据二力平衡的条件，重心必在过悬挂点的铅垂线上，于是在板上画出这条线，然后再将薄板悬挂于另一点 B，同样可在板上画出另一条铅垂线，两条线的交点 C 就是重心的位置。

（2）称重法。先用磅秤称出物体的重量 P，然后将物体的一端搁在固定支点上，另一端搁在磅秤上（图 3.12），测得两支点之间的水平距离为 L，并读出磅秤上的读数 P_1，根据 $\sum M_A(\boldsymbol{F})=0$ 可得

$$P_1 L - P x_C = 0$$

$$x_C = P_1 L / P$$

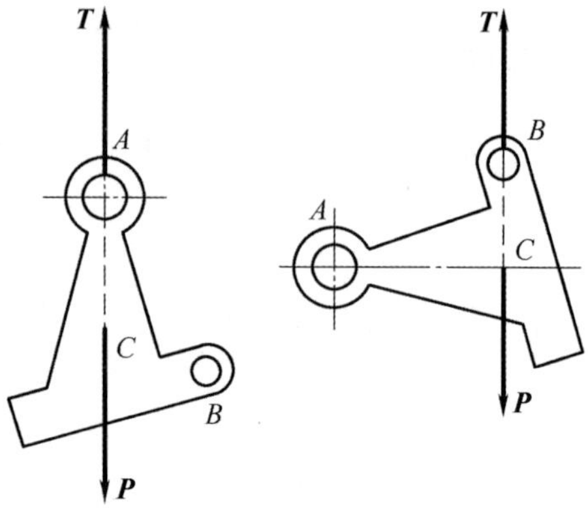

图 3.11

如果物体有对称轴，则只需称量一次；如果不具有对称轴，那么就要多次称量才能确定重心位置。

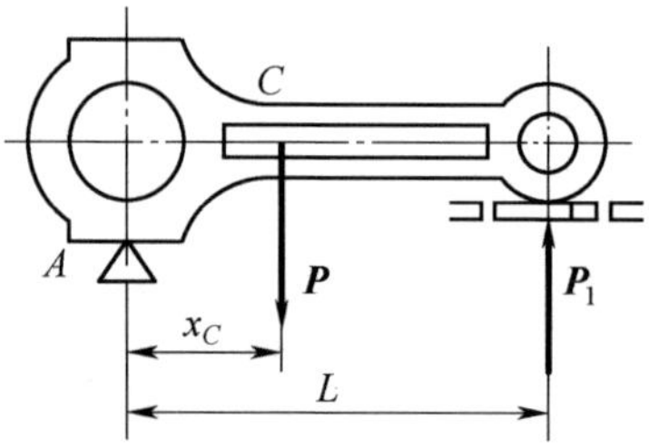

图 3.12

第2篇　材 料 力 学

引　言

1. 材料力学的基本任务

任何机械或工程结构，都是由构件组成的。在正常工作状态下，构件都要直接或间接受到相邻构件传递来的载荷作用。在外力作用下，固体具有抵抗破坏的能力，但载荷过大，构件就会断裂。同时，在外力的作用下，固体的尺寸和形状会发生变化，称为变形。

为保证构件正常工作，构件应具有足够的能力负担所承受的载荷，即具备足够的承载能力。因此，构件应当满足以下要求：

（1）强度要求：构件在确定的外力作用下，不发生断裂或过量的塑性变形。例如，储气罐不应爆裂，机器中的齿轮轴不应断裂失效，建筑物的梁和板不应发生较大塑性变形。强度要求就是指构件应有足够抵抗破坏的能力。

（2）刚度要求：构件在确定的外力作用下，其弹性变形或位移不超过工程允许的范围。刚度要求就是指构件应有足够抵抗变形的能力。

（3）稳定性要求：构件在某种受力方式下，其平衡形式不会发生突然转变。例如，细长的杆件受压时，工程中要求它们始终保持直线的平衡形态；可是若受压力过大，达到某一数值时，压杆的直线平衡形态会变成不稳定平衡形态而失去进一步承载的能力，这种现象称为压杆的失稳。又如，受均匀外压力的薄壁圆筒，当外压力达到某一数值时，它由原来的圆筒形的平衡变成椭圆形的平衡，此为薄圆筒的失稳。失稳往往是突然发生的，并会造成严重的工程事故，稳定性要求就是构件应具有足够保持原有平衡形态能力。

一般来说，选用高强度的材料或增加构件的截面尺寸，可使构件具有足够的承载能力。但过分强调安全，构件的尺寸选得过大或不恰当地选用质量较好的材料，又会使构件的承载能力得不到充分发挥，从而浪费了材料，又增加了机械的重量和成本。为此，材料力学的任务就是在满足强度、刚度、稳定性的要求下，为设计既安全又经济的构件，提供必要的理论基础和计算方法。

构件的强度、刚度和稳定性问题均与所用材料的力学性能有关，同样尺寸、形状的构件，当分别用不同的材料来制成时，它们的强度、刚度和稳定性也各不相同。构件的强度、刚度和稳定性的研究离不开对材料的力学性质的研究，而材料的力学性质需要通过实验的方法来测定，因此实验研究和理论分析是完成材料力学的任务所必需的手段。

2. 变形固体的基本假设

理论力学中，所研究的固体都是刚体，就是说在外力作用下物体的大小和形状都保持不变。实际上，自然界中所有的固体都是变形体。即在外力作用下，一切固体都将发生变形，故称为变形固体。

变形固体种类繁多，工程材料中有金属与合金、工业陶瓷、聚合物等，其性质很复杂。对用变形固体制成的构件进行强度、刚度和稳定性计算时，为了使计算简化，经常略去材料的次要性质，对其作下列假设：

（1）连续性假设：认为整个物体在所占空间内毫无空隙地充满物质。实际上，由物质的微观结构知道，物体内部是存在空隙的，但这些空隙的大小与构件的尺寸相比非常微小，因此，认为材料密实不会影响对其宏观力学性能的研究。即固体在其整个体积内是连续的。可把力学量表示为固体点的位置坐标的连续函数。

（2）均匀性假设：认为物体内的任何部分，其力学性能相同，与其所在位置无关。即从固体内任意取出一部分，无论从何处取也无论取多少，其性能总是一样的。如果物体是由两种或者两种以上介质组成的，如混凝土构件由水泥、石子、沙子均匀搅拌而成，那么在只有石子处与只有沙子处其强度应是不同的，但是只要每一种物质的颗粒远远小于物体的几何形状，并且在物体内部均匀分布，从宏观意义上讲，也可以视为均匀材料，因此认为混凝土构件各处有相同的强度。当然，对于明显的非均匀物体，如环氧树脂基碳纤维复合材料，不能处理为均匀材料。

（3）各向同性假设：认为材料沿各方向的力学性质均相同。例如，由晶体构成的金属材料由于单晶体是各向异性的，微观上显然不是各向同性的。但是由于晶体尺寸极小，而且排列是随机的，因此宏观上，金属材料性能可认为各向同性。沿不同方向的力学性质不相同的材料，称为各向异性材料。例如，木材顺纹方向与横纹方向的力学性质有显著的差别。材料力学所研究的对象只限于各向同性的可变形固体。

构件在外力作用下将发生变形。当外力不超过一定限度时，构件在外力去掉后均能恢复原状。外力去掉后能消失的变形称为弹性变形。当外力超过某一限度时，则在外力去掉后只能部分地复原而残留一部分不能消失的变形。不能消失而残留下来的变形称为塑性变形。大多数构件在正常工作条件下均要求其材料仅发生弹性变形。所以，在材料力学中所研究的大部分问题局限在弹性变形范围内。

综上所述，材料力学是研究连续、均匀、各向同性的变形固体，在微小的弹性变形内的强度、刚度、稳定性问题的一门学科。

3. 研究对象（杆件）的几何特征

实际构件有各种不同的形状。材料力学所研究的构件主要是杆件，杆件是纵向（长度方向）尺寸远比横向（垂直于长度方向）尺寸要大得多的构件。房屋的梁、柱及传动轴等一般被抽象为杆件。杆件的几何要素是横截面和轴线，其中横截面是与轴线垂直的截面，轴线是横截面形心的连线。

杆件按轴线的形状可分为直杆和曲杆，其中轴线为直线的杆件为直杆，轴线为曲线的杆件为曲杆。按截面的形状进行分类，杆件可分为等截面杆和变截面杆，横截面形状和大小不变的杆则称为等截面杆，其他的称为变截面杆。材料力学研究的多是等截面的直杆，简称为等直杆。

4. 内力、截面法和应力的概念

（1）内力（附加内力）。

物体在受外力而变形时，其内部各部分之间由于相对位置发生改变而引起的相互作用就是内力。

当物体不受外力作用时，内部各质点之间存在着相互作用力，也称为内力。但材料力学中所指的内力是与外力和变形有关的内力。即随着外力的作用而产生，随着外力的增加而增大，当达到一定数值时会引起构件破坏的内力，此力称为附加内力。为简便起见，统称为内力。

（2）截面法。

进行强度、刚度计算必须由已知的外力确定未知的内力，内力分布在横截面的各点（在截面上是连续分布的）上，只有用假想的截面将杆件截成两部分时才能表现出来，这种显示内力的方法称为截面法。截面法的步骤可用“截、取、代、平”四个字总结。

1）截：欲求某一截面上的内力，用一假想平面将物体分为两部分。

2）取：取其中任意一部分为研究对象，而弃去另一部分。

3）代：用作用于截面上的内力，代替舍弃部分对留下部分的作用力。

4）平：建立留下部分的平衡方程，由外力确定未知的内力。

图 1 为截面法的求解过程，内力表示为连续分布力，用平衡方程可求其分布内力的合力。

截面法的概念非常重要，其关键是截开杆件取脱离体，使得杆件的截面内力转化为脱离体上的外力，再运用平衡条件对未知内力进行分析和计算。

（3）应力。

用截面法求得的内力，不能说明分布内力系在截面内某一点处的强弱程度，要研究内力在截面上的分布规律需引入内力集度的概念。

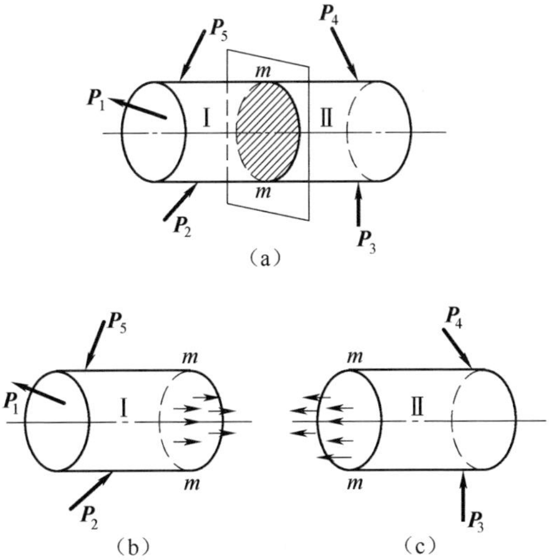

图 1

图 2 所示围绕 M 点取微小面积 ΔA。根据均匀连续假设，ΔA 上必存在分布内力，设它的合力为 $\Delta \boldsymbol{F}$，$\Delta \boldsymbol{F}$ 与 ΔA 的比值为

$$\boldsymbol{p}_{\mathrm{m}} = \frac{\Delta \boldsymbol{F}}{\Delta A}$$

$\boldsymbol{p}_{\mathrm{m}}$ 是一个矢量，代表在 ΔA 范围内，单位面积上内力的平均集度，称为平均应力。当 ΔA 趋于零时，$\boldsymbol{p}_{\mathrm{m}}$ 的大小和方向都将趋于一定极限，如图 3 所示，即

$$\boldsymbol{p} = \lim_{\Delta A \to 0} \boldsymbol{p}_{\mathrm{m}} = \lim_{\Delta A \to 0} \frac{\Delta \boldsymbol{F}}{\Delta A} = \frac{\mathrm{d}\boldsymbol{F}}{\mathrm{d}A}$$

$\boldsymbol{p}$ 称为 M 点处的（全）应力。通常把应力 $\boldsymbol{p}$ 分解成垂直于截面的分量 $\boldsymbol{\sigma}$ 和切于截面的分量 $\boldsymbol{\tau}$。$\boldsymbol{\sigma}$ 称为正应力，$\boldsymbol{\tau}$ 称为剪应力或切应力。

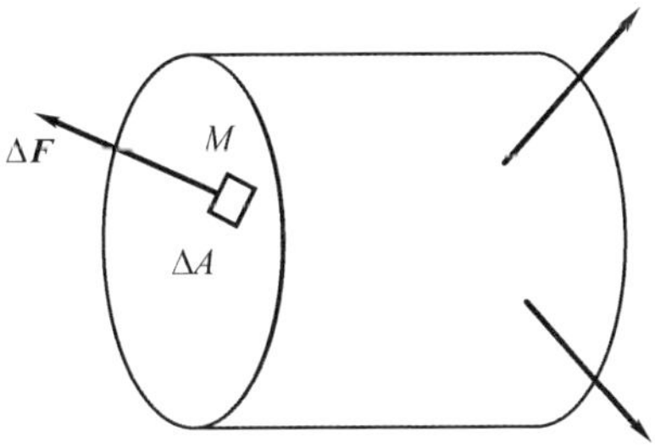

图 2

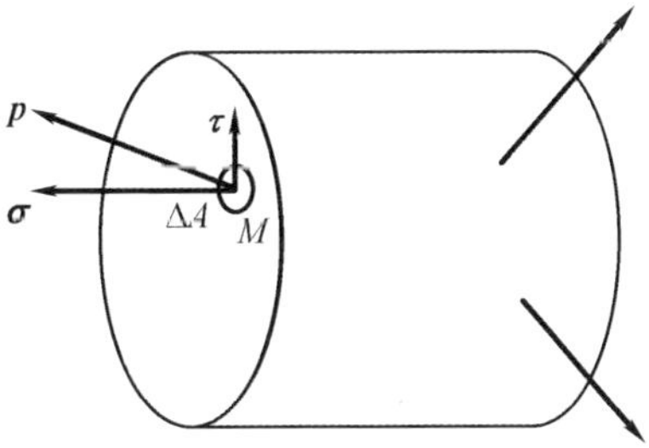

图 3

应力即单位面积上的内力，表示某微截面积 $\Delta A \to 0$ 处内力的密集程度。

在国际单位制中，应力的单位是 $\mathrm{N/m^2}$，$1\mathrm{N/m^2} = 1\mathrm{Pa}$（帕斯卡）。实际应用中，

由于应力数值较大，故常用的单位有 MPa 和 GPa，其中 1MPa=10^6Pa，1GPa=10^9Pa。

5. 杆件变形的基本形式

由于杆件受力情况的不同，相应的变形就有各种不同形式，在工程结构中，杆件的基本变形有以下四种：

（1）轴向拉伸（或压缩）。在一对作用线与直杆轴线重合且大小相等、指向相反的外力作用下，直杆的主要变形是长度的伸长或缩短，这种变形形式称为轴向拉伸［图 4（a）］或轴向压缩［图 4（b）］。

（2）剪切。图 4（c）变形形式是由大小相等、方向相反、作用线相互平行且相距很近的一对力引起的。表现为受剪杆件的两部分沿外力作用方向发生相对错动，这种变形形式称为剪切。

（3）扭转。图 4（d）在一对转向相反且作用在与杆轴线相垂直的两平面内的外力偶作用下，直杆的相邻横截面将绕轴线发生相对转动，而轴线仍维持直线，这种变形形式称为扭转。

（4）弯曲。图 4（e）变形形式是由垂直于杆件轴线的横向力，或由作用于包含杆轴的纵向平面内的一对大小相等、方向相反的力偶引起的，表现为杆件轴线由直线变为受力平面内的曲线，这种变形形式称为弯曲。

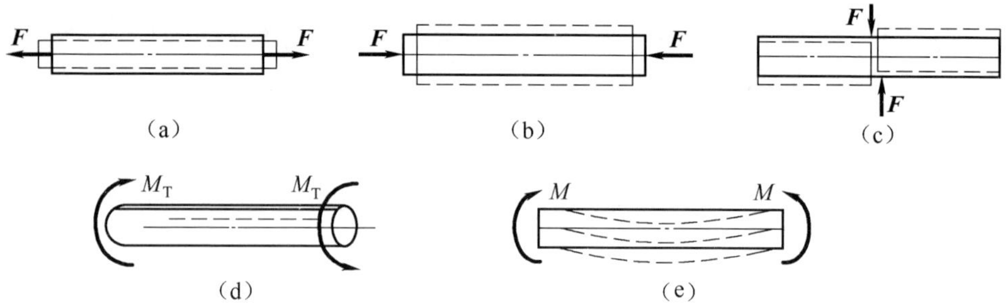

图 4

组合变形：杆件同时发生几种基本变形，称为组合变形。

第 4 章　轴向拉伸与压缩

4.1　轴向拉伸与压缩的概念与实例

在工程实际中，经常有杆件承受轴向拉伸或压缩，如图 4.1 中桁架上的拉杆和压杆，图 4.2 中用于连接的螺栓，图 4.3 中气缸工作时的活塞杆，图 4.4 中组成起重机塔架的杆件。虽然杆件的外形各有差异，加载形式也不同，但这类杆件的受力特点是：外力或外力合力的作用线与杆轴线重合。其变形特点是：杆件沿着杆轴向方向伸长或缩短。这种变形形式称为轴向拉伸或压缩，这类构件称为拉杆或压杆。本章只研究直杆的拉伸与压缩。可将这类杆件的形状和受力情况进行简化，得到如图 4.5 所示的受力与变形的示意图，图中的实线为受力前的形状，虚线为变形后的形状。

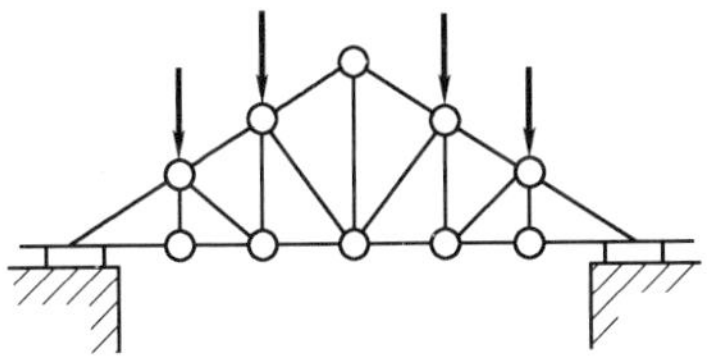

图 4.1

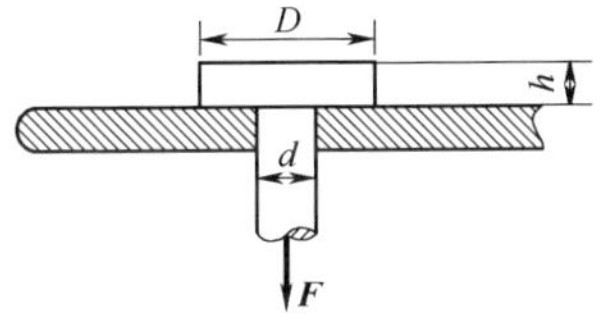

图 4.2

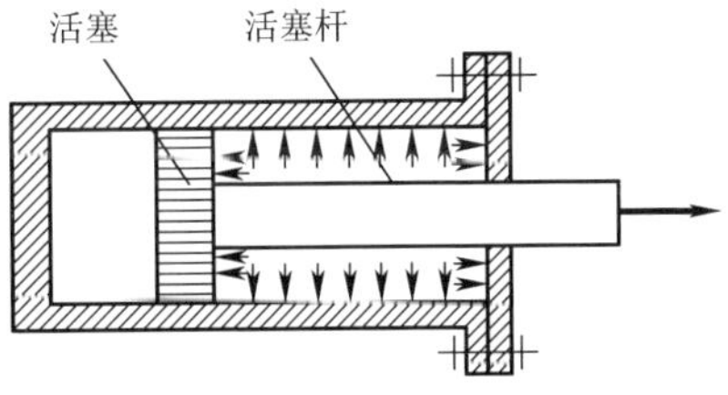

图 4.3

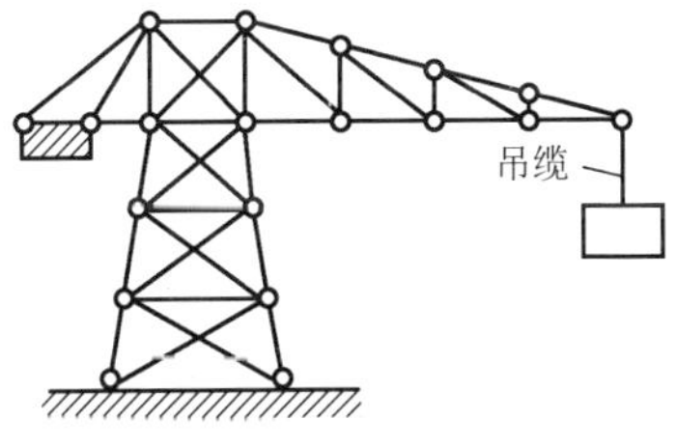

图 4.4

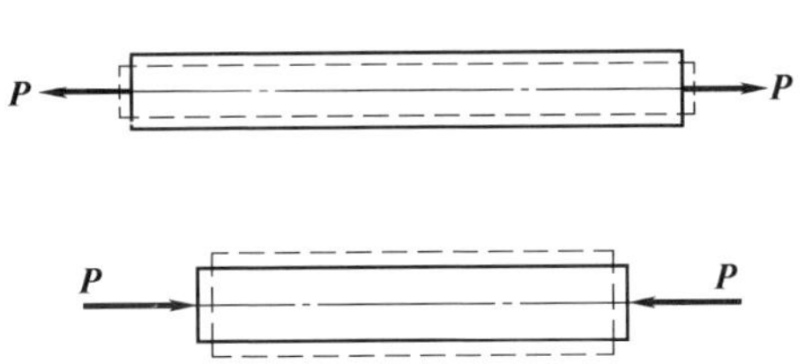

图 4.5

4.2 轴向拉压杆的轴力与轴力图

4.2.1 轴力

取一等直杆，在它两端施加一对大小相等、方向相反、作用线与直杆轴线相重合的外力，使其产生轴向拉伸变形，如图 4.6（a）所示。为了显示拉杆横截面上的内力，采用引言中介绍的截面法，取横截面 m—m 将拉杆分成两段。分别取左半部分或右半部分为研究对象，杆件的任意部分均应保持平衡，设内力为 $\boldsymbol{F}_{\mathrm{N}}$，如图 4.6（b）、（c）所示。由于外力 $\boldsymbol{F}$ 的作用线与杆轴线相重合，因此 $\boldsymbol{F}_{\mathrm{N}}$ 的作用线也与杆轴线相重合，故称 $\boldsymbol{F}_{\mathrm{N}}$ 为轴力。由静力平衡方程 $\sum F_x = 0$，有 $\boldsymbol{F}_{\mathrm{N}} + (-F) = 0$，得 $\boldsymbol{F}_{\mathrm{N}} = F$。

为了使左右两部分求得同一横截面上的轴力具有相同的结果，对轴力的符号作如下规定：使杆件产生纵向伸长的轴力为正（轴力离开截面），称为拉力；使杆件产生纵向缩短的轴力为负（轴力指向截面），称为压力。

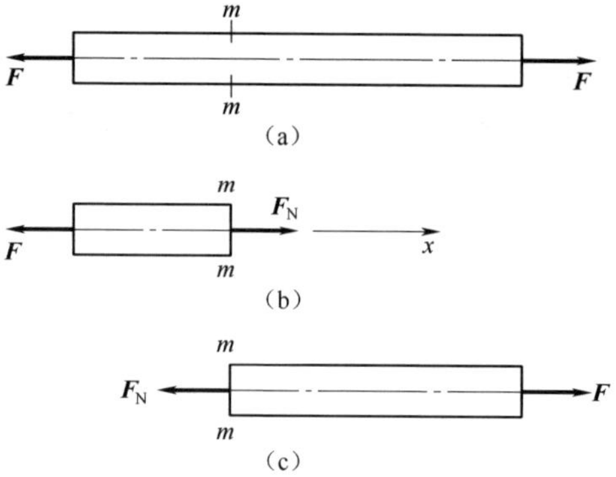

图 4.6

4.2.2 轴力图

如果杆件受到的外力多于两个，则杆件不同部分的横截面上有不同的轴力，为表明横截面轴力沿杆横截面位置的变化情况，以与杆件轴线平行的坐标轴表示各横截面的位置，以垂直于该坐标轴的方向表示相应的轴力值，这样作出的图形称为轴力图。轴力图能够直观地表示出杆件各横截面的轴力的变化情况，习惯上将正值的轴力画在上侧，负值的轴力画在下侧。

例 4.1　一等直杆如图 4.7 所示，求该杆件的轴力图。

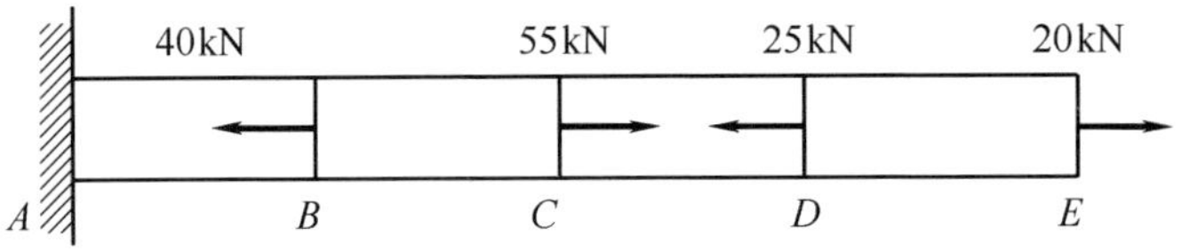

图 4.7

解： 如图 4.8（a）所示，先求出固定端 A 处的约束力。

由 $\sum F_x = 0$，$-F_A - 40 + 55 - 25 + 20 = 0$，解得 $F_A = 10\text{kN}$。

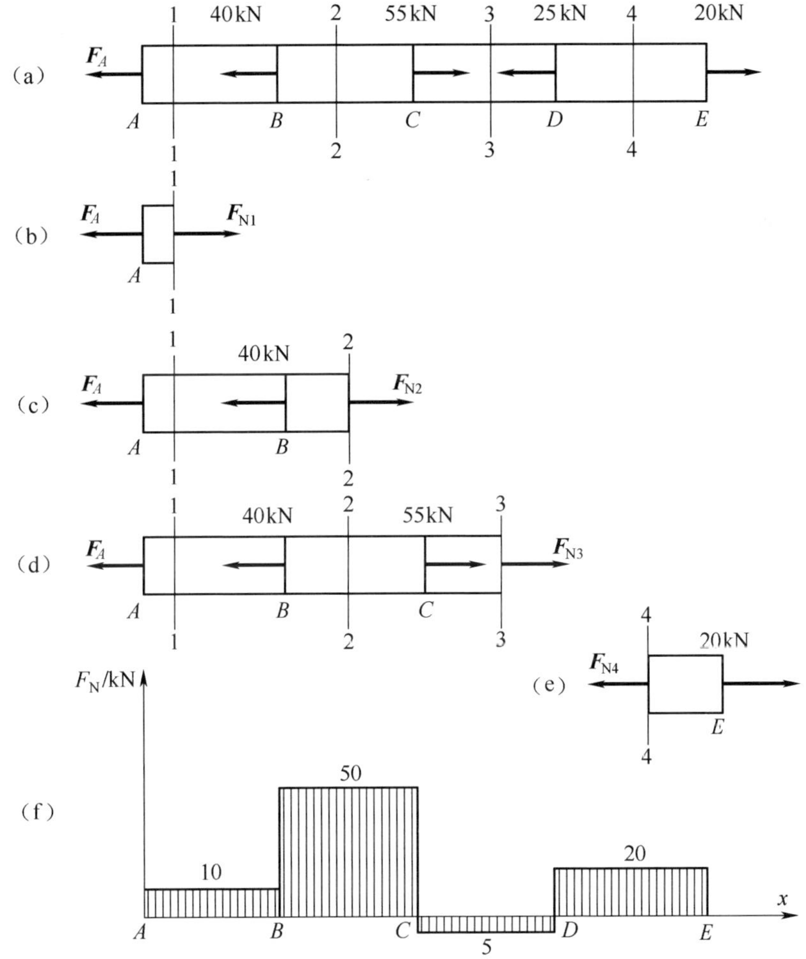

图 4.8

如图 4.8（b）所示，在 AB 之间任取一横截面 1—1，使用截面法，取左半部

分为研究对象，假设轴力为正，画受力图，由静力平衡条件列方程

$$\sum F_x = 0,\quad -F_A + F_{N1} = 0 \qquad 解得 \quad F_{N1} = 10\text{kN}$$

如图 4.8（c）所示，在 *BC* 之间任取一横截面 2—2，使用截面法，取左半部分为研究对象，假设轴力为正，画受力图，由静力平衡条件列方程

$$\sum F_x = 0,\quad -F_A - 40 + F_{N2} = 0 \qquad 解得 \quad F_{N2} = 50\text{kN}$$

如图 4.8（d）所示，在 *CD* 之间任取一横截面 3—3，使用截面法，取左半部分为研究对象，假设轴力为正，画受力图，由静力平衡条件列方程

$$\sum F_x = 0,\quad -F_A - 40 + 55 + F_{N3} = 0 \qquad 解得 \quad F_{N3} = -5\text{kN}$$

如图 4.8（e）所示，在 *DE* 之间任取一横截面 4—4，使用截面法，取右半部分为研究对象，假设轴力为正，画受力图，由静力平衡条件列方程

$$\sum F_x = 0,\quad -F_{N4} + 20 = 0 \qquad 解得 \quad F_{N4} = 20\text{kN}$$

由 *AB*、*BC*、*CD*、*DE* 段内轴力的大小和符号，画出轴力图，如图 4.8（f）所示。

4.3 轴向拉压杆的应力

4.3.1 横截面上的应力

4.2 节介绍了杆件轴力的求法，但是仅知道杆件横截面上的轴力，并不能判断杆件在外力作用下是否会因强度不足而破坏。例如，两根材料相同但粗细不同的直杆，在同样大小的拉力作用下，两杆横截面上的轴力也相同，随着拉力逐渐增大，细杆必定先被拉断。这说明杆件强度不仅与轴力大小有关，还与杆件横截面面积有关，即用横截面上的内力分布集度（应力）来度量杆件的强度。

如图 4.9 所示的等直杆，在其侧面上作两条垂直于轴线的横线 ab 和 cd，在两端施加轴向拉力 $\boldsymbol{F}$，观察发现，在杆件变形过程中，ab 和 cd 保持为直线，且仍然与轴线垂直，只是分别平移到了 $a'b'$ 和 $c'd'$，即图 4.9（a）中虚线。根据此现象，从变形的可能性出发，可以假设：原为平面的横截面变形后仍保持为平面，且垂直于轴线，这个假设称为平面假设。该假设意味着杆件变形后任意两个横截面之间所有纵向线段的伸长相等。由材料的均质连续性假设可推断：横截面上的应力均匀分布，且方向垂直于横截面，即横截面上只有正应力 σ 且均匀分布，如图 4.9（b）所示。

设杆的横截面面积为 A，微面积 $\mathrm{d}A$ 上的内力分布集度为 σ，由静力关系得

$$F_N = \int_A \sigma \mathrm{d}A = \sigma \int_A \mathrm{d}A = \sigma A$$

拉杆横截面上正应力σ的计算公式为

$$\sigma = \frac{F_N}{A} \tag{4.1}$$

式中：σ为横截面上的正应力；A为横截面面积；F_N为横截面上的轴力。

式（4.1）也同样适用于轴向压缩的情况。当$\boldsymbol{F}_N$为拉力时，σ为拉应力；当$\boldsymbol{F}_N$为压力时，σ为压应力。根据内力正负号的规定，拉应力为正，压应力为负。

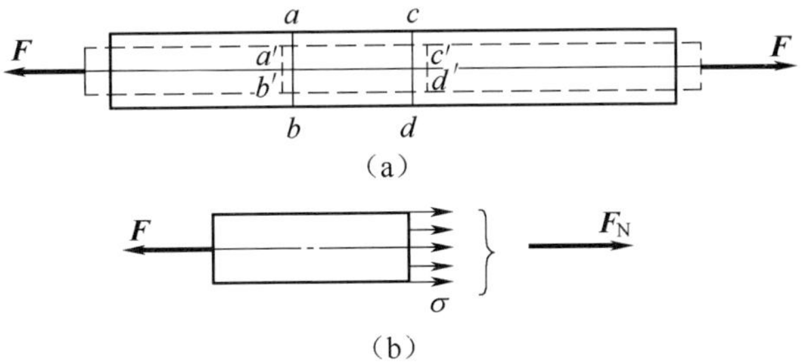

图 4.9

需要说明，正应力均匀分布的结论只在杆上离载荷作用点较远的部分才成立，在载荷作用点附近的截面上有时是不成立的。这是因为在实际构件中，载荷以不同的加载方式作用于构件，这对截面上的应力分布是有影响的。研究表明，加载方式的不同，只对载荷作用点附近截面上的应力分布有影响，这个结论称为圣维南原理。根据这一原理，在拉（压）杆中，离载荷作用点稍远的横截面上，应力分布为均匀分布。在拉（压）杆的应力计算中一般直接用式（4.1）。

当杆件受多个外力作用时，可通过 4.2 节作轴力图的方法求得最大轴力$F_{N\max}$，如果是等截面直杆，利用式（4.1）就可求出杆内最大正应力$\sigma_{\max} = F_{N\max} / A$；如果是变截面杆件，则需要求出每段杆件的轴力，然后利用式（4.1）分别求出每段杆件上的正应力，进行比较，确定最大正应力$\sigma_{\max}$。

例 4.2　一中段正中开槽的直杆，承受轴向载荷 F=20kN 的作用，如图 4.10 所示。已知 h=25mm，h_0=10mm，b=20mm。试求杆内的最大正应力。

解：（1）计算轴力。使用截面法求得杆中各处的轴力为

$$F_N = -F = -20\text{kN}$$

（2）计算最大正应力。由于整个杆件轴力相同，因此最大正应力发生在面积较小的横截面上，即开槽部分横截面上。

开槽部分的截面面积

$$A_2 = (h - h_0)b = (25 - 10) \times 20\,\text{mm}^2 = 300\text{mm}^2$$

则杆件内的最大正应力

$$\sigma_{\max} = \frac{F_N}{A} = -\frac{20 \times 10^3}{300}\,\text{MPa} = -\,66.7\text{MPa}$$

负号表示最大应力为压应力。

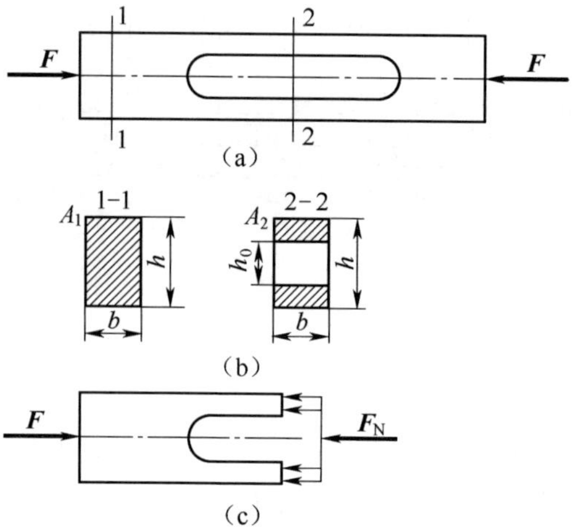

图 4.10

4.3.2 斜截面上的应力

研究表明，拉（压）杆的破坏并不总在横截面上发生，有些拉（压）杆的破坏发生在斜截面。为了全面研究杆件的强度，还需要讨论斜截面上的应力情况。

设等直杆受到轴向拉力 $\boldsymbol{F}$ 的作用，横截面面积为 A，用任意斜截面 m—m 将杆件假想地截开，设斜截面的面积为 A_α，斜截面的外法线与 x 轴的夹角为 α，如图 4.11（a）所示。A 与 A_α 之间有

$$A_\alpha = \frac{A}{\cos\alpha}$$

设 $\boldsymbol{F}_{N\alpha}$ 为 m—m 截面上的内力，由左段平衡求得 $\boldsymbol{F}_{N\alpha} = p$，如图 4.11（b）所示。依照横截面上应力的推导方法，可知斜截面上各点处应力均匀分布。用 $\boldsymbol{p}_\alpha$ 表示其上的应力，则

$$p_\alpha = \frac{F_{N\alpha}}{A_\alpha} = \frac{p\cos\alpha}{A} = \sigma\cos\alpha$$

式中，$\boldsymbol{\sigma}$ 为横截面上的正应力。

将应力 $\boldsymbol{p}_\alpha$ 分解成沿斜截面法线方向的正应力 $\boldsymbol{\sigma}_\alpha$ 和沿斜截面切线方向的切应力 $\boldsymbol{\tau}_\alpha$，如图 4.11（c）所示。规定切应力对研究对象内任意点绕顺时针转动时为正，反之为负。规定 α 由 x 轴转到外法线方向逆时针为正，反之为负。由图 4.11（c）可知

$$\sigma_\alpha = p_\alpha \cos\alpha = \sigma \cos^2\alpha \tag{4.2}$$

$$\tau_\alpha = p_\alpha \sin\alpha = \frac{\sigma}{2}\sin 2\alpha \tag{4.3}$$

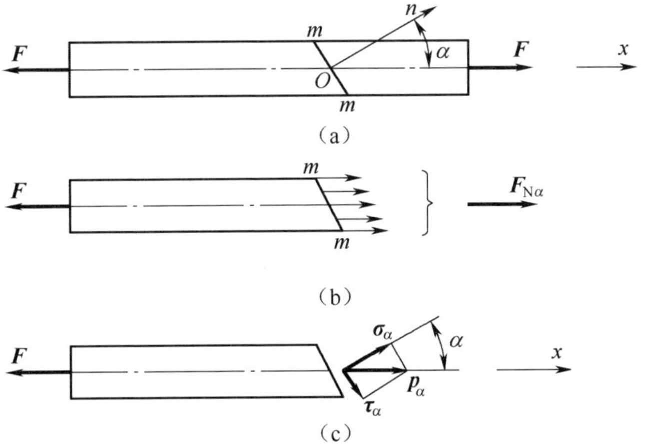

图 4.11

讨论式（4.2）和式（4.3）：

（1）当 $\alpha = 0$ 时，横截面 $\sigma_{\alpha\max} = \sigma$，$\tau_\alpha = 0$。

（2）当 $\alpha = 45°$ 时，斜截面 $\sigma_\alpha = \dfrac{\sigma}{2}$，$\tau_{\alpha\max} = \dfrac{\sigma}{2}$。

（3）当 $\alpha = 90°$ 时，纵向截面 $\sigma_\alpha = 0$，$\tau_\alpha = 0$。

结论：对于轴向拉（压）杆，最大正应力发生在横截面上；最大切应力发生在 $\alpha = 45°$ 的斜截面上。同样大小的切应力也发生在 $\alpha = -45°$ 的斜面上。

4.4 轴向拉压杆的强度计算

上节我们求出直杆拉伸或压缩横截面上的应力。这一应力随外力的增加而增大，对于某一种材料，承受应力的增大值是有限度的，我们把应力可能达到的这个限度称为该种材料的极限应力。材料的极限应力由实验来确定。脆性材料的应力达到强度极限 σ_b 时，会发生断裂；塑性材料的应力达到屈服极限 σ_s 时，会发生

明显的塑性变形。断裂当然是不容许的，但是构件发生较大的变形也是不容许的。结构丧失其正常工作能力的现象，称为失效。因此，断裂和屈服或出现较大变形都是破坏的形式。塑性材料通常以屈服极限 σ_s 作为极限应力，脆性材料以强度极限 σ_b 作为极限应力。

构件在载荷作用下的实际应力称为工作应力。为保证构件有足够的强度，要求构件的工作应力必须小于材料的极限应力。为了保证有一定的强度储备，在强度计算中，引进一个大于 1 的安全因数，设定构件工作时的最大容许值，即许用应力，用 $[\sigma]$ 表示，即

塑性材料：

$$[\sigma]=\frac{\sigma_s}{n_s} \tag{4.4}$$

脆性材料：

$$[\sigma]=\frac{\sigma_b}{n_b} \tag{4.5}$$

式中：n_s、n_b 分别为塑性材料和脆性材料的安全因数。

确定安全因数时，应考虑以下因素：材质的均匀性、质地好坏、是塑性还是脆性；实际构件简化过程和计算方法的精确程度；载荷情况，包括对载荷的估计是否准确、是静载还是动载；构件的重要性、工作条件等。一般在常温、静载下，对塑性材料取 n_s =1.2～2.5，对脆性材料一般取 n_b =2～3.5，甚至更大。

于是，得到轴向拉（压）杆的强度条件为

$$\sigma_{max}\leqslant[\sigma] \tag{4.6}$$

对于轴向拉伸和压缩的等直杆，强度条件可以表示为

$$\sigma_{max}=\frac{F_{N\max}}{A}\leqslant[\sigma] \tag{4.7}$$

式中：σ_{max} 为杆件横截面上的最大正应力；$F_{N\max}$ 为杆件的最大轴力；A 为横截面面积；$[\sigma]$ 为材料的许用应力。

对于截面变化的拉（压）杆件（如阶梯形杆），则需要求出每一段内的正应力，找出最大值，再应用强度条件。

根据强度条件，可以解决以下三方面问题：

（1）强度校核：若已知拉压杆的截面尺寸、载荷大小及材料的许用应力，即可用式（4.7）验算不等式是否成立，确定强度是否足够。

（2）设计截面：若已知拉压杆承受的载荷和材料的许用应力，则强度条件变成

$$A \geqslant \frac{F_{\mathrm{N\,max}}}{[\sigma]} \tag{4.8}$$

可确定构件所需要的横截面面积的最小值。

（3）确定承载能力：若已知拉压杆的截面尺寸和材料的许用应力，则强度条件变成

$$F_{\mathrm{N\,max}} \leqslant A[\sigma] \tag{4.9}$$

可确定构件所能承受的最大轴力。

例 4.3　图 4.12（a）为简易三角形托架的示意图，BC 为圆截面钢杆，AB 为木杆，$P = 10\mathrm{kN}$，钢杆 BC 的横截面积 $A_{BC} = 500\mathrm{mm}^2$，许用应力 $[\sigma]_{BC} = 160\mathrm{MPa}$，木杆 AB 的横截面面积 $A_{AB} = 10000\mathrm{mm}^2$，许用应力 $[\sigma]_{AB} = 7\mathrm{MPa}$。试：

（1）校核各杆的强度。

（2）求许可荷载 $[P]$。

（3）根据许可荷载，设计钢杆 BC 所需的直径。

解：（1）校核各杆的强度，先计算 AB、BC 杆的轴力。

设 BC 杆的轴力为 F_{N1}，AB 杆的轴力为 F_{N2}，根据节点 B 的平衡［图 4.12（b）］有

$$\sum F_x = 0,\quad F_{\mathrm{N2}} - F_{\mathrm{N1}}\cos 30^\circ = 0$$
$$\sum F_y = 0,\quad F_{\mathrm{N1}}\sin 30^\circ - P = 0$$

解得　　$F_{\mathrm{N1}} = 2P$（拉），$F_{\mathrm{N2}} = \sqrt{3}P$（压）

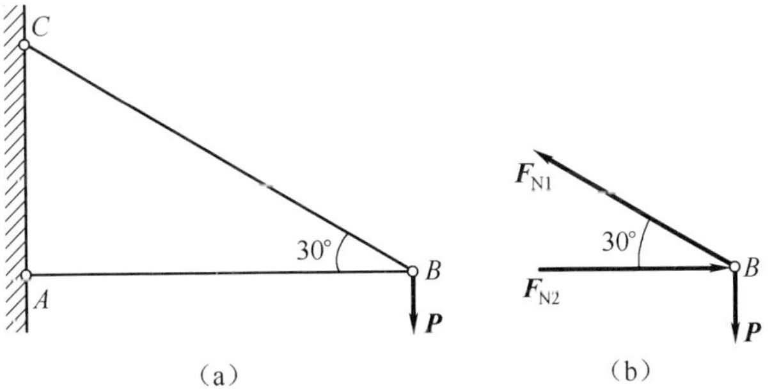

图 4.12

$$\sigma_{AB} = \frac{F_{\mathrm{N2}}}{A_{AB}} = \frac{17.3\times10^3}{10000\times10^{-6}}\mathrm{Pa} = 1.73\times10^6\mathrm{Pa} < 7\mathrm{MPa}$$

$$\sigma_{BC} = \frac{F_{\mathrm{N1}}}{A_{BC}} = \frac{20\times10^3}{600\times10^{-6}}\mathrm{Pa} = 33.3\times10^6\mathrm{Pa} < 160\mathrm{MPa}$$

两杆内的正应力都远低于材料的许用应力，结构安全。

（2）求许可载荷。

由式（4.9）可知，当 AB 杆达到许用应力时，有

$$F_{N2}=\sqrt{3}P\leqslant A_{AB}[\sigma]_{AB}=7\times10^{6}\times10000\times10^{-6}\text{N}=70000\text{N}=70\text{kN}$$

得
$$[P]\leqslant 40.4\text{kN}$$

当 BC 杆达到许用应力时，有

$$F_{N1}=2P\leqslant A_{BC}[\sigma]_{BC}=160\times10^{6}\times600\times10^{-6}\text{N}=96000\text{N}=96\text{kN}$$

得
$$[P]\leqslant 48\text{kN}$$

取两者中较小值，因此该托架的最大许可载荷 $[P]=40.4\text{kN}$。

（3）设计钢杆 BC 所需的直径。由以上计算可知，$[P]=40.4\text{kN}$ 时，BC 杆未达到强度极限，所以可减少其截面面积。

$$F_{N1}=2[P]=2\times40.4\text{kN}=80.8\text{kN}$$

由式（4.8）得

$$A_{BC}\geqslant\frac{F_{N1}}{[\sigma]_{BC}}=\frac{80.8\times10^{3}}{160\times10^{6}}\text{m}^2=5.05\times10^{-4}\text{m}^2$$

所以 BC 杆的直径

$$d_{BC}=\sqrt{\frac{4A_{BC}}{\pi}}=\sqrt{\frac{4\times5.05\times10^{-4}}{\pi}}\text{m}=2.54\times10^{-2}\text{m}=25.4\text{mm}$$

4.5 轴向拉压杆的变形计算

轴向拉（压）杆的变形特点是：杆件沿着杆轴向方向伸长或缩短。即杆件在轴向拉伸或压缩时，其轴线方向的尺寸和横向尺寸将发生改变。杆件沿轴线方向的变形称为纵向变形，杆件沿垂直于轴线方向的变形称为横向变形。

设等直杆的原长为 l，横截面面积为 A，如图 4.13 所示。在轴向拉力 $\boldsymbol{F}$ 的作用下，杆件的长度由 l 变为 l_1，其纵向伸长量为

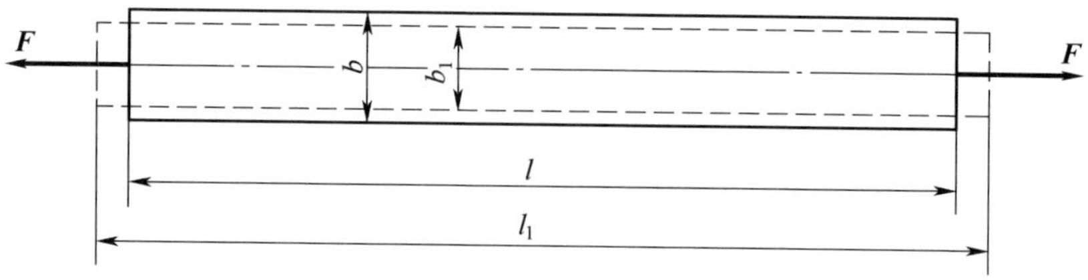

图 4.13

$$\Delta l = l_1 - l$$

Δl 称为绝对伸长，它反映杆件总变形量，无法说明杆的变形程度。由于杆内各段伸长是均匀的，因此轴向线应变为杆件的伸长 Δl 除以原长 l，即每单位长度的伸长或缩短，用 ε 表示，即

$$\varepsilon = \frac{\Delta l}{l} \tag{4.10}$$

拉杆在轴向变形的同时还有横向变形，设拉杆变形前的横向尺寸为 b，变形后的尺寸为 b_1（图 4.13），则横向变形为

$$\Delta b = b_1 - b$$

故横向线应变

$$\varepsilon' = \frac{\Delta b}{b} \tag{4.11}$$

实验结果表明，当应力不超过材料的比例极限时，横向线应变与轴向线应变之比的绝对值为一常数，该常数称为泊松比，用 μ 来表示，它是一个无量纲的量，可表示为

$$\mu = \left|\frac{\varepsilon'}{\varepsilon}\right| \tag{4.12}$$

考虑到轴向线应变和横向线应变正负号总是相反，有

$$\varepsilon' = -\varepsilon\mu \tag{4.13}$$

工程中大多数材料，其应力与应变关系的初始阶段都是线弹性的。即当材料应力不超过比例极限时，应力与应变成正比，这就是胡克定律。表示为

$$\sigma = E\varepsilon \tag{4.14}$$

式中：E 为弹性模量，单位与 σ 相同。

泊松比 μ 和弹性模量 E 均为材料的弹性常数，随材料的不同而不同，由实验测定。对于绝大多数各向同性材料，μ=0～0.5。几种常用材料的 E 值和 μ 值，列于表 4.1 中。

将式（4.1）和式（4.14）代入式（4.10）得

$$\Delta l = \frac{F_N l}{EA} = \frac{Fl}{EA} \tag{4.15}$$

式（4.15）是胡克定律的另一种表达式。由该式可以看出，若杆长及外力不变，EA 值越大，则变形 Δl 越小，因此，EA 反映杆件抵抗拉伸（或压缩）变形的能力，称为杆件的抗拉（抗压）刚度。若 F_N 为压力，是负值，则伸长量 Δl 也是负值，说明杆件缩短。

表 4.1

材料名称	牌号	弹性模量 E/GPa	泊松比 μ
低碳钢	Q_{235}	200～210	0.24～0.28
中碳钢	35，45	205～209	0.26～0.30
低合金钢	16Mn	200	0.25～0.30
合金热强钢	40CrNiMoA	210	0.28～0.32
合金预应力钢筋	45MnSiV	220	0.23～0.25
灰口铸铁		60～162	0.23～0.27
球墨铸铁		150～180	0.24～0.27
铝合金	LY12	72	0.33
铜合金		100～110	0.31～0.36

胡克定律被普遍认为是由英国科学家胡克首先提出来的。其实，在早于胡克1500年的时候，我国东汉时期的经学家郑玄在《考工记·弓人》中就有注解，“每加物一石，则张一尺”，这也是最早的关于力和变形成正比关系的记载。

例 4.4 变截面杆如图 4.14 所示。已知：$A_1=8\text{cm}^2$，$A_2=4\text{cm}^2$，E=200GPa。求杆件的总伸长Δl。

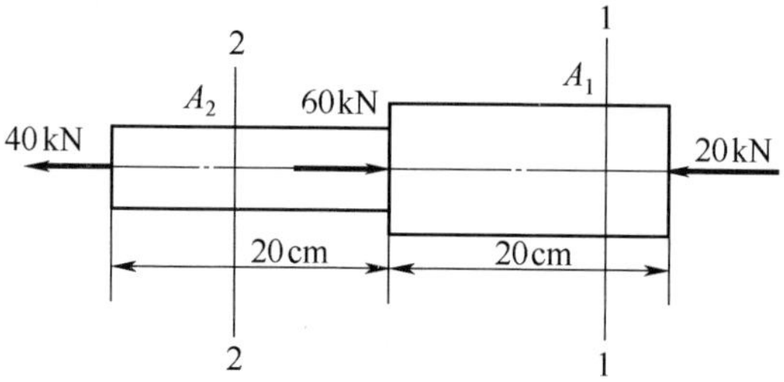

图 4.14

解：如图作截面 1—1、2—2，由截面法可求得

$$F_{\text{N1}}=-20\text{kN}\quad F_{\text{N2}}=40\text{kN}$$

所以杆件的总伸长

$$\Delta l=\frac{F_{\text{N1}}l_1}{EA_1}+\frac{F_{\text{N2}}l_2}{EA_2}=-\frac{20\times10^3\times200}{200\times10^3\times800}+\frac{40\times10^3\times200}{200\times10^3\times400}=0.075\text{mm}$$

4.6　材料在拉伸或压缩时的力学性能

所谓力学性能是指材料在外力作用下表现出的强度和变形方面的特性，如弹性模量E、泊松比μ等。它是通过各种实验测定得出的，研究材料力学性能的目的是确定在变形和破坏情况下的一些重要性能指标，作为选用材料，计算材料强度、刚度的依据。因此，材料力学实验是材料力学课程重要的组成部分。

为便于比较不同材料的实验结果，对试样的形状、加工精度、加载速度、实验环境等国家标准有统一规定。本节主要介绍材料在缓慢加载、室温下拉伸（压缩）时的力学性能。对于金属材料，拉伸通常采用圆柱形试样，其形状如图 4.15 所示，长度l为标距。标距一般有两种，即$l=5d$和$l=10d$，前者称为短试样，后者称为长试样，d为试样的直径。金属材料的压缩试样一般为很短的圆柱，以避免被压弯，其形状如图 4.16 所示，$h=1.5d\sim 3d$。混凝土、石料等为立方形的试样，如图 4.17 所示。

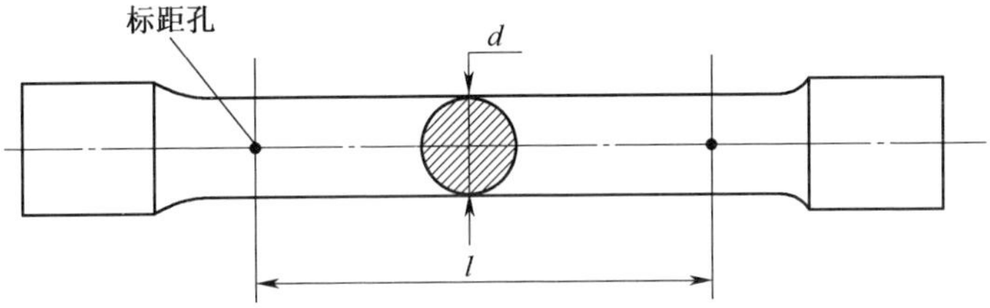

图 4.15

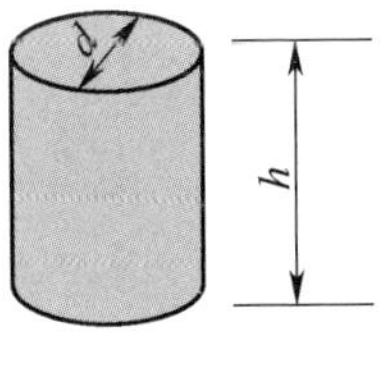

图 4.16

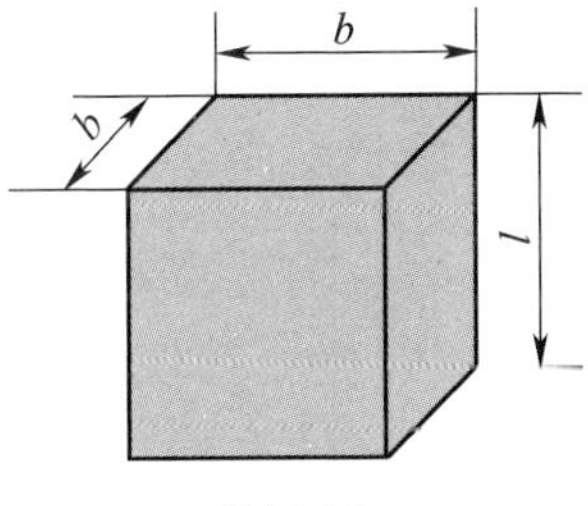

图 4.17

工程中所用材料品种很多，本节以低碳钢和铸铁为代表，介绍材料在拉伸和压缩时的力学性能。

4.6.1　低碳钢拉伸时的力学性能

低碳钢是指含碳量低于 0.3%的碳素钢。其在拉伸实验中表现出来的力学性能比较典型。将低碳钢试样两端装在实验机上，缓慢加载，使其受到拉力产生变形，利用实验机的自动绘图装置，可以画出试样在实验过程中标距为l段的伸长量Δl和拉力F之间的关系曲线。该曲线的横坐标为Δl，纵坐标为F，称为试样的拉伸图，如图 4.18 所示。

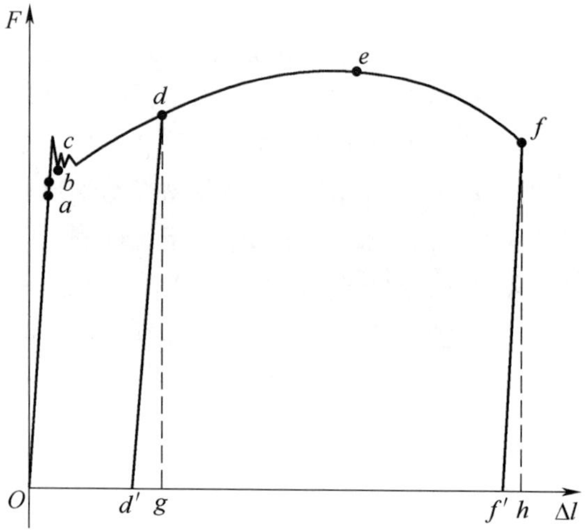

图 4.18

拉伸图与试样的几何尺寸有关，把拉力F除以试样的原横截面面积A，得到横截面上的正应力σ，作为纵坐标；将伸长量Δl除以标距的原始长度l，得到纵向应变ε，作为横坐标。获得σ-ε曲线，如图 4.19 所示，称为应力-应变图。此曲线与试样的尺寸无关。

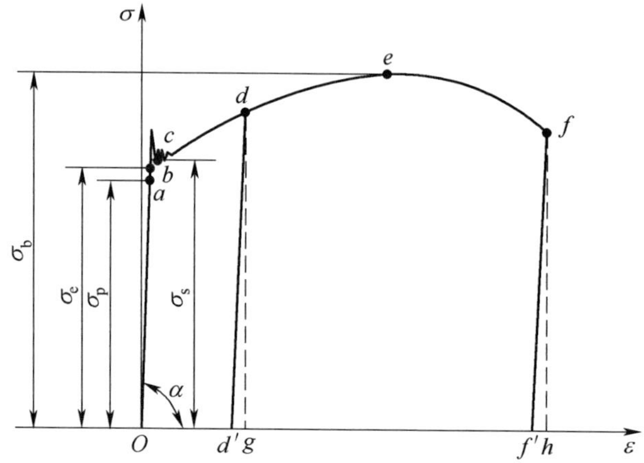

图 4.19

由低碳钢的 σ-ε 曲线可见，低碳钢拉伸时的力学性能如下：

（1）弹性阶段 ob。初始为一斜直线 oa，这表示当应力小于 a 点相应的应力时，应力与应变成正比，即

$$\sigma = E\varepsilon$$

即前面介绍过的胡克定律，由上式可知，弹性模量 E 为斜线 oa 的斜率。与 a 点相应的应力用 σ_p 表示，它是应力与应变成正比的最大应力，称为比例极限。当应力 σ 小于 b 点所对应的应力时，如果卸去外力，变形全部消失，这个阶段的变形为弹性变形。因此，这一阶段称为弹性阶段。相应于 b 点的应力用 σ_e 表示，它是材料只产生弹性变形的最大应力，称为弹性极限。弹性阶段内，在 σ-ε 曲线上，超过 a 点后 ab 段的图线微弯，a 与 b 极为接近，因此工程中对弹性极限和比例极限并不严格区分。

当应力超过弹性极限后，若卸去外力，材料的变形只能部分消失，另一部分将残留下来，残留下来的那部分变形称为残余变形或塑性变形。

（2）屈服阶段 bc。当应力达到 b 点的相应值时，应力在一微小范围内波动，但变形却继续增大，σ-ε 曲线上出现一条近似水平的小锯齿形线段，这种应力几乎保持不变而应变显著增加的现象，称为屈服或流动，bc 阶段称为屈服阶段。在屈服阶段内的最高应力和最低应力分别称为上屈服极限和下屈服极限。由于上屈服极限一般不如下屈服极限稳定，故规定下屈服极限为材料的屈服强度，用 σ_s 表示。在工程实际中，某些构件发生的塑性变形将影响结构的正常工作，所以屈服极限 σ_s 是衡量材料强度的重要指标。

若试样表面经过磨光，当应力达到屈服极限时，可在试样表面看到与轴线成约 45°的一系列条纹，如图 4.20 所示。这可能是材料内部晶格间相对滑移而形成的，故称为滑移线。轴向拉压时，在与轴线成 45°的斜截面上，有最大的切应力。可见，滑移现象与最大切应力有关。

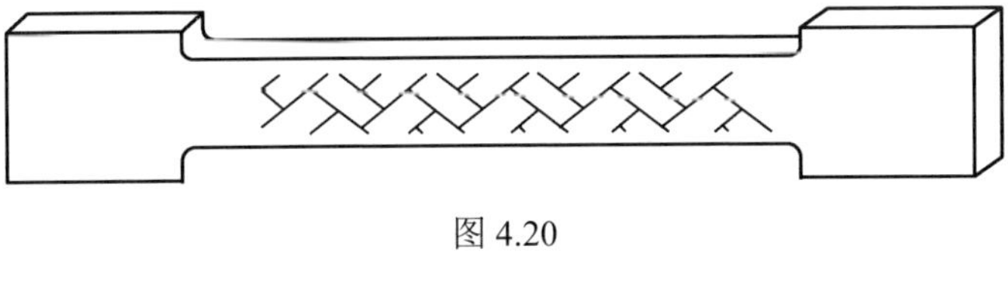

图 4.20

（3）强化阶段 ce。经过屈服阶段后，材料又恢复了抵抗变形的能力，只有增加载荷才能使杆件继续变形，这种现象称为材料的强化。从 c 点到曲线的最高点 e，即 ce 阶段为强化阶段。e 点对应的应力是材料所能承受的最大应力，称为强度极限，用 σ_b 表示。它是衡量材料强度的另一个重要指标。在这一阶段中，试

样发生明显的横向尺寸的缩小。

（4）局部变形阶段ef。试样伸长到一定程度，载荷读数反而逐渐减小，此时某一段处横截面面积迅速减小，形成颈缩现象，如图 4.21 所示。由于局部的截面收缩，使试样继续变形所需的拉力逐渐减小，直到f点试样断裂。

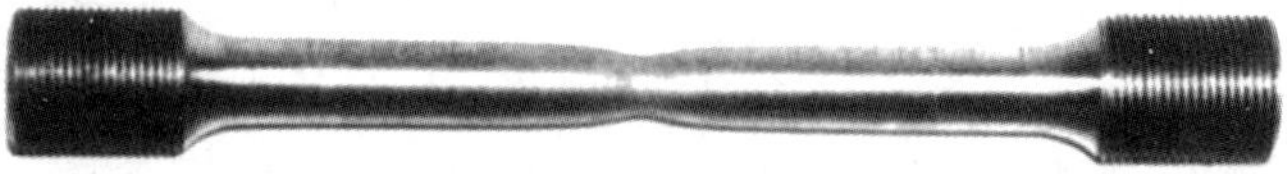

图 4.21

若在强化阶段中的任意一点d处停止加载，并逐渐卸掉载荷，此时应力-应变关系将沿着斜直线dd'回到d'点，dd'近似平行于oa。卸载时，载荷与伸长量之间按直线关系的规律称为材料的卸载规律。由此可见，在强化阶段，材料产生大的塑性变形，横坐标中的od'表示残留的塑性应变，$d'g$则表示弹性应变。如果卸载后立即重新加载，应力-应变关系大体上沿卸载时的斜直线dd'变化，到d点后又沿曲线def变化，直至断裂。从图 4.19 看出，在重新加载过程中，直到d点以前，材料的变形是弹性变形，过d点后才开始有塑性变形。重新加载时其比例极限得到提高，但塑性变形却有所降低。这种现象称为冷作硬化。工程中常利用冷作硬化提高钢筋和钢缆绳等构件在线弹性范围内所能承受的最大载荷。冷作硬化经退火处理后又可消除。

材料产生塑性变形的能力称为材料的塑性性能。塑性性能是工程中评定材料力学性能的重要指标，把拉断后标距的残余伸长(l_1-l)与原始标距l之比的百分率称为延伸率δ，即

$$\delta=\frac{l_1-l}{l}\times 100\,\% \tag{4.16}$$

δ越大，材料的塑性变形能力越强，因此延伸率是衡量材料塑性的指标。衡量材料塑性的另一个指标是断面收缩率ψ，其定义为断裂后试样颈缩处面积的最大缩减量（$A-A_1$）与原始横截面面积A之比的百分率，即

$$\psi=\frac{A-A_1}{A}\times 100\,\% \tag{4.17}$$

对于低碳钢：$\delta=20\%\sim30\%\,\%$，$\psi=60\,\%$。这两个值越大，说明材料塑性越好。工程上通常按延伸率的大小把材料分为两类：$\delta\geqslant5\,\%$的材料称为塑性材料，如碳钢、铝合金等；$\delta<5\,\%$的材料称为脆性材料，如灰铸铁、玻璃、陶瓷等。

4.6.2　铸铁拉伸时的力学性能

铸铁拉伸的σ-ε曲线如图 4.22 所示。σ-ε关系从很低的拉力开始就不是直线了，直到拉断时，试样变形仍然很小，且没有屈服、强化和局部变形阶段。在工程中，在较低的拉应力下，可以近似地认为变形服从胡克定律，通常用一条割线来代替曲线，如图 4.22 中的虚线所示，并用它确定弹性模量 E。这样确定的弹性模量称为割线弹性模量。由于铸铁没有屈服现象，因此强度极限σ_b是衡量强度的唯一指标。

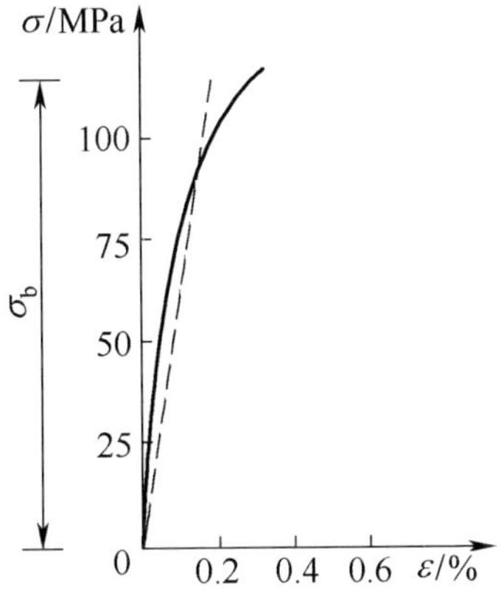

图 4.22

4.6.3　其他塑性材料拉伸时的力学性能

工程中常用的塑性材料，除低碳钢外，还有中碳钢、高碳钢、合金钢、铝合金、黄铜、青铜等。图 4.23（a）中给出了几种塑性材料拉伸时的σ-ε曲线，它们有一个共同特点，即拉断前均有较大的塑性变形，然而它们的应力-应变规律却大不相同，除 16Mn 钢和低碳钢一样有明显的弹性阶段、屈服阶段、强化阶段和局部变形阶段外，其他材料并没有明显的屈服阶段。对于没有明显屈服阶段的塑性材料，可以将产生的塑性应变为 0.2%时的应力作为屈服极限，并称为名义屈服极限，用$\sigma_{0.2}$来表示，这是一个人为规定的极限应力，作为衡量材料强度的指标。如图 4.23（b）所示。

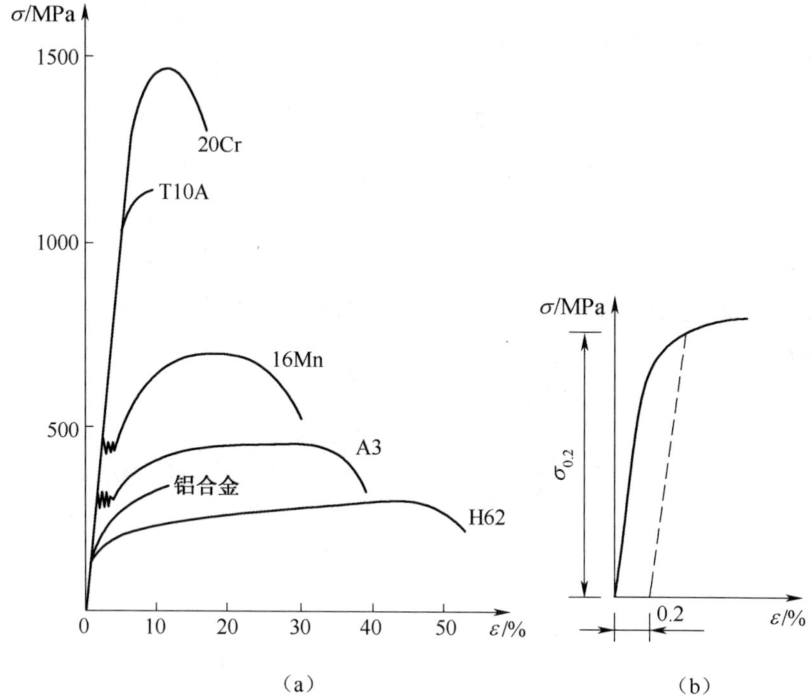

图 4.23

4.6.4 材料在压缩时的力学性能

金属材料的压缩试样之所以作成 $h=1.5d\sim3d$ 的短圆柱，是避免被压弯。低碳钢压缩时的应力-应变曲线如图 4.24 所示。为了便于比较，图中还画出了其拉伸时的应力-应变曲线，用虚线表示。实验表明低碳钢压缩时的弹性模量 E、屈服极限 σ_s 等都与拉伸时基本相同。不同的是，进入屈服阶段以后，试样越压越扁，横截面面积不断增大，试样抗压能力也继续增强，但并不断裂，如图 4.25 所示。由于无法测出压缩时的强度极限，因此低碳钢压缩实验的实用性不强，主要力学性能由拉伸实验确定。类似情况在一般的塑性金属材料中也存在，但有的塑性材料，如铬钼硅合金钢，在拉伸和压缩时的屈服极限并不相同，因此对这些材料还要做压缩实验，以测定其压缩屈服极限。

脆性材料压缩时的力学性能与拉伸时有较大区别。例如，铸铁的压缩和拉伸时的应力-应变曲线分别如图 4.26 中的实线和虚线所示。比较两条曲线可知，铸铁压缩时的强度极限和延伸率都比拉伸时大得多，压缩时强度极限约为拉伸时强度极限的 3～5 倍，适宜用作承压构件。破坏断面的法线与轴线成 45º～55º 的斜面，如图 4.27 所示，说明是切应力达到极限值而破坏。拉伸破坏时是沿横截面断裂，说明是拉应力达到极限值而破坏。其他脆性材料，如混凝土和石料，抗压强度也远高于抗拉强度。

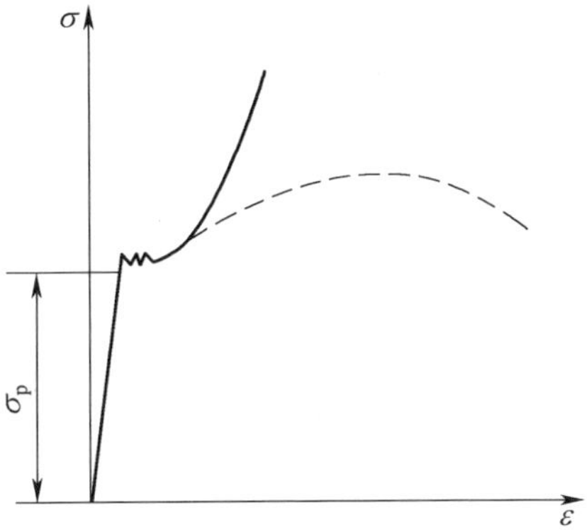

图 4.24

图 4.25

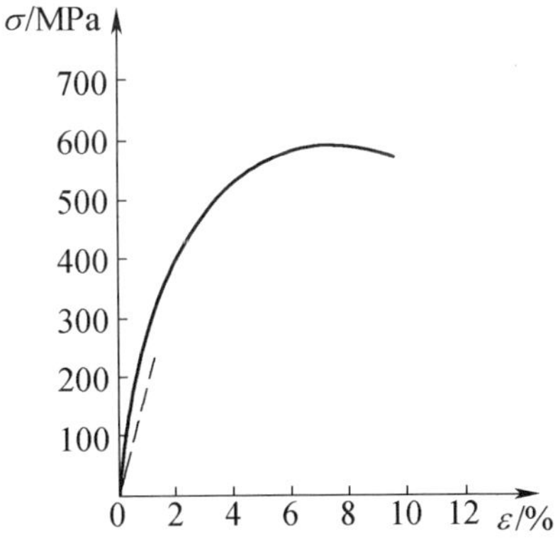

图 4.26

图 4.27

综上所述，塑性材料与脆性材料的力学性能有以下区别：

（1）塑性材料在断裂前延伸率大，塑性性能好；而脆性材料直至断裂，变形都很小，塑性性能很差。脆性材料断裂破坏总是突然的，而塑性材料通常是在明显的形状改变后破坏。在工程中，需经锻压、冷加工的构件或承受冲击载荷的构件，宜采用塑性材料。

（2）多数塑性材料抵抗拉压变形时，其弹性模量和屈服应力基本一致，所以其应用范围广，既可用于受拉构件，也可用于受压构件。在土木工程中，出于经济性的考虑，常用塑性材料制作受拉构件。而脆性材料抗压强度远高于其抗拉强度，因此用脆性材料制作受压构件，如建筑物的基础、机器的底座等。

4.7 应力集中的概念

在 4.3 节中推导的正应力计算公式仅适用于等截面直杆，其横截面上的应力是均匀分布的。对于横截面平缓变化的轴向拉压杆，应力可近似按等截面计算。由于实际需要，有些零件必须有切口、切槽、油孔、螺纹、轴肩等，以致在这些部位上截面尺寸发生突然变化。例如，开有切口的板条（图 4.28）受拉时，在通过切口的横截面上应力的分布就不再是均匀的，在切口附近的局部区域内，应力的数值剧烈增加，而在离开这一区域稍远的地方，应力的数值迅速下降而趋于均匀。杆件外形突然变化引起局部应力骤增的现象，称为应力集中。

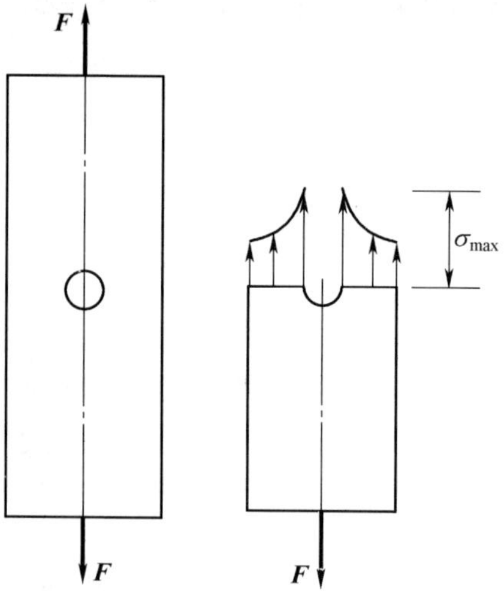

图 4.28

若发生应力集中的截面上最大正应力为$\sigma_{\max}$，同一截面上的平均应力为σ_0，则比值

$$k = \frac{\sigma_{\max}}{\sigma_0} \tag{4.18}$$

称为理论应力集中因数。实验结果表明：截面尺寸变化越急剧，孔越小，角越尖，应力集中的程度就越严重，局部出现的最大应力 σ_{max} 就越大。鉴于应力集中往往会削弱杆件的强度，在设计零件时应尽量避免带尖角的孔和槽，对阶梯轴的过渡圆弧，半径应尽量大一些。尽可能避免或降低应力集中的影响。

不同的材料对应力集中的敏感程度不同。塑性材料存在屈服阶段，当局部的最大应力达到材料的屈服强度时，若继续增大载荷，则应力不再增大，应变可以继续增长，增加的载荷由截面上尚未屈服的材料来承担，从而使截面上其他部分的应力相继增大到屈服极限，直至整个截面上的应力都达到屈服极限时，杆件才会因屈服而丧失正常工作的能力，如图 4.29 所示。因此，由塑性材料制成的零件在静载作用下，可以不考虑应力集中的影响。脆性材料由于没有屈服阶段，当局部最大应力达到强度极限时就在该处裂开。所以，对于组织均匀的脆性材料，应力集中将极大地降低构件的强度。对于组织不均匀的脆性材料，如铸铁，在它内部有许多片状石墨（不能承担载荷），这相当于材料内部有许多小孔穴，材料本身就具有严重的应力集中，因此截面尺寸改变引起的应力集中，对这种材料构件的承载能力没有明显的影响。

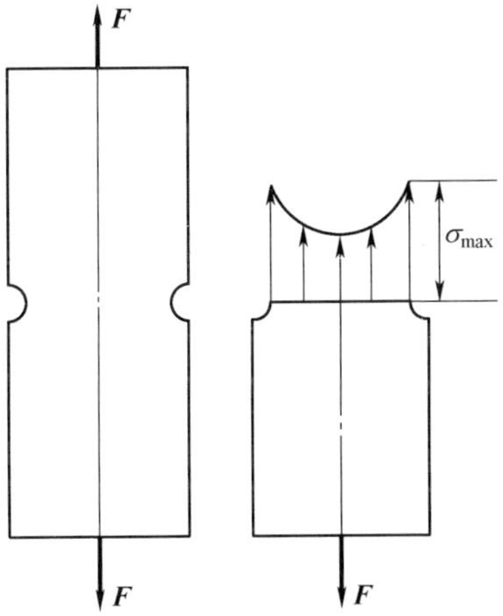

图 4.29

扩展阅读：圣维南

圣维南（1797—1886），法国力学家。1813 年进巴黎综合工科学校求学，1814 年因政治原因被除名。1823 年被法国政府批准免试进入桥梁公路学校学习，

1825 年毕业。后从事工程设计工作，业余研究力学理论。1834 年发表两篇力学论文，受到科学界重视。1837 年起在桥梁公路学校任教。1868 年被选为法国科学院院士。

圣维南的研究领域主要集中于固体力学和流体力学。他在材料力学和弹性力学领域作出很大贡献，提出和发展了求解弹性力学问题的半逆解法。他一生重视理论研究成果应用于工程实际，他认为只有理论与实际相结合，才能促进理论研究和工程进步。

圣维南原理是圣维南于 1855 年提出的。他认为，分布于弹性体上一小块面积（或体积）内的载荷所引起的物体中的应力，在离载荷作用区稍远的地方，基本上只同载荷的合力和合力矩有关；载荷的具体分布只影响载荷作用区附近的应力分布。圣维南原理在实用上和理论上都具有重要意义。

第 5 章　剪切与挤压

5.1　剪切与挤压的概念

剪切变形是杆件的基本变形之一。当杆件受到一对大小相等、方向相反、垂直于杆轴且作用线相距很近的外力作用时，在外力作用线之间的各个横截面将发生相对错动的变形，此即为剪切变形。若此时外力过大，杆件就可能在两力之间的某一截面处被剪断。这个被剪断的横截面称为剪切面。图 5.1 是其力学简图。

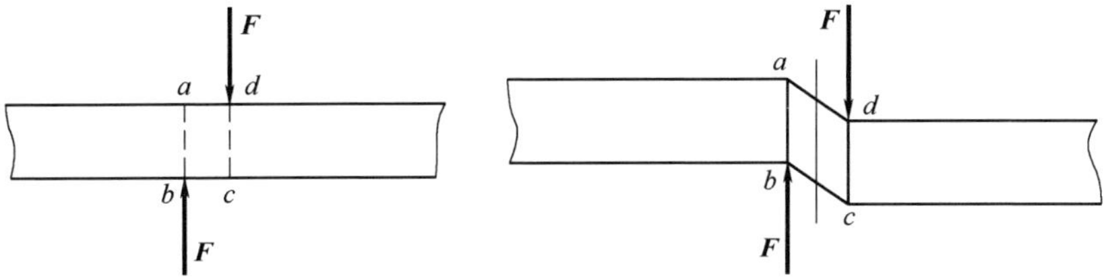

图 5.1

剪切变形大多发生在工程中起连接作用的构件中，如螺栓、铆钉、销钉和键等，这些构件统称为连接件。这些连接件传力发生剪切变形的同时，往往在连接件和被连接件的相互接触面上产生局部挤压，这就是挤压变形，如图 5.2 所示。相互接触的面称为挤压面，作用在接触面上的压力称为挤压力，用 $\boldsymbol{F}_{bs}$ 表示。

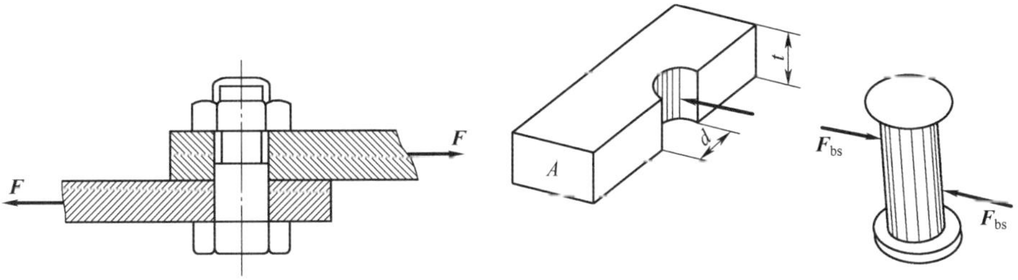

图 5.2

5.2　剪切与挤压强度的实用计算

发生剪切和挤压的连接件的尺寸一般很小，其变形又很复杂，于是工程设计中通常采用实用的计算方法，也就是近似的“假定计算”方法。

现以图 5.3（a）所示铆钉连接为例，说明剪切与挤压的有关概念及实用的计算方法。显然，铆钉在两个侧面上分别受到大小相等、方向相反、作用线相距很近的两组平行的外力系的作用，如图 5.3（b）所示。铆钉在这样的外力作用下，将沿两侧外力之间的横截面发生相对的错动，发生剪切变形，相对错动 $m—m$ 截面即为剪切面。

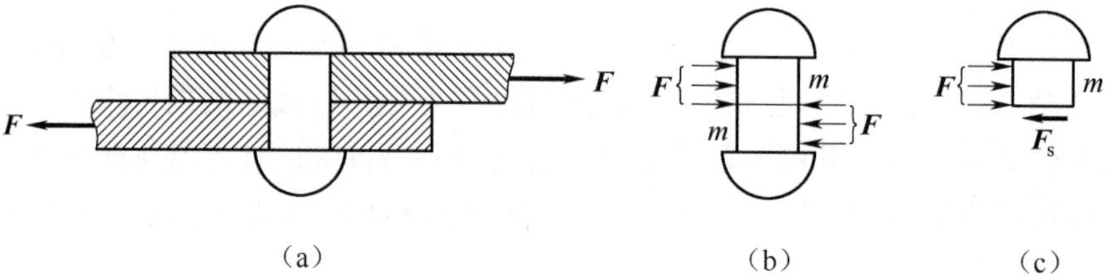

图 5.3

仍采用截面法分析剪切面的内力，沿截面 $m—m$ 把铆钉截开并取其上部分为研究对象，如图 5.3（c）所示。由这一部分的平衡可知，在截面 $m—m$ 处的内力必然是一个平行于 $\boldsymbol{F}$ 的力，其方向应与剪切面相切，称为截面上的剪力，用符号 $\boldsymbol{F}_s$ 表示，利用平衡方程式计算出剪力大小，即

$$\sum F_x = 0, \quad F - F_s = 0$$

$$F_s = F$$

剪力 $\boldsymbol{F}_s$ 在横截面的实际分布规律是很复杂的，在工程的实用计算中，通常假定剪切面上的切应力均匀分布，于是，剪切面上的切应力是用剪力除以剪切面面积所得的平均切应力，也称为名义切应力，即

$$\tau = \frac{F_s}{A_s} \tag{5.1}$$

式中：A_s 为剪切面的面积。

这就是剪切的工作应力。

这样在强度条件下确定许用切应力 $[\tau]$ 时，所用的极限切应力 $[\tau_u]$ 也是由试样剪切破坏时的剪力除以剪切面面积得到的。同时，做实验时试样的受力尽可能接近实际连接件的情况，再考虑适当的安全因数 n，就得出材料的名义许用切应力 $[\tau] = \dfrac{[\tau_u]}{n}$。

于是，确定剪切实用计算的强度条件为

$$\tau = \frac{F_s}{A_s} \leqslant [\tau] \tag{5.2}$$

运用以上强度条件，可进行强度计算。

在图 5.3（a）所示的铆钉连接中，铆钉发生剪切的同时，在钢板与铆钉的接触面之间还发生了挤压。挤压力 F_{bs} 可以根据被连接件所受的外力情况，利用静力平衡条件计算。当挤压面（半个圆柱面）上的挤压应力过大时，将会在两者接触的局部区域产生过量的塑性变形，如铆钉压扁或钢板在孔缘被压皱，从而导致连接产生松动而失效。

分析和实验表明，挤压接触面上的挤压应力分布不均匀，方向也不相同。如果以挤压力 F_{bs} 除以实际的挤压面面积 A_{bs}，所得到的值必小于最大挤压应力。为此，在“假定计算”的挤压实用计算中，挤压的工作应力也是用挤压力除以挤压面面积得出的，也就是平均挤压应力、名义挤压应力，即

$$\sigma_{bs} = \frac{F_{bs}}{A_{bs}} \tag{5.3}$$

当挤压面为平面时，挤压面面积 A_{bs} 即为实际承压的面积（如平键）；当挤压面为圆柱面（如螺栓、销钉等）时，挤压面面积可用实际承压面积在直径平面上的投影面积，如图 5.4（b）所示，所得应力大致上与实际最大应力接近。

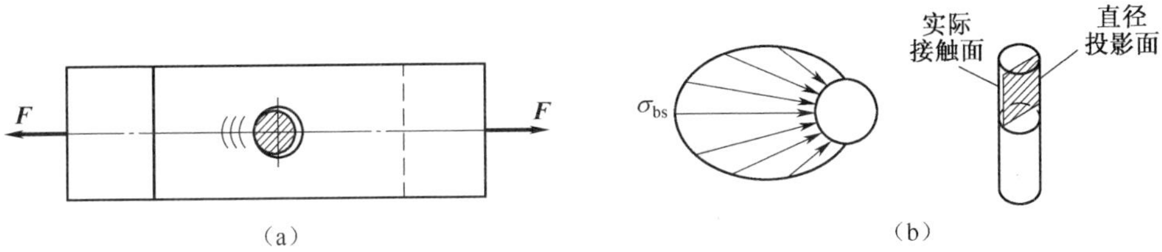

图 5.4

于是，挤压实用计算的强度条件为

$$\sigma_{bs} = \frac{F_{bs}}{A_{bs}} \leqslant [\sigma_{bs}] \tag{5.4}$$

式中，许用挤压应力$[\sigma_{bs}]$的确定方法与许用剪切应力$[\tau]$相似。

值得注意的是，当连接件和被连接件两者的材料不同时，应校核许用挤压应力较低的材料的挤压强度。同时，在图 5.3（a）所示的铆钉连接中，为了保证连接具有足够的强度，还必须考虑被连接件为铆钉孔削弱后的抗拉强度。

例 5.1　如图 5.5（a）所示，连接钢板的销钉直径 $d = 30\text{mm}$，材料的许用切

应力$[\tau]$=70MPa，F=120kN，试校核销钉的剪切强度。若强度不够，请重新设计销钉直径。

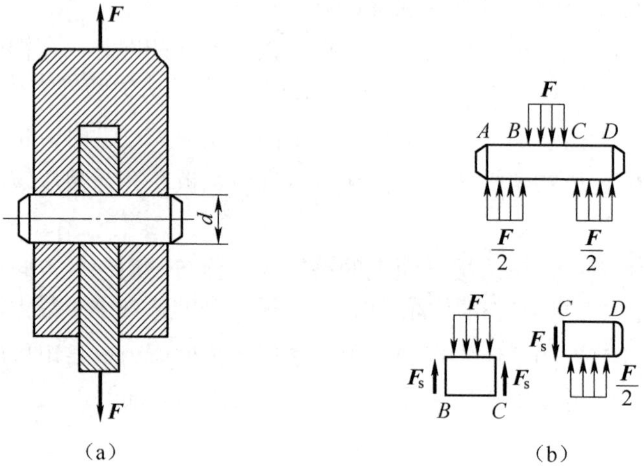

图 5.5

解：（1）受力分析。

销钉受力如图 5.5（b）所示。根据受力情况可知，销钉分别在截面 B、C 两处发生相对错动，有两个剪切面，此称为双剪切。用截面法沿销钉的剪切面切开，由平衡条件得剪切面的剪力为

$$F_s = \frac{F}{2}$$

（2）剪切强度校核。销钉剪切面的切应力为

$$\tau = \frac{F_s}{A} = \frac{120\times10^3\,\mathrm{N}}{2\times\dfrac{\pi}{4}(30\times10^{-3}\,\mathrm{m})^2} = 84.9\mathrm{MPa} > [\tau]$$

则该销钉抗剪强度不够。

（3）设计销钉直径。由剪切强度条件可得

$$A_s \geqslant \frac{F_s}{[\tau]} = \frac{F}{2[\tau]}，\ 其中\ A_s = \frac{\pi d^2}{4}$$

则
$$d \geqslant \sqrt{\frac{4F}{\pi 2[\tau]}} = \sqrt{\frac{2\times120\times10^3}{\pi(70\times10^6)}}\mathrm{m} \approx 33.04\mathrm{mm}$$

故可以选用直径为 34mm 的销钉。

第 6 章　圆轴的扭转

6.1　圆轴扭转的概念与实例

当一根直杆受到与杆轴线垂直平面内转动力偶的作用时，杆件将发生扭转变形。工程实际中有很多的扭转问题，如用螺丝刀拧紧一个木螺丝［图 6.1（a）］，需要在把手上作用一个力偶使它转动［图 6.1（b）］，同时在螺丝刀的另一端则受到木螺丝对它的反抗，即反力偶作用，螺丝刀杆就受到了扭转作用，这是最简单的扭转问题。

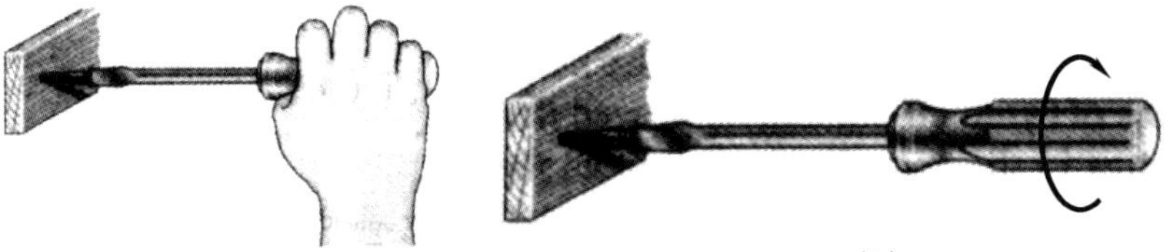

（a）　　　　（b）

图 6.1

又如，汽车方向盘的操纵杆（图 6.2）和在机械设备中普遍使用的传动轴（图 6.3）都是杆件受到扭转作用的实例。

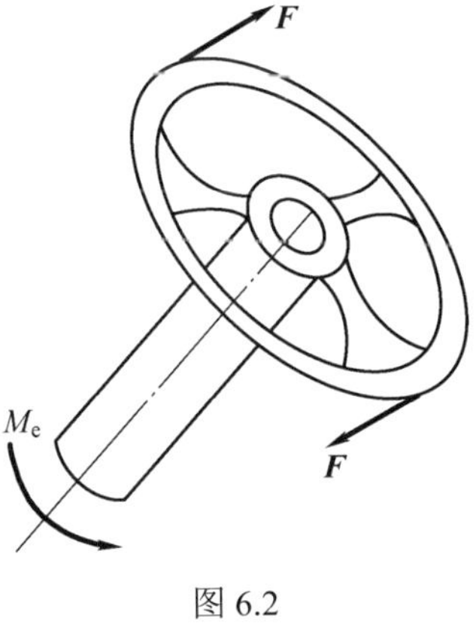

图 6.2

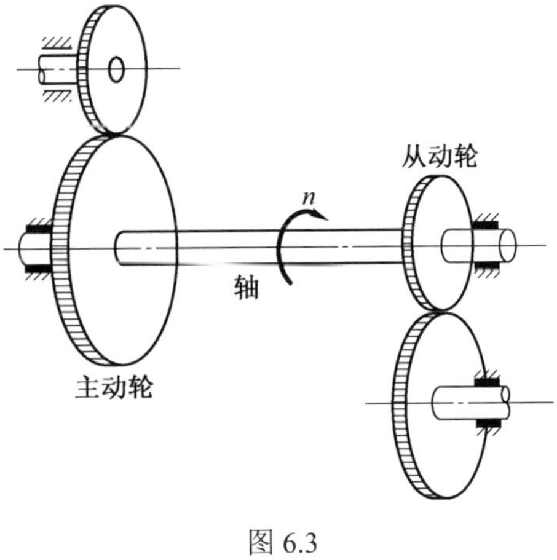

图 6.3

仔细观察工程中发生扭转变形的杆件，其受力的特征是：在杆件的两端受到一对大小相等、转向相反、作用面垂直于杆轴线的力偶作用。杆件的变形特征是：杆件的相邻横截面绕杆轴线发生相对转动，杆表面的纵向线将变成螺旋线，计算简图如图 6.4 所示。以扭转变形为主的杆件通常称为轴，工程中轴类构件的横截面以圆形居多。

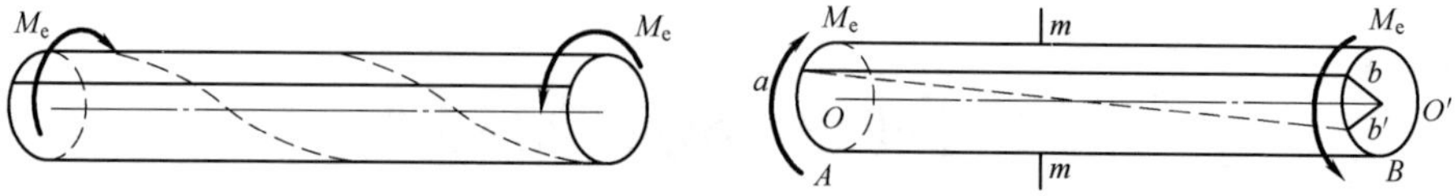

图 6.4

本章主要讨论等直圆截面轴的扭转问题，包括圆轴所受外力偶矩，横截面内力、应力和扭转变形的计算，在此基础上研究圆轴的强度计算和刚度计算。

6.2 扭矩的计算与扭矩图

6.2.1 传动轴的外力偶矩计算

工程实际中，通常并不知道作用在传动轴上的外力偶矩，而知道的是传动轴经常用来传递力偶所做的功，如汽车的驱动轴和车床的齿轮轴等。而功的大小取决于作用在传动轴上力偶的矩和传动轴的转速。依据理论力学中力偶对转动刚体做功的计算，如果传动轴匀速转动，转速是 n（r/min），传递的力偶矩是 M_e（N·m），功率是 P（kW），则传动轴的转动角速度是

$$\omega=\frac{2\pi n}{60}=\frac{n\pi}{30}\text{rad/s}$$

传递力偶的功率，即

$$P\times1000=M_e\cdot\frac{n\pi}{30}$$

由此，就可以换算出作用在轴上的外力偶矩

$$M_e=9549\frac{P}{n}\text{N}\cdot\text{m} \tag{6.1}$$

6.2.2 横截面上的内力——扭矩

要对扭转杆件进行强度和刚度计算，必须首先知道杆件受扭转后横截面上产生的内力。如图 6.5（a）所示的圆轴，两端受到一对大小相等、转向相反的外力偶作用，力偶矩为 M_e，显然圆轴处于平衡状态。为了求出轴横截面上的内力，

可采用截面法。在轴内的任意一个横截面 $m—m$ 处将轴截开，分成两个部分，它们的受力分析分别如图 6.5（b）、（c）所示。根据平衡原则，截面上的内力必定只是一个力偶，则将该力偶称为扭矩，用 T 表示。

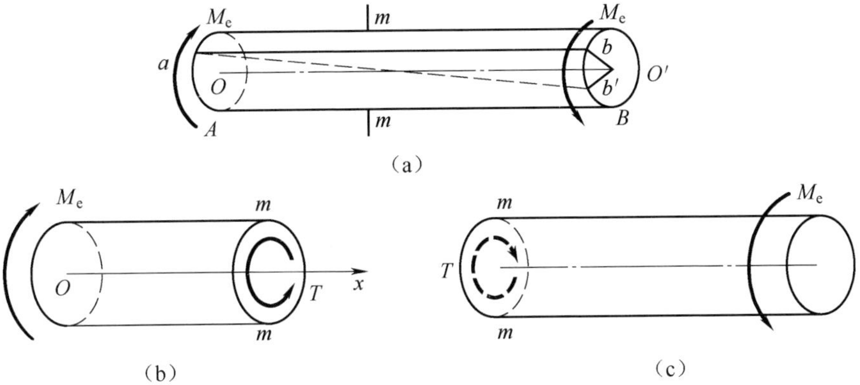

图 6.5

显然，左右两截面上的扭矩是一对作用力和反作用力，它们大小相等而转向相反。截面上的扭矩在未求出之前其转向可以任意假设，真实转向（或方向）由平衡方程解出的结果确定，即

$$\sum M_x = 0,\ T = M_e$$

工程中对扭矩符号作如下规定：按照右手螺旋法则，若以右手四指表示扭矩的转向，则大拇指的指向离开截面（即与截面的外法线方向一致）时的扭矩为正，反之为负，如图 6.6 所示。

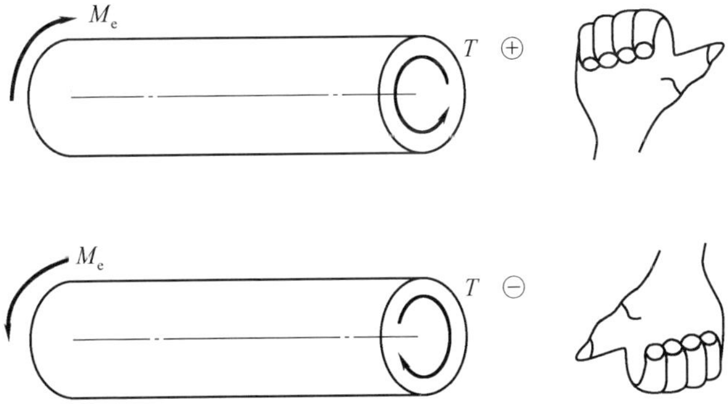

图 6.6

6.2.3　扭矩图

为了直观地表示圆轴截面上扭矩沿轴线变化的规律，可作扭矩图，具体方法

为，作一坐标系，横轴表示截面位置，纵轴表示截面上的扭矩。下面通过一例题来说明扭矩图的绘制。

例 6.1 一传动轴如图 6.7（a）所示，转速 $n = 300\text{r/min}$ ，主动轮输入的功率 $P_1 = 500\text{kW}$ ，三个从动轮输出的功率分别为： $P_2 = P_3 = 150\text{kW}$ ， $P_4 = 200\text{kW}$ 。试作轴的扭矩图。

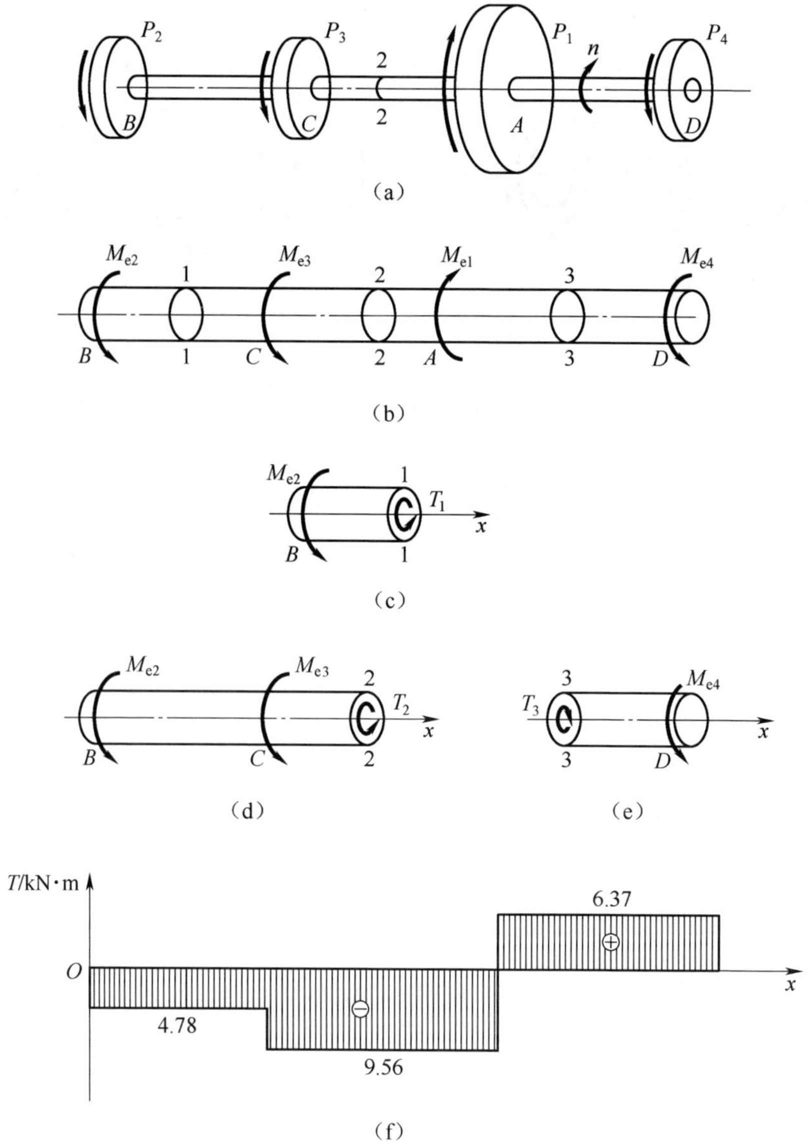

图 6.7

解：（1）外力偶矩的计算。由图 6.7（b），利用外力偶矩的计算公式 $M_e = 9549\frac{P}{n}\text{N}\cdot\text{m}$，可得

$$M_{e1} = \left(9549 \times \frac{500}{300}\right)\text{N}\cdot\text{m} = 15.9\text{kN}\cdot\text{m}$$

$$M_{e2} = M_{e3} = \left(9549 \times \frac{150}{100}\right)\text{N}\cdot\text{m} = 4.78\text{kN}\cdot\text{m}$$

$$M_{e4} = \left(9549 \times \frac{200}{300}\right)\text{N}\cdot\text{m} = 6.37\text{kN}\cdot\text{m}$$

（2）内力扭矩的计算。分别在截面 1—1、2—2、3—3 处将轴截开，保留左段或右段作为研究对象，并假设各截面上的扭矩为正，如图 6-7（c）、（d）、（e）所示，由平衡方程 $\sum M_x = 0$ 分别求出 BC、CA、AD 段的扭矩 T_1、T_2、T_3，即

$$T_1 = -M_{e2} = -4.78\text{kN}\cdot\text{m}$$

$$T_2 = -M_{e2} - M_{e3} = -9.56\text{kN}\cdot\text{m}$$

$$T_3 = M_{e4} = 6.37\text{kN}\cdot\text{m}$$

结果为负值，表示转向与图示相反。

（3）绘制扭矩图。按一定比例绘制扭矩图，如图 6-7（f）所示。

6.3 圆轴扭转时的应力与强度计算

6.3.1 薄壁圆筒的扭转

一等厚度薄壁圆筒，其壁厚 δ 远小于其平均半径 r_0（$\delta \leqslant r_0/10$）。为了更好地观察变形规律，在未受扭转时在表面上用圆周线和纵向线画成方格，如图 6.8（a）所示。在圆筒两端施加外力偶后，截面 m—m 和 n—n 发生相对转动，造成方格两边相对错动，如图 6.8（b）所示，但方格沿轴线的长度及圆筒的半径均不变，圆周线保持不变，而纵向线发生倾斜，在小变形时可认为仍保持为直线。可以设想，圆筒横截面保持为形状、大小均不改变的平面，只是相互间绕圆筒轴线发生相对转动。因此，圆筒横截面和包含轴线的纵向截面上都没有正应力，横截面上只有切应力，并且各点处切应力的方向必与圆周相切。圆筒两端横截面之间相对转动的角位移，称为相对扭转角，用 φ 表示。而圆筒表面每个格子的直角都改变了相同的角度 γ，这个直角的改变量称为切应变。这个切应变和横截面上沿圆周切线方向的切应力应是相对应的。因圆筒很薄，故可近似

认为切应力沿厚度均匀分布，如图 6.8（c）所示。

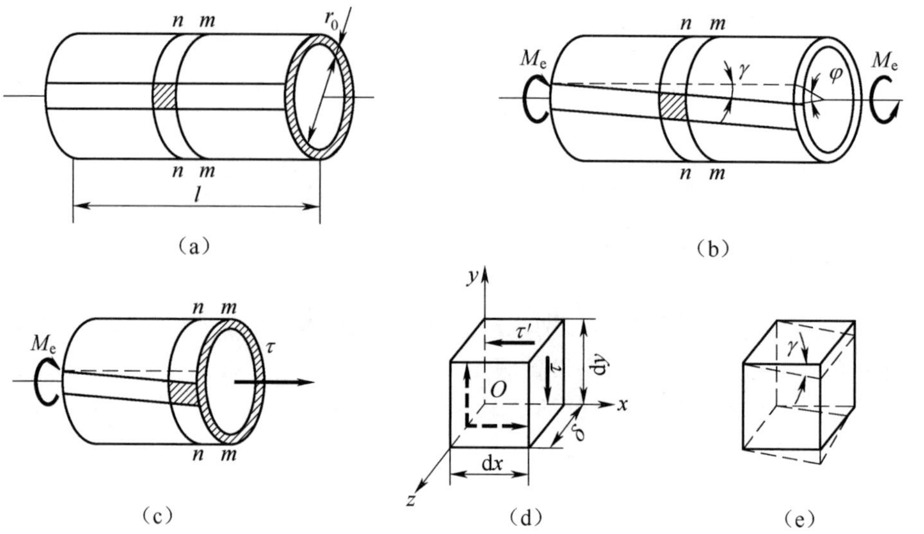

图 6.8

如图 6.8（d）所示，从薄壁圆筒中取微单元体，边长分别为dx、dy、δ，左、右侧面上有切应力，它们等值、反向，组成力偶。因微单元体是平衡的，故上、下侧面上必定存在方向相反的切应力组成力偶与左、右侧面切应力组成的力偶相平衡。根据平衡方程

$$(\tau \mathrm{d}y \cdot \delta)\mathrm{d}x=(\tau' \mathrm{d}x \cdot \delta)\mathrm{d}y$$

$$\tau = \tau'$$

上式表示微单元体的两个正交面上如果有切应力，则切应力的数值相等，方向与两个正交面的交线垂直，共同指向或共同背离交线。这就是切应力互等定理。上面微单元体的四个侧面上只有切应力没有正应力，这种应力状态称为纯剪切。

发生纯剪切的微单元体由原来的正六面体变形成平行六面体，如图 6.8（e）所示。原来互相正交的棱边由于变形发生了一个角度的改变，就是切应变γ。实验表明，对于线弹性的材料，当切应力τ不超过材料的剪切比例极限τ_{p}时，切应力τ与切应变γ成正比。即

$$\tau = G\gamma \tag{6.2}$$

式（6.2）称为剪切胡克定律，其中的比例常数G称为剪切弹性模量，它与拉压弹性模量E一样，是反映材料特性的弹性常数，量纲相同，单位为 Pa。钢材的剪切弹性模量大约为 80GPa。对于各向同性材料，拉压弹性模量E、剪切弹性模量G和泊松比μ之间存在如下关系：

$$G = \frac{E}{2(1+\mu)} \tag{6.3}$$

6.3.2 等直圆轴扭转时横截面上的应力

与薄壁圆筒相似，在小变形条件下，等直圆轴在扭转时横截面上也只是有切应力。求解横截面上的应力属于超静定问题，需要从变形几何方面和物理方面得出切应力在横截面上的变化规律，然后从静力学方面来分析。

1. 变形几何方面

为了研究圆轴横截面上的应力情况，可进行圆轴扭转实验，实验前在圆轴表面画若干垂直于轴线的圆周线和平行于轴线的纵向线，如图 6.9（a）所示。然后在轴的两端施加一对反向的外力偶 M_e，使圆轴发生扭转。当扭转变形较小时，可观察到各圆周线的形状、大小、间距保持不变，仅绕轴线相对转动，纵向线倾斜了一个相同的角度 γ，仍保持直线。原来的矩形变形平行四边形，端面的半径转过了角度 φ，如图 6.9（b）所示。

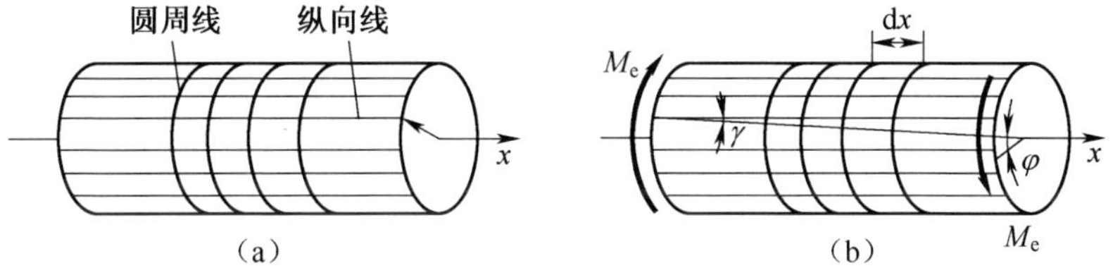

图 6.9

根据圆轴外部变形来推断其内部的变形，可认为平面假设依然成立：圆轴的横截面在变形后仍为平面，其大小和形状不变。由此导出横截面上沿半径方向无应力作用。又因相邻横截面的间距不变，故横截面上无正应力。但由于相邻横截面发生绕轴线的相对转动，纵向线倾斜了同 角度 γ，产生切应变，因此横截面上必然有垂直于半径方向的切应力存在。

在圆轴上截取长为 dx 的微段，如图 6.10 所示，横截面 2—2 相对于 1—1 转过了一个角度 $\mathrm{d}\varphi$，半径 O_2B 转至 O_2C 处。由于纵向线倾斜 γ 角度，即 A 点的切应变为 γ，且 $\gamma = \tan\gamma = \frac{BC}{AB} = R\frac{\mathrm{d}\varphi}{\mathrm{d}x}$。同样，可推得在距轴线为 ρ 的 A' 点处的切应变为

$$\gamma_\rho \approx \tan\gamma_\rho = \frac{B'C'}{A'B'} = \rho\frac{\mathrm{d}\varphi}{\mathrm{d}x} \tag{6.4}$$

显然，切应变γ、γ_ρ均发生在垂直于半径O_2B的平面内。$\frac{d\varphi}{dx}$表示相对扭转角φ沿杆长度的变化率，称为单位长度扭转角，在同一横截面上为一常量。式(6.4)表明，横截面上任一点的切应变γ_ρ与该点到轴线的距离ρ成正比。

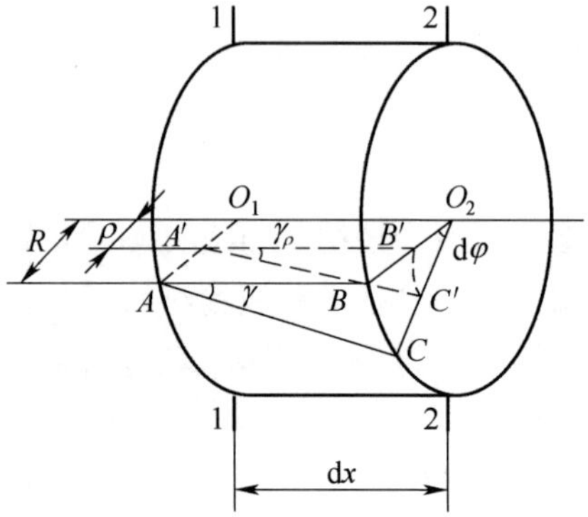

图 6.10

2. 物理方面

将式（6.4）代入式（6.2），可得出离轴心距离为ρ处的A点切应力为

$$\tau_\rho = G\gamma_\rho = G\rho\frac{d\varphi}{dx} \tag{6.5}$$

由此可见，圆截面上各点的切应力分布与该点到圆心的距离成正比，显然，截面上最大切应力位于圆截面的外边缘上，即

$$\tau_{max} = GR\frac{d\varphi}{dx} \tag{6.6}$$

因切应变发生在垂直于半径的平面内，故切应力最大值应与圆周边缘相切。图 6.11 分别表示了扭转时实心和空心圆横截面的切应力分布情况。

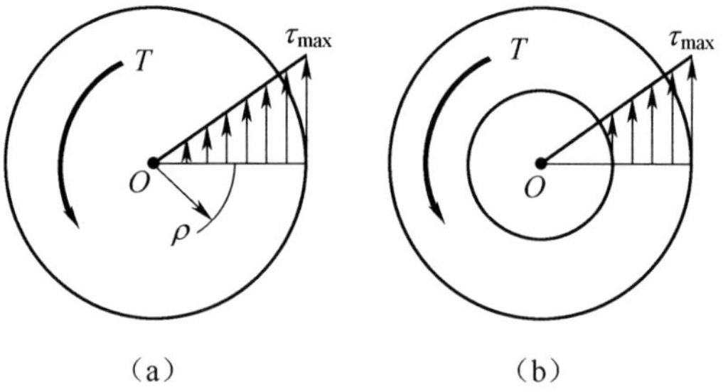

图 6.11

3. 静力学方面

知道圆轴横截面上的切应力分布之后，现在来分析切应力与扭矩之间的关系。

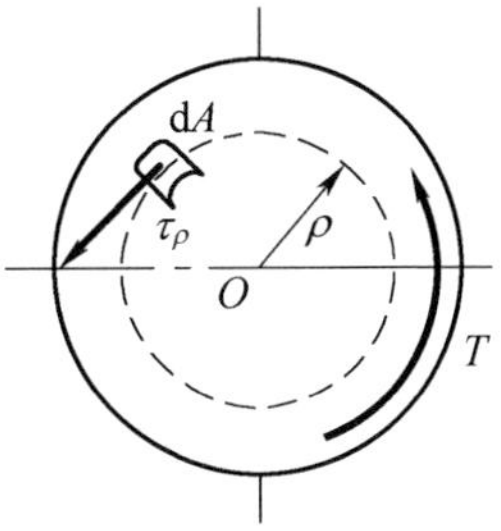

图 6.12

如图 6.12 所示，在半径为ρ 的圆周处取一个微面积 dA，则微面积上作用微剪力$\tau_\rho \mathrm{d}A$，它对圆心 O 的微力矩应是$\tau_\rho \mathrm{d}A \cdot \rho$，所有微力矩的和等于截面上的扭矩，即

$$T = \int_A \rho \tau_\rho \mathrm{d}A$$

将式（6.5）代入上式得

$$T = G\frac{\mathrm{d}\varphi}{\mathrm{d}x}\int_A \rho^2 \mathrm{d}A$$

上式中的积分仅与横截面的大小和形状有关，称为横截面的极惯性矩，用I_P表示，即

$$I_\mathrm{P} = \int_A \rho^2 \mathrm{d}A \tag{6.7}$$

其单位为m^4。由此可以得到

$$\frac{\mathrm{d}\varphi}{\mathrm{d}x} = \frac{T}{GI_\mathrm{P}} \tag{6.8}$$

将上式代入式（6.5）中，就得到等直圆轴扭转时横截面上任一点处切应力计算公式，即

$$\tau_\rho = \frac{T\rho}{I_\mathrm{P}} \tag{6.9}$$

显然，横截面上的最大切应力

$$\tau_{\max} = \frac{TR}{I_\mathrm{P}} = \frac{T}{\dfrac{I_\mathrm{P}}{R}}$$

式中，$\dfrac{I_\mathrm{P}}{R}$项是一个仅与横截面的几何量有关的量，称为抗扭截面系数，用W_t表示，其单位为m^3，即

$$W_\mathrm{t} = \frac{I_\mathrm{P}}{R} \tag{6.10}$$

所以，最大切应力计算公式又可以写成

$$\tau_{\max} = \frac{T}{W_{\mathrm{t}}} \tag{6.11}$$

式（6.9）和式（6.11）是圆形截面轴当$\tau_{\max}$不超过材料比例极限时，横截面任一点和边缘点切应力的计算公式。需要说明的是，在推导切应力计算公式时主要依据为平面假设，并且材料要符合胡克定律，因此，此公式仅适用于在线弹性范围内的等直圆杆。

6.3.3 截面的极惯性矩和抗扭截面系数的计算

直径为 d 实心圆截面如图 6.13 所示，在距圆心为 ρ 处取厚度为 $\mathrm{d}\rho$ 的环形面积作为面积元素，则其微面积为 $\mathrm{d}A=2\pi\rho\mathrm{d}\rho$，代入式（6.7）中，得到实心圆形截面的极惯性矩，即

$$I_{\mathrm{P}} = \int_A \rho^2 \mathrm{d}A = \int_0^R 2\pi\rho^3 \mathrm{d}\rho = \frac{\pi R^4}{2} = \frac{\pi d^4}{32} \tag{6.12}$$

将上式代入式（6.10）中得到抗扭截面系数

$$W_{\mathrm{t}} = \frac{\pi R^3}{2} = \frac{\pi d^3}{16} \tag{6.13}$$

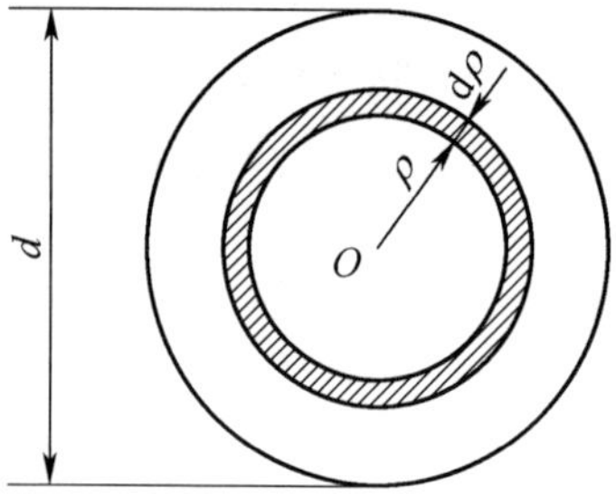

图 6.13

如果是图 6.14 所示的空心圆截面，用以上相同的方法可以求出极惯性矩和抗扭截面系数

$$\begin{aligned} I_{\mathrm{P}} &= \int_A \rho^2 \mathrm{d}A = \int_0^{2\pi}\int_r^R \rho^3 \mathrm{d}\theta \mathrm{d}\rho \\ &= \frac{\pi R^4}{2} - \frac{\pi r^4}{2} = \frac{\pi R^4}{2}(1-\alpha^4) \\ &= \frac{\pi D^4}{32}(1-\alpha^4) \end{aligned} \tag{6.14}$$

$$W_{\mathrm{t}} = \frac{\pi R^3}{2}(1-\alpha^4) = \frac{\pi D^3}{16}(1-\alpha^4) \tag{6.15}$$

其中，α是内径 r 与外径 R 之比，即

$$\alpha = \frac{r}{R} = \frac{d}{D}$$

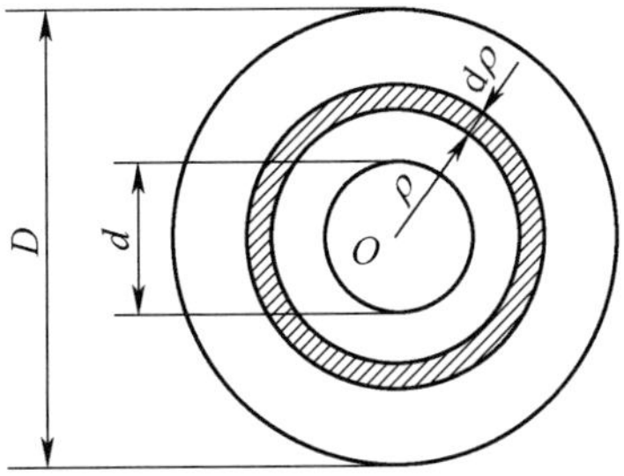

图 6.14

6.3.4　圆轴扭转的强度条件

等直圆轴在扭转时，轴内各点均处于纯剪切应力状态。其强度条件是横截面上的最大工作切应力$\tau_{\max}$不超过材料的许用切应力$[\tau]$，即

$$\tau_{\max} \leqslant [\tau] \tag{6.16}$$

对于等截面圆轴，各个截面的抗扭截面系数相等，所以圆轴的最大切应力将发生在扭矩数值最大的截面上，强度条件就是

$$\tau_{\max} = \frac{T_{\max}}{W_t} \leqslant [\tau] \tag{6.17}$$

而对于变截面圆轴，则要综合考虑扭矩的数值和抗扭截面系数，所以强度条件是

$$\tau_{\max} = \left|\frac{T}{W_t}\right|_{\max} \leqslant [\tau] \tag{6.18}$$

式中的扭转许用切应力（材料安全工作时的最大切应力）是这样确定的：从扭转实验得到扭转的极限应力（材料失效时的切应力）τ_u，再考虑一定的强度安全储备即安全因数 $n(n>1)$，就得到许用切应力，即

$$[\tau] = \frac{\tau_u}{n}$$

利用强度条件，可以对实心或空心圆截面的传动轴进行强度计算，即校核强度、设计截面和确定许可载荷。

例 6.2　由功率为 40kW 的电动机带动等截面钢轴工作，如图 6.15 所示，圆轴的直径 $d=70$mm，钢轴的转速 $n=180$r/min，齿轮 B、D、E 的输出功率分别为：

$P_B = 6\text{kW}$、$P_D = 20\text{kW}$、$P_E = 14\text{kW}$。轴的许用切应力$[\tau] = 40\text{MPa}$，试利用扭转的强度条件校核该轴的强度。

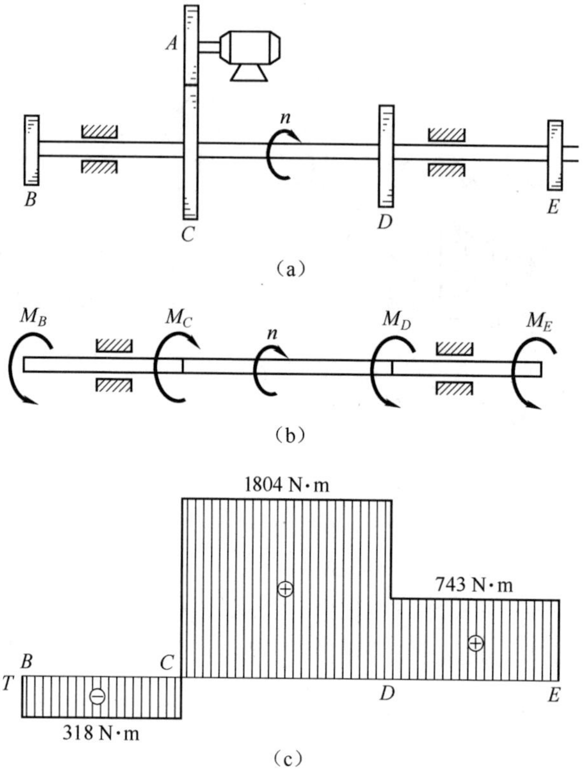

图 6.15

解：（1）外力偶矩的计算。利用外力偶矩的计算公式 $M_e = 9549\dfrac{P}{n}\text{N}\cdot\text{m}$，可得

$$M_C = \left(9549 \times \frac{40}{180}\right)\text{N}\cdot\text{m} = 2122\text{N}\cdot\text{m}$$

$$M_B = \left(9549 \times \frac{6}{180}\right)\text{N}\cdot\text{m} = 318\text{N}\cdot\text{m}$$

$$M_D = \left(9549 \times \frac{20}{180}\right)\text{N}\cdot\text{m} = 1061\text{N}\cdot\text{m}$$

$$M_E = \left(9549 \times \frac{14}{180}\right)\text{N}\cdot\text{m} = 743\text{N}\cdot\text{m}$$

（2）绘制扭矩图。轴的扭矩图如图 6.15（c）所示。可以看出，危险截面为

轴 CD 段中的各个横截面，扭矩 $T_{\max}=1804\text{N}\cdot\text{m}$

（3）强度校核。由强度条件

$$\tau_{\max}=\frac{T_{\max}}{W_{\text{t}}}=\frac{16\times1804\text{N}\cdot\text{m}}{\pi\times(0.07\text{m})^3}=26.8\text{MPa}<[\tau]$$

可知该轴的强度满足要求。

6.4 圆轴扭转时的变形与刚度条件

6.4.1 扭转变形

等直圆轴扭转时，扭转变形是用两个横截面绕轴相对转动的相对角位移即相对扭转角 φ 来度量的。

由式（6.8）可以得到，圆轴中相距 dx 的两个横截面之间的相对扭转角

$$\text{d}\varphi=\frac{T}{GI_{\text{P}}}\text{d}x$$

所以，得到长为 l 的两个端截面之间的相对扭转角

$$\varphi=\int_l\frac{T}{GI_{\text{P}}}\text{d}x \tag{6.19}$$

若圆轴为同一种材料，且在 l 长度内扭矩 T 不变，则上式变成

$$\varphi=\frac{Tl}{GI_{\text{P}}} \tag{6.20}$$

如果是阶梯形圆轴并且扭矩是分段常量，则式（6.20）可以写成分段求和的形式，即圆轴两端面之间的相对扭转角是

$$\varphi=\sum_{i=1}^{n}\frac{T_il_i}{GI_{\text{P}i}} \tag{6.21}$$

相对扭转角 φ 的单位是 rad，其符号可以随扭矩 T 而定。由式 6.20 可以看出，相对扭转角 φ 与 GI_{P} 成反比，GI_{P} 称为等直圆轴的扭转刚度。显然，以上计算公式都只适用于材料在线弹性范围内的等直圆杆。

6.4.2 刚度条件

在工程上，对于发生扭转变形的圆轴，除了考虑圆轴满足强度条件之外，还要控制扭转变形在允许的范围以内，即扭转的刚度条件。例如，精密机床的主轴如果变形过大，其加工精度就会大大降低；机器的传动轴如果变形过大，

将会使机器在运转时产生较大的振动。由于轴在扭转时，各横截面的扭矩可能并不相同，轴的长度也各不相同，因此一般情况采用相对扭转角沿轴长度的变化率$\frac{d\varphi}{dx}$来衡量扭转的刚度，称为单位长度扭转角，也用θ表示，常用单位为rad/m或（°）/m。即

$$\theta = \frac{d\varphi}{dx} = \frac{T}{GI_P} \tag{6.22}$$

刚度要求是限制其最大的单位长度扭转角θ_{max}不超过某一规定的允许值$[\theta]$，即刚度条件为

$$\theta_{max} \leqslant [\theta] \tag{6.23}$$

对于扭矩是常量的等直圆轴，单位长度扭转角的最大值一定发生在扭矩最大的截面处，所以刚度条件可以写成

$$\theta_{max} = \frac{T_{max}}{GI_P} \leqslant [\theta] \tag{6.24}$$

上式中，单位长度扭转角的单位是rad/m。如果使用（°）/m单位，则上式可以写成

$$\theta_{max} = \frac{T_{max}}{GI_P} \times \frac{180}{\pi} \leqslant [\theta] \tag{6.25}$$

对于扭矩是分段常量的阶梯形截面圆轴，其刚度条件是

$$\theta_{max} = \left|\frac{T}{GI_P}\right|_{max} \leqslant [\theta] \tag{6.26}$$

或者写成

$$\theta_{max} = \left|\frac{T}{GI_P}\right|_{max} \times \frac{180}{\pi} \leqslant [\theta] \tag{6.27}$$

例 6.3　若例 6.2 中的传动轴的剪切弹性模量$G = 80\text{GPa}$，需用单位长度扭转角$[\theta] = 1° / \text{m}$，试校核该轴的刚度。

解：由前面计算已经知道，危险截面为轴 CD 段中的各个横截面，扭矩为$T_{max} = 1804\text{N} \cdot \text{m}$，在此基础上进行刚度计算，由刚度条件

$$\theta_{max} = \left|\frac{T}{GI_P}\right|_{max} \times \frac{180}{\pi} = \frac{1804 \times 32}{80 \times 10^9 \times \pi \times (0.07)^4} \times \frac{180}{\pi} \approx 0.55° / \text{m} < [\theta]$$

可知该轴的刚度也满足要求。

第7章　弯　曲

7.1　平面弯曲的概念与实例

工程实际中桥式起重机大梁（图 7.1）和火车轮轴（图 7.2）这样的杆件有一个共同的特点：作用于这些杆件上的外力垂直于杆件的轴线，使轴线由直线变形成为曲线。这种变形称为弯曲变形，以弯曲变形为主的杆件习惯上称为梁。

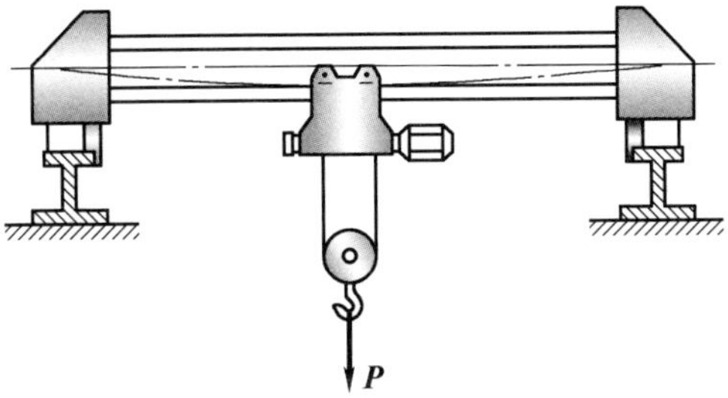

图 7.1

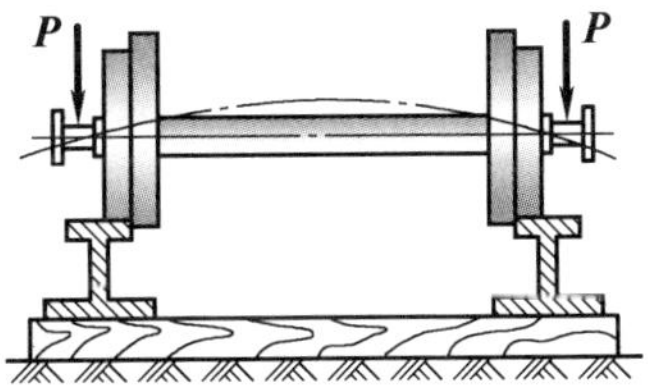

图 7.2

工程问题中，受弯杆件的横截面都有一根对称轴，因而整个杆件有一个包含轴线的纵向对称面。上面提到的桥式起重机大梁和火车轮轴都属于这种情况。当作用在杆件上的所有外力都作用在其纵向对称面内时，弯曲变形后的轴线将是位于这个对称面内的一条曲线，这种弯曲形式称为对称弯曲，也称为平面弯曲，如图 7.3 所示。平面弯曲是弯曲问题中最常见的情况，本章只讨论梁的平面弯曲的计算。

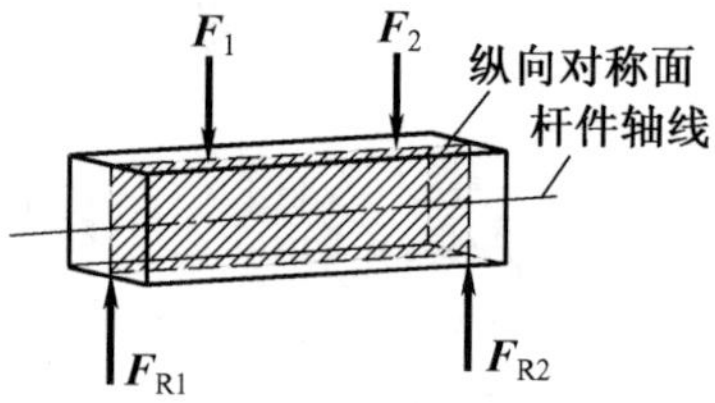

图 7.3

7.2 梁的内力——剪力和弯矩

7.2.1 梁的简化

梁的支座和载荷有各种情况，必须做一些简化才能得到计算简图。在几何结构方面，一般以梁的轴线来代替梁，忽略构造上的枝节，如键槽、销孔、阶梯等。载荷按作用方式可以简化成三类：集中力、分布载荷和集中力偶。约束主要有三种基本形式：滚动铰支座、固定铰支座和固定端。经过上面的简化，静定梁可分为以下三种基本形式：

（1）简支梁：一端为固定铰支座，而另一端为滚动铰支座的梁，如图 7.4（a）所示。

（2）悬臂梁：一端为固定端，另一端为自由端的梁，如图 7.4（b）所示。

（3）外伸梁：简支梁的一端或两端伸出支座之外的梁，如图 7.4（c）所示。

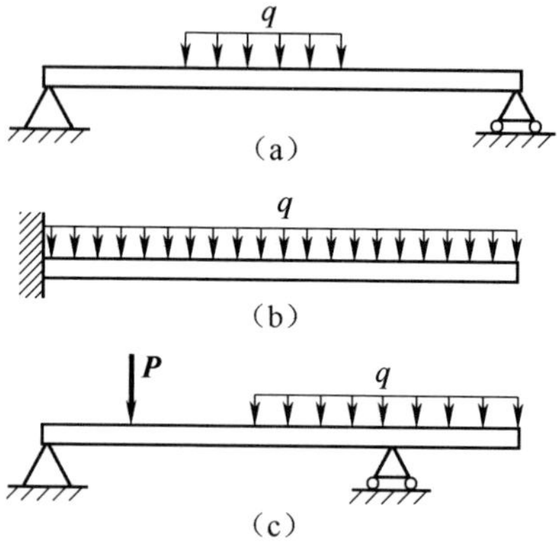

图 7.4

7.2.2 剪力和弯矩

如图 7.5（a）所示的简支梁，其 A、B 两端的支座反力分别为 F_{RA}、F_{RB}，可由静力平衡方程求得。用假想截面将梁分为两部分，并以左段为研究对象，如图 7.5（b）所示。由于梁的整体处于平衡状态，因此其各个部分也应处于平衡状态。据此，截面 I—I 上将产生内力，这些内力将与外力 P_1、F_{RA}，在梁的左段构成平衡力系。由平衡方程 $\sum F_y = 0$ 得

$$F_{RA} - P_1 - F_s = 0$$

$$F_s = F_{RA} - P_1$$

这个与横截面相切的内力称为横截面 I—I 上的剪力，用 F_s 表示，它是与横截面相切的分布内力系的合力。

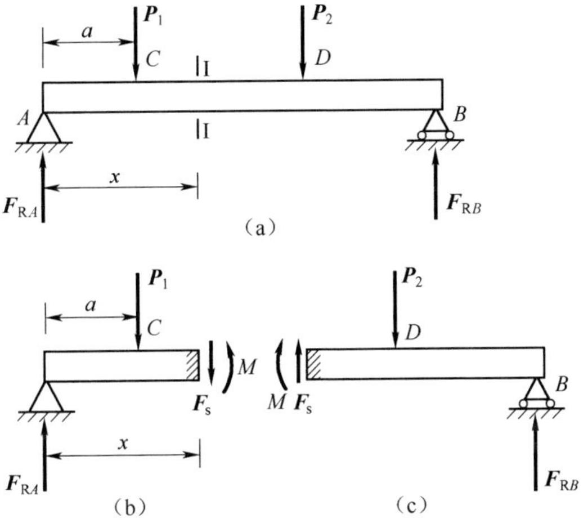

图 7.5

根据平衡条件，若把左段上的所有外力和内力对截面 I—I 的形心 O 取矩，其力矩总和应为零，即 $\sum M_O = 0$，则

$$M + P_1(x-a) - F_{RA}x = 0$$

$$M = F_{RA}x - P_1(x-a)$$

这个内力偶矩称为横截面 I—I 上的弯矩，用 M 表示，它是与横截面垂直的分布内力系的合力偶矩。

剪力和弯矩均为梁横截面上的内力，实际上是右段梁对左段梁的作用力，根据作用与反作用原理，右段梁在同一横截面上必有数值相等，而指向和转向相反的剪力和弯矩。

为使左右两段梁上算得的同一横截面上的剪力和弯矩在正负号上也相同，对剪力、弯矩的正负号规定如下：使梁产生顺时针转动的剪力规定为正，反之为负，如图 7.6（a）所示；使梁的下部产生拉伸而上部产生压缩的弯矩规定为正，反之

为负，如图 7.6（b）所示。

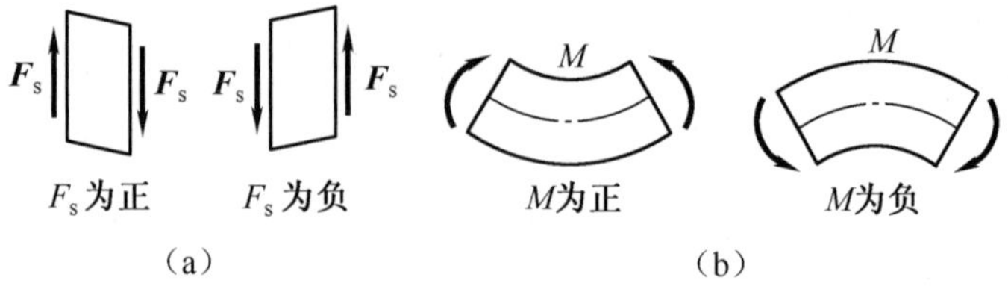

图 7.6

7.3 剪力方程和弯矩方程、剪力图和弯矩图

一般情况下，梁横截面上的剪力和弯矩随截面位置不同而变化，将剪力和弯矩沿梁轴线的变化情况用图形表示出来，这种图形分别称为剪力图（F_s图）和弯矩图（M图）。若以横坐标x表示横截面在梁轴线上的位置，则各横截面上的剪力和弯矩可以表示为x的函数，即

$$F_s = F_s(x)$$
$$M = M(x)$$

上述函数表达式称为梁的剪力方程和弯矩方程。根据剪力方程和弯矩方程即可画出剪力图和弯矩图。

画剪力图和弯矩图时，一般取梁的左端作为x坐标的原点，根据载荷情况分段列出剪力方程$F_s(x)$和弯矩方程$M(x)$。然后将正值的剪力画在x轴的上侧，而正值的弯矩则画在梁的受拉侧，即画在x轴的下侧。由截面法和平衡条件可知，在集中力、集中力偶和分布载荷的起止点处，剪力值或弯矩值可能发生突变，所以这些点均为剪力方程和弯矩方程的分段点。求出分段点处横截面上剪力和弯矩的数值（包括正负号），并将这些数值标在坐标中相应截面位置处。分段点之间的图形可根据剪力方程和弯矩方程绘出。下面用例题说明剪力方程和弯矩方程的建立，以及绘制剪力图和弯矩图的方法。

例 7.1 如图 7.7（a）所示悬臂梁AB承受向下的均布载荷q作用，试建立梁的剪力方程和弯矩方程，并画剪力图和弯矩图。

解：（1）列剪力方程和弯矩方程。

选A为原点，并用坐标x表示横截面的位置，用截面法切取左段为研究对象，如图 7.7（b）所示。在截面上分别按正向假定剪力$F_s(x)$和弯矩$M(x)$，根据左段的平衡条件，得梁的剪力方程和弯矩方程分别为

$$F_s(x) = -qx \qquad (0 \leqslant x < l) \tag{a}$$

$$M(x)=-\frac{1}{2}qx^2 \quad (0 \leqslant x < l) \tag{b}$$

（2）画剪力图和弯矩图。

式（a）表示 $F_s(x)$ 是 x 的一次函数式，且 $F_s(0)=0$ ，$F_s(l)=-ql$ 。

由此画出梁的剪力图如图 7.7（c）所示。

式（b）表示 $M(x)$ 是 x 的二次函数，弯矩图为二次抛物线，最少需要确定图形上的 3 个点，方能画出这条曲线。例如：

$$x=0,\ M(0)=0;\ x=\frac{l}{2},\ M\left(\frac{l}{2}\right)=-\frac{1}{8}ql^2;\ x=l,\ M(l)=-\frac{1}{2}ql^2 。$$

最后画出弯矩图，如图 7.7（d）所示。

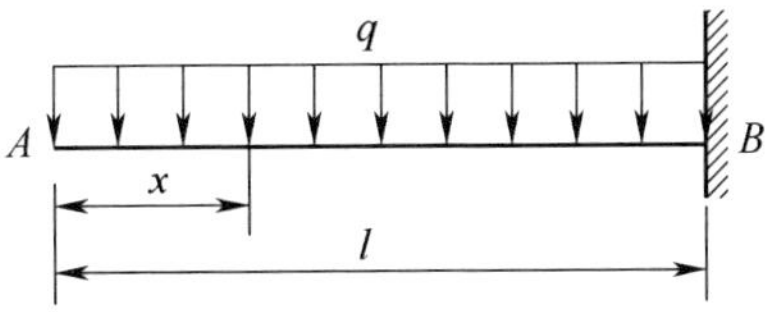

（a）

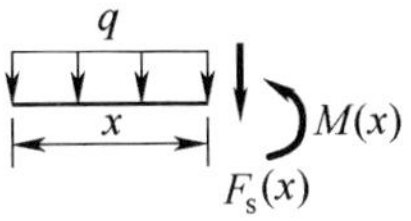

（b）

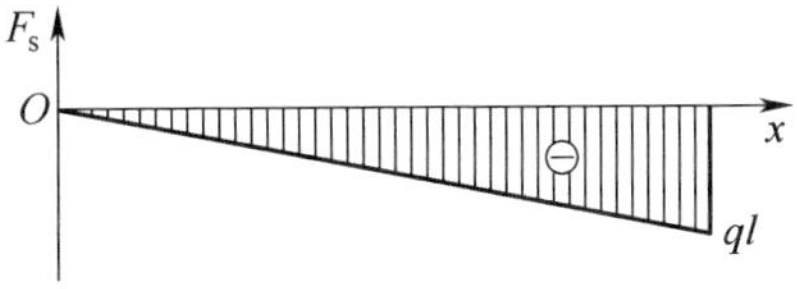

（c）

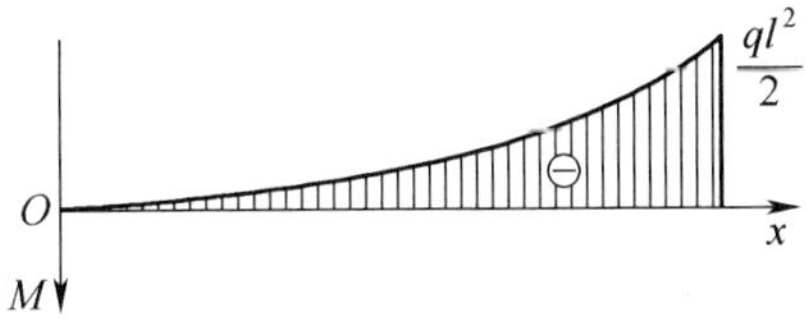

（d）

图 7.7

应该指出，在土木工程中习惯于将梁的弯矩图画在梁受拉的一侧，即正的弯矩画在横坐标轴的下侧［图 7.7（d）］，而在机械工程中通常将梁的弯矩图画在梁受压的一侧，即正的弯矩画在横坐标轴的上侧。两种表示方法表示的弯矩大小是相同的，并无本质的区别。

7.4 载荷集度剪力和弯矩间的关系

考察如图 7.8（a）所示承受任意载荷的梁。以梁的左端为坐标原点，选取右手坐标系如图中所示。规定分布载荷 $q(x)$向上（与 y 轴正方向一致）为正。从梁上受分布载荷的段内截取 dx 微段，其受力如图 7.8（b）所示。作用在微段上的分布载荷可以认为是均布的，并设向上为正。微段两侧截面上的内力均设为正。若 x 截面上的内力为 $F_s(x)$、$M(x)$，则 $(x+\mathrm{d}x)$ 截面上的内力为 $F_s(x)+\mathrm{d}F_s(x)$、$M(x)+\mathrm{d}M(x)$。因为梁整体是平衡的，所以 dx 微段也应是平衡的。根据平衡条件 $\sum F_y=0$ 和 $\sum M_O=0$，得到

$$F_s(x)+q(x)\mathrm{d}x-(F_s(x)+\mathrm{d}F_s(x))=0$$

$$M(x)+\mathrm{d}M(x)-M(x)-F_s(x)\mathrm{d}x-q(x)\frac{\mathrm{d}x^2}{2}=0$$

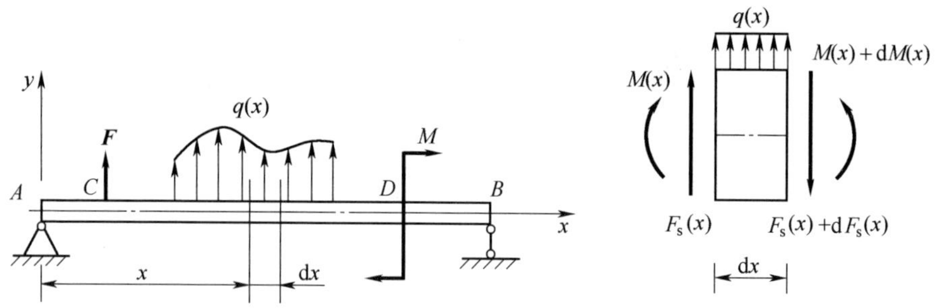

（a） （b）

图 7.8

略去其中的高阶微量 $q(x)\dfrac{\mathrm{d}x^2}{2}$ 后得到

$$\frac{\mathrm{d}F_s(x)}{\mathrm{d}x}=q(x) \tag{7.1}$$

$$\frac{\mathrm{d}M(x)}{\mathrm{d}x}=F_s(x) \tag{7.2}$$

利用式（7.1）和式（7.2）可进一步得出

$$\frac{\mathrm{d}^2M(x)}{\mathrm{d}x^2}=\frac{\mathrm{d}F_s(x)}{\mathrm{d}x}=q(x) \tag{7.3}$$

以上三式即为梁的剪力、弯矩与载荷集度间的微分关系式。它们分别表示：剪力图中某点处的切线斜率等于梁上对应点处的载荷集度；弯矩图中某点处的切线斜率等于梁上对应截面上的剪力。显然，在梁上的集中力或集中力偶作用处，上述关系式并不成立。

由式（7.1）～式（7.3），可以得出梁的剪力图和弯矩图（设弯矩图画在梁的受拉一侧，即正值弯矩画在梁轴线的下侧）有如下特征：

（1）梁上某段无载荷作用（$q(x)=0$）时，则该段梁的剪力图为一段水平直线；弯矩图为一段斜直线：当 $F_s>0$ 时，弯矩图向右下方倾斜；当 $F_s<0$ 时，弯矩图向右上方倾斜；当 $F_s=0$ 时，弯矩图是一段水平直线。

（2）梁上某段有均布载荷（$F_s(x)=q$）作用时，该段梁的剪力图为一段斜直线，且倾斜方向与均布载荷 q 的方向一致；弯矩图为一段二次抛物线，且抛物线的开口方向与均布载荷 q 的方向相反。

（3）梁上集中力作用处，剪力图有突变，突变值等于集中力的大小，突变方向与集中力的方向一致（从左往右画剪力图）；两侧截面上的弯矩值相等，但弯矩图的切线斜率有突变，因而弯矩图在该处有折角。

（4）梁上集中力偶作用处，两侧截面上的剪力相同，剪力图无影响；弯矩图有突变，突变值等于集中力偶的大小。关于突变方向：若集中力偶为顺时针方向，则弯矩图往正向突变；反之则相反。

（5）梁端部的剪力值等于端部的集中力（左端向上或右端向下时为正）；梁端部的弯矩值等于端部的集中力偶（左端顺时针或右端逆时针时为正）。

（6）在梁的某一截面上，若 $\dfrac{\mathrm{d}M(x)}{\mathrm{d}x}=F_s(x)=0$，则在这一截面上弯矩有一极值（极大值或极小值）。最大弯矩值不仅可能发生于剪力等于零的截面上，也有可能发生于集中力或集中力偶作用的截面上。

利用导数关系式（7.1）和式（7.2），经过积分得

$$F_s(x_2)-F_s(x_1)=\int_{x_1}^{x_2}q(x)\mathrm{d}x \tag{7.4}$$

$$M(x_2)-M(x_1)=\int_{x_1}^{x_2}F_s(x)\mathrm{d}x \tag{7.5}$$

以上两式表明，在 $x=x_2$ 和 $x=x_1$ 两截面上的剪力值之差，等于两截面间分布载荷图的面积；两截面上的弯矩值之差，等于两截面间剪力图的面积。应该注意，由于 $q(x)$、$F_s(x)$ 有正负，故它们的面积就有“正面积”与“负面积”两种情况。此外，式（7.4）与式（7.5）在包含有集中力或集中力偶的两截面间不适用，在集中力或集中力偶作用处应分段。

利用以上关系，除可以校核已作出的剪力图和弯矩图是否正确外，还可以绘制剪力图和弯矩图，而不必再建立剪力方程和弯矩方程，其步骤如下：求支座反力；分段分析；确定控制截面内力；根据微分关系绘剪力图和弯矩图。

通常将这种利用剪力、弯矩与载荷集度间的关系作梁的剪力图和弯矩图的方法，称为简易法。

7.5 纯弯曲梁的正应力计算

7.5.1 纯弯曲和横力弯曲的概念

如图 7.9 所示简支梁 *AB*，载荷 $\boldsymbol{F}$ 作用在梁的纵向对称面内，梁的弯曲为平面弯曲。从 *AB* 梁的剪力图和弯矩图可以看到，*AC* 和 *DB* 梁段的各横截面上，剪力和弯矩同时存在，即同时存在切应力 τ 和正应力 σ，这种弯曲称为横力弯曲；而在 *CD* 梁段内，横截面上弯矩为常数而剪力为零，即只有正应力 σ，这种弯曲称为纯弯曲。

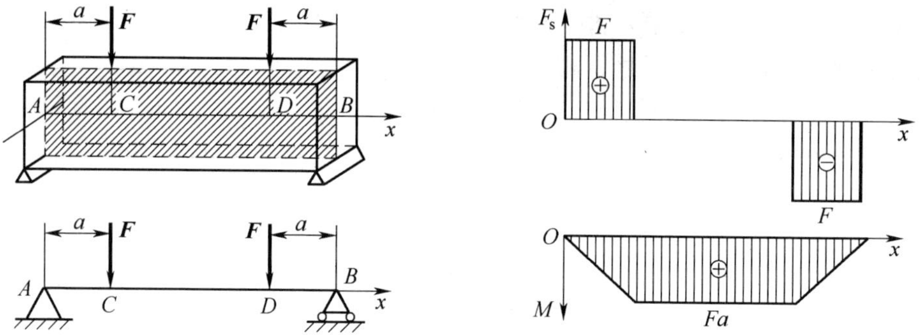

图 7.9

7.5.2 纯弯曲梁横截面上的正应力

1. 变形关系

考察等截面直梁。加载前，在梁表面上画上与轴线垂直的横线 *mm*、*nn*，以及与轴线平行的纵线 *aa*、*bb*，分别表示变形前梁的纵向纤维和梁的横截面，如图 7.10（a）所示。然后在梁的两端纵向对称面内施加一对力偶，使梁发生纯弯曲变形，如图 7.10（b）所示。可以发现梁表面变形具有如下特征：

（1）横线（*mm* 和 *nn*）仍是直线，只是发生相对转动，且仍与纵线（如 *aa*、*bb*）正交。

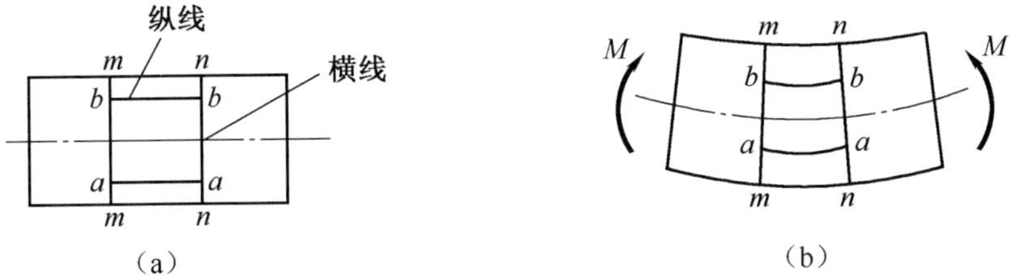

图 7.10

（2）纵线（*aa* 和 *bb*）弯曲成曲线，且梁的一侧伸长，另一侧缩短。

根据上述梁表面变形的特征，可以假设：梁变形后，其横截面仍保持平面，并垂直于变形后梁的轴线，只是绕着梁上某一轴转过一个角度，这一假设称为平面假设。

此外，还假设：梁的各纵向层互不挤压，即梁的纵截面上无正应力作用。

根据上述假设，梁弯曲后，其纵向层一部分产生伸长变形，另一部分则产生缩短变形，两者交界处存在既不伸长也不缩短的一层，这一层称为中性层，如图 7.11 所示。中性层与横截面的交线为截面的中性轴。

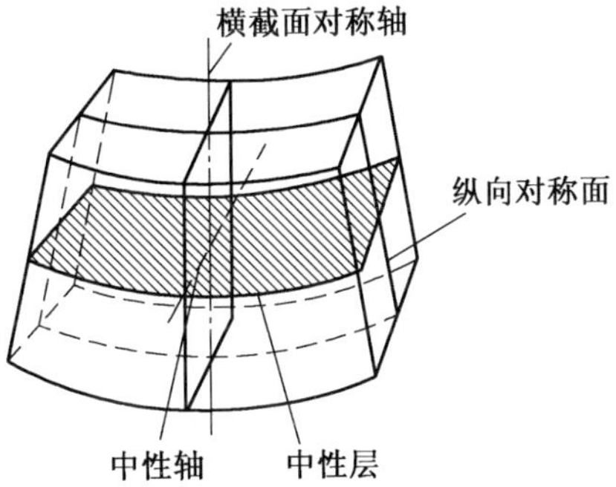

图 7.11

横截面上位于中性轴两侧的各点分别承受拉应力或压应力，中性轴上各点的应力为零。

考察梁上相距为 dx 的微段［图 7.12（a）］，其变形如图 7.12（b）所示。其中，x 轴沿梁的轴线，y 轴与横截面的对称轴重合，z 轴为中性轴。则距中性轴为 y 处的纵向层 a—a 弯曲后的长度为$(\rho+y)\mathrm{d}\theta$，其纵向线应变为

$$\varepsilon=\frac{(\rho+y)\mathrm{d}\theta-\rho\mathrm{d}\theta}{\rho\mathrm{d}\theta}=\frac{y}{\rho} \tag{7.6}$$

式（7.6）表明：纯弯曲时梁横截面上各点的纵向线应变沿截面高度按线性分布。

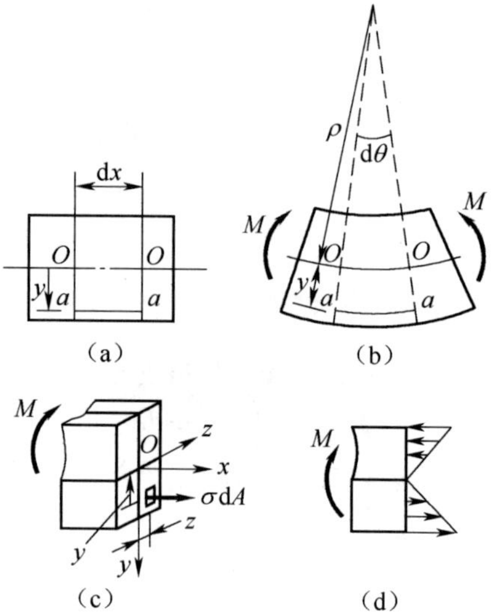

图 7.12

2. 物理关系

根据以上分析，梁横截面上各点只受正应力作用。再考虑到纵向层之间互不挤压的假设，所以纯弯曲梁各点处于单向拉压状态。对于线弹性材料，根据胡克定律

$$\sigma = E\varepsilon$$

于是有

$$\sigma = \frac{E}{\rho} \cdot y \tag{7.7}$$

式中，E、ρ 均为常数。

上式表明：纯弯曲梁横截面上任一点处的正应力与该点到中性轴的垂直距离 y 成正比。即正应力沿着截面高度按线性分布，如图 7.12（d）所示。

式（7.7）还不能直接用以计算应力，因为中性层的曲率半径 ρ 及中性轴的位置尚未确定。这要利用静力关系来解决。

3. 静力关系

弯矩 M 作用在 x-y 平面内。截面上坐标为(y,z)的微面积 $\mathrm{d}A$ 上有作用力 $\sigma \mathrm{d}A$，如图 7.12（c）所示。横截面上所有微面积上的这些力将组成轴力 F_{N}，以及对 y、z 轴的力矩 M_y 和 M_z：

$$F_{\mathrm{N}}=\int_{A}\sigma\mathrm{d}A \tag{7.8}$$

$$M_{y}=\int_{A}z\sigma\mathrm{d}A \tag{7.9}$$

$$M_{z}=\int_{A}y\sigma\mathrm{d}A \tag{7.10}$$

在纯弯曲情况下，梁横截面上只有弯矩 $M_z=M$，而轴力 F_{N} 和 M_y 皆为零。

将式（7.7）代入式（7.8），因为 $F_{\mathrm{N}}=0$，故有

$$F_{\mathrm{N}}=\int_{A}\frac{E}{\rho}y\mathrm{d}A=\frac{E}{\rho}\int_{A}y\mathrm{d}A=\frac{E}{\rho}S_{z}=0$$

式中

$$S_{z}=\int_{A}y\mathrm{d}A$$

称为截面对 z 轴的静矩。因为 $\frac{E}{\rho}\neq 0$，故有 $S_z=0$。这表明中性轴 z 通过截面形心。

将式（7.7）代入式（7.9），有

$$M_{y}=\int_{A}\frac{E}{\rho}yz\mathrm{d}A=\frac{E}{\rho}\int_{A}yz\mathrm{d}A=\frac{E}{\rho}I_{yz}=0$$

式中

$$I_{yz}=\int_{A}yz\mathrm{d}A$$

称为截面对 y、z 轴的惯性积。使 $I_{yz}=0$ 的一对互相垂直的轴称为主轴。由于 y 轴为横截面的对称轴，对称轴必为主轴，而 z 轴又通过横截面形心，因此 y、z 轴为形心主轴。

将式（7.7）代入式（7.10），有

$$M_{z}=\int_{A}\frac{E}{\rho}y^{2}\mathrm{d}A=\frac{E}{\rho}\int_{A}y^{2}\mathrm{d}A=\frac{E}{\rho}I_{z}=M$$

得到

$$\frac{1}{\rho}=\frac{M}{EI_{z}} \tag{7.11}$$

式中

$$I_{z}=\int_{A}y^{2}\mathrm{d}A$$

称为截面对 z 轴的惯性矩；EI_z 称为截面的抗弯刚度。式（7.11）表明，梁弯曲的

曲率与弯矩成正比，而与抗弯刚度成反比。

将式（7.11）代入式（7.7），得到纯弯曲情况下的正应力计算公式

$$\sigma = \frac{My}{I_z} \tag{7.12}$$

上式中正应力σ的正负号与弯矩M及点的坐标y的正负号有关。实际计算中，可根据截面上弯矩M的方向，直接判断中性轴的哪一侧产生拉应力，哪一侧产生压应力，而不必计及M和y的正负。

7.6 梁的正应力强度条件及强度计算

梁发生横力弯曲时，其横截面上不仅有正应力，还有剪应力。由于存在剪应力，横截面不再保持平面，而发生“翘曲”现象。进一步的分析表明，对于细长梁（如矩形截面梁，$l/h \geqslant 5$，l为梁长，h为截面高度），剪应力对正应力和弯曲变形的影响很小，可以忽略不计，式（7.11）和式（7.12）仍然适用。当然，式（7.11）和式（7.12）只适用于材料在线弹性范围，并且要求外力满足平面弯曲的加力条件：对于横截面具有对称轴的梁，只要外力作用在对称平面内，梁便产生平面弯曲；对于横截面无对称轴的梁，只要外力作用在形心主轴平面内，实心截面梁便产生平面弯曲。上述公式是根据等截面直梁导出的。对于缓慢变化的变截面梁，以及曲率很小的曲梁（$h/\rho_0 \leqslant 0.2$，ρ_0为曲梁轴线的曲率半径）也可近似适用。

横力弯曲时，弯矩随截面位置变化。一般情况下，最大正应力发生于离中性轴最远，且弯矩最大的截面上。于是，由式（7.12）得

$$\sigma_{\max} = \frac{M_{\max} y_{\max}}{I_z} \tag{7.13}$$

引入记号

$$W_z = \frac{I_z}{y_{\max}} \tag{7.14}$$

称为抗弯截面系数（或抗弯截面模量），其量纲为[长度]^3。国际单位用 m^3 或 mm^3。

对于宽度为b、高度为h的矩形截面，抗弯截面系数为

$$W_z = \frac{bh^3/12}{h/2} = \frac{bh^2}{6} \tag{7.15}$$

对于直径为d的圆截面，抗弯截面系数为

$$W_z = \frac{\frac{\pi}{64}d^4}{d/2} = \frac{\pi d^3}{32} \tag{7.16}$$

对于内径为 d，外径为 D 的空心圆截面，抗弯截面系数为

$$W_z = \frac{\frac{\pi D^4}{64}(1-\alpha^4)}{D/2} = \frac{\pi D^3}{32}(1-\alpha^4)，\quad \alpha = \frac{d}{D} \tag{7.17}$$

轧制型钢（工字钢、槽钢等）的 W_z 可从型钢表中查得。

根据前面的分析，为保证梁的安全，梁的最大正应力点应满足强度条件

$$\sigma_{\max} = \frac{M_{\max} y_{\max}}{I_z} \leqslant [\sigma] \tag{7.18}$$

式中：$[\sigma]$ 为材料的许用应力。

对于等截面直梁，若材料的拉、压强度相等，则最大正应力的所在面称为危险面，危险面上距中性轴最远的点称为危险点。此时，强度条件即式（7.18）可表达为

$$\sigma_{\max} = \frac{M_{\max}}{W_z} \leqslant [\sigma] \tag{7.19}$$

对于由脆性材料制成的梁，由于其抗拉强度和抗压强度相差甚大，因此要对最大拉应力点和最大压应力点分别进行校核。

根据式（7.19），可以解决三类强度问题，即强度校核、截面设计和许用载荷计算。

7.7　弯曲梁的切应力计算

梁发生横力弯曲时，虽然横截面上既有正应力 σ，又有切应力 τ。但一般情况下，切应力对梁的强度和变形的影响属于次要因素，因此对由剪力引起的切应力，不再用变形、物理和静力关系进行推导，而是在承认正应力公式（7.12）仍然适用的基础上，假定剪应力在横截面上的分布规律，然后根据平衡条件导出剪应力的计算公式。

1. 矩形截面梁

对于如图 7.13 所示的矩形截面梁，横截面上作用剪力 $\boldsymbol{F}_s$。现分析距中性轴 z 为 y 的横线 aa_1 上的切应力分布情况。根据切应力互等定理，横线 aa_1 两端的切应力必与截面两侧边相切，即与剪力 $\boldsymbol{F}_s$ 的方向一致。由于对称的关系，横线 aa_1 中点处的切应力也必与 $\boldsymbol{F}_s$ 的方向相同。根据这三点剪应力的方向，可以设想横线

aa_1 上各点剪应力的方向皆平行于剪力 $\boldsymbol{F}_s$。又因截面高度 h 大于宽度 b，故剪应力的数值沿横线 aa_1 不可能有太大变化，可以认为是均匀分布的。基于上述分析，可作如下假设：

（1）横截面上任一点处的剪应力方向均平行于剪力 $\boldsymbol{F}_s$。

（2）切应力沿截面宽度均匀分布。

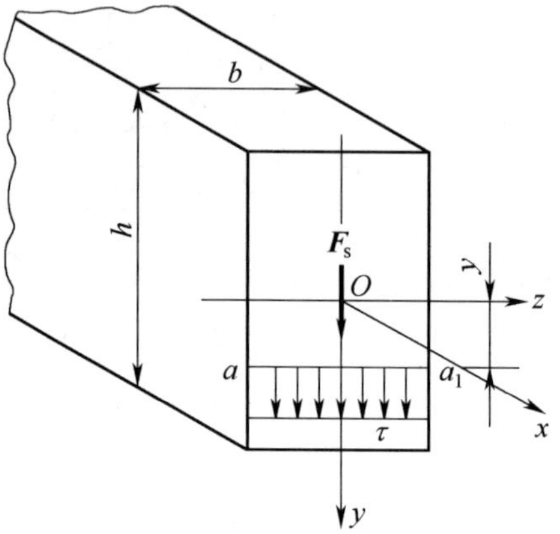

图 7.13

基于上述假设得到的解，与精确解相比有足够的精确度。从图 7.14（a）的横弯梁中截出 dx 微段，其左右截面上的内力如图 7.14（b）所示。梁的横截面尺寸如图 7.14（c）所示，现欲求距中性轴 z 为 y 的横线 aa_1 处的剪应力 τ。过 aa_1 用平行于中性层的纵截面 aa_1cc_1 自 dx 微段中截出一微块，如图 7.14（d）所示。根据剪应力成对定理，微块的纵截面上存在均匀分布的剪应力 τ'。微块左右侧面上正应力的合力分别为 $\boldsymbol{F}_{N1}$ 和 $\boldsymbol{F}_{N2}$，且

$$F_{N1}=\int_{A^*}\sigma_I \mathrm{d}A\int_{A^*}=\frac{My_1}{I_z}\mathrm{d}A=\frac{M}{I_z}S_z^* \tag{7.20}$$

$$F_{N2}=\int_{A^*}\sigma_{II}\mathrm{d}A=\int_{A^*}\frac{(M+\mathrm{d}M)y_1}{I_z}\mathrm{d}A=\frac{(M+\mathrm{d}M)}{I_z}S_z^* \tag{7.21}$$

式中：A^* 为微块的侧面面积；σ_I（σ_{II}）为面积 A^* 中距中性轴为 y_1 处的正应力，$S_z^*=\int_{A^*}y_1\mathrm{d}A$。

由微块沿 x 方向的平衡条件 $\sum F_x=0$，得

$$-F_{N1}+F_{N2}-\tau' b\mathrm{d}x=0 \tag{7.22}$$

将式（7.20）和式（7.21）代入式（7.22），得

$$\frac{\mathrm{d}M}{I_z}S_z^* - \tau' b\mathrm{d}x = 0$$

故
$$\tau' = \frac{\mathrm{d}M}{\mathrm{d}x} \cdot \frac{S_z^*}{bI_z}$$

因 $\frac{\mathrm{d}M}{\mathrm{d}x} = F_{\mathrm{s}}$，$\tau' = \tau$，故求得横截面上距中性轴为 y 处横线上各点的剪应力 τ 为

$$\tau = \frac{F_{\mathrm{s}} S_z^*}{bI_z} \tag{7.23}$$

式中：F_{s} 为截面上的剪力；I_z 为整个截面对中性轴 z 的惯性矩；b 为横截面在所求应力点处的宽度；S_z^* 为面积 A^* 对中性轴的静矩。

式（7.23）也适用于其他截面形式的梁。

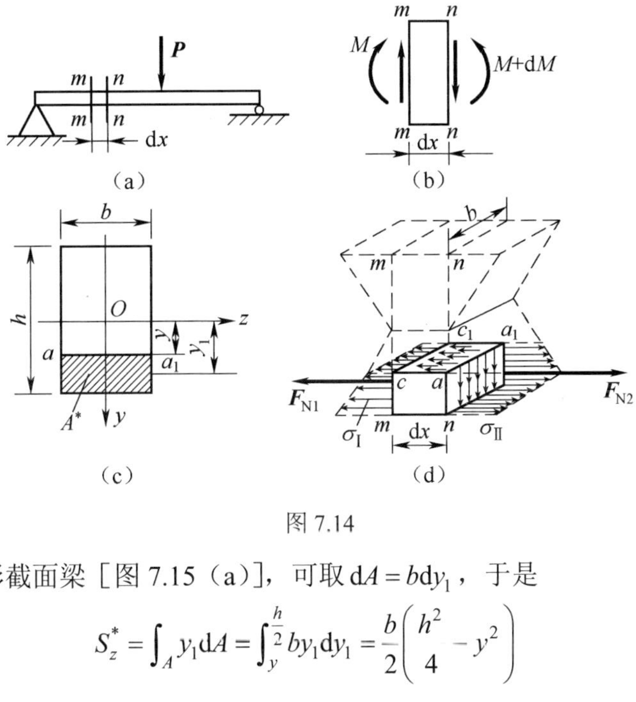

图 7.14

对于矩形截面梁［图 7.15（a）］，可取 $\mathrm{d}A = b\mathrm{d}y_1$，于是

$$S_z^* = \int_A y_1 \mathrm{d}A = \int_y^{\frac{h}{2}} by_1 \mathrm{d}y_1 = \frac{b}{2}\left(\frac{h^2}{4} - y^2\right)$$

这样，式（7.23）可写成

$$\tau = \frac{F_{\mathrm{s}}}{2I_z}\left(\frac{h^2}{4} - y^2\right)$$

上式表明，沿截面高度剪应力 τ 按抛物线规律变化，如图 7.15（b）所示。在截面上、下边缘处，$y = \pm\frac{h}{2}$，τ =0；在中性轴上，z=0，剪应力值最大，其值为

$$\tau_{\max} = \frac{3F_s}{2A}$$

式中，$A=bh$，即矩形截面梁的最大剪应力是其平均切应力的 3/2 倍。

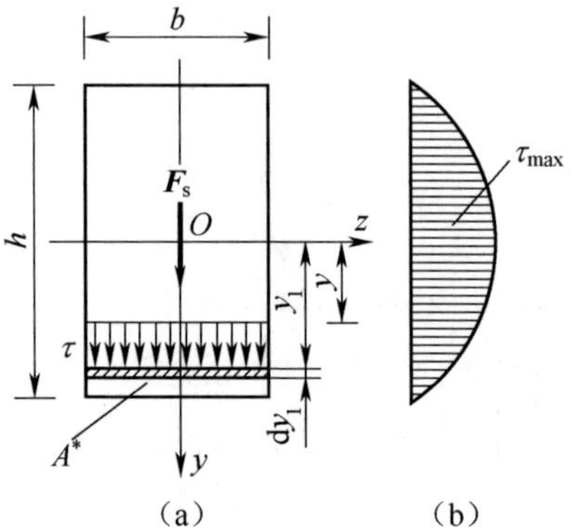

图 7.15

2. 圆形截面梁

在圆形截面（图 7.16）上，任一平行于中性轴的横线 aa_1 两端处，剪应力的方向必切于圆周，并相交于 y 轴上的 c 点。因此，横线上各点剪应力方向是变化的。但在中性轴上各点剪应力的方向皆平行于剪力 F_s，设为均匀分布，其值为最大。由式（7.23）求得

$$\tau_{\max} = \frac{4F_s}{3A} \tag{7.24}$$

式中：$A=\frac{\pi}{4}d^2$，即圆截面的最大剪应力为其平均剪应力的 4/3 倍。

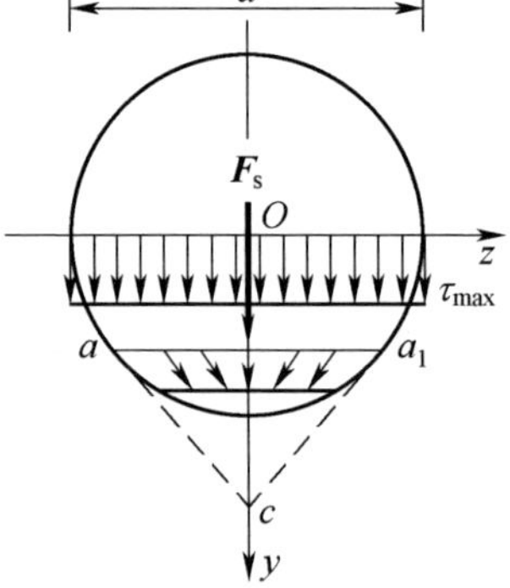

图 7.16

3. 工字形截面梁

工字形截面梁由腹板和翼缘组成。式（7.23）的计算结果表明，在翼缘上剪应力很小，在腹板上剪应力沿腹板高度按抛物线规律变化，如图 7.17 所示。最大剪应力在中性轴上，其值为

$$\tau_{\max} = \frac{F_{\mathrm{s}}(S_z^*)_{\max}}{dI_z}$$

式中：$(S_z^*)_{\max}$ 为中性轴一侧截面面积对中性轴的静矩。对于轧制的工字钢，式中的 $I_z / (S_z^*)_{\max}$ 可以从型钢表中查得。

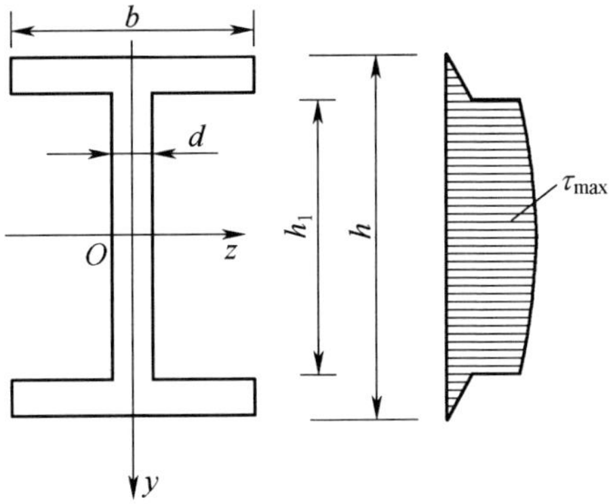

图 7.17

计算结果表明，腹板承担的剪力约为（0.95～0.97）F_{s}，因此也可用下式计算 $\tau_{\max}$ 的近似值：

$$\tau_{\max} \approx \frac{F_{\mathrm{s}}}{h_1 d}$$

式中：h_1 为腹板的高度；d 为腹板的宽度。

现在讨论弯曲切应力的强度校核。一般来说，等截面直梁的 $\tau_{\max}$ 发生在最大剪力 F_{smax} 截面的中性轴上，此处弯曲正应力 $\sigma = 0$，其强度条件为

$$\tau_{\max} = \frac{F_{\mathrm{smax}}(S_z^*)_{\max}}{bI_z} \geqslant [\tau] \tag{7.25}$$

式中：$[\tau]$ 为材料的许用切应力。

细长梁的控制因素通常是弯曲正应力。需要指出的是，对于某些特殊情形，如梁的跨度较小或载荷靠近支座时，焊接或铆接的壁薄截面梁，或梁沿某一方向的抗剪能力较差（木梁的顺纹方向、胶合梁的胶合层）等，还需进行弯曲切应力强度校核。此时，一般先按正应力的强度条件选择截面的尺寸和形状，然后按切应力强度条件校核。

7.8 梁的变形计算

7.8.1 梁的挠曲线近似微分方程

梁在平面弯曲时，其轴线将弯曲成为一条光滑的曲线。根据图 7.18 所示的变形曲线，梁的弯曲变形可以由两个变量来度量：横截面形心沿 y 轴方向的线位移 w，称为该截面的挠度；横截面相对于原位置绕中性轴转过的角位移 θ，称为该截面的转角。在如图 7.18 所示坐标系下规定：挠度向下为正，向上为负；转角顺时针为正，逆时针为负。严格地说，梁的横截面形心还有 x 方向的位移，但由于工程中梁的变形很小，挠曲线是一条非常平坦的曲线，故横截面形心在 x 方向的位移可略去不计。

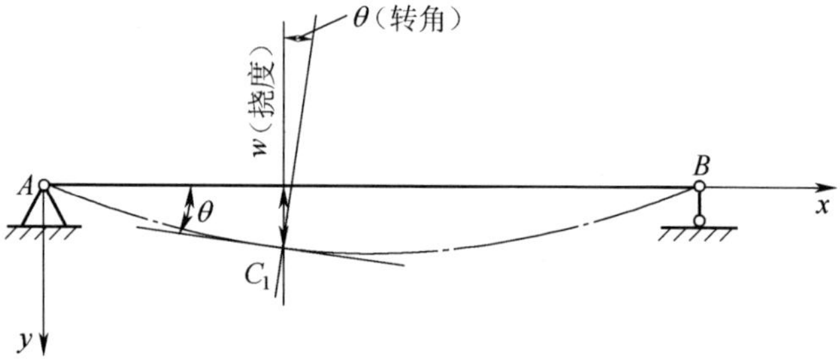

图 7.18

如图 7.18 所示的简支梁，变形后的梁轴线将成为 xy 平面内的一条光滑的曲线，该曲线称作梁的挠曲线，挠曲线方程（或称为挠度方程）可以表示为

$$w = f(x) \tag{7.26}$$

根据平面假设，梁的横截面在变形前垂直于轴线，变形后仍垂直于轴线，所以截面转角 θ 就是挠曲线的法线与 y 轴的夹角，亦即挠曲线的切线与 x 轴的夹角。因为挠曲线是一非常平坦的曲线，θ 是一个非常小的角度，故有

$$\theta \approx \tan\theta = \frac{\mathrm{d}w}{\mathrm{d}x} = f'(x) \tag{7.27}$$

式（7.27）说明，横截面转角近似地等于挠曲线上与该横截面对应的点处切线的斜率。

在推导弯曲正应力时，曾得到梁的中性层的曲率表达式为

$$\frac{1}{\rho} = \frac{M}{EI}$$

对于细长梁，若忽略剪力对弯曲变形的影响，上式仍适用，梁的挠曲线的曲率可表示为

$$\frac{1}{\rho(x)}=\frac{M(x)}{EI}$$

即梁的任一截面处挠曲线的曲率与该截面上的弯矩成正比，与截面的抗弯刚度 EI 成反比。

另外，由高等数学知识知，曲线 $w=f(x)$ 任一点的曲率为

$$\frac{1}{\rho(x)}=\pm\frac{w''}{\left[1+(w')^2\right]^{\frac{3}{2}}}$$

显然，上述关系同样适用于挠曲线。比较以上两式，可得

$$\pm\frac{w''}{\left[1+(w')^2\right]^{\frac{3}{2}}}=\frac{M(x)}{EI}$$

上式称为挠曲线微分方程。这是一个二阶非线性常微分方程，求解是很困难的。而在工程实际中，梁的挠度 w 和转角 θ 数值都很小，因此，$(w')^2$ 之值和 1 相比很小，可以略去不计，于是，该式可简化为

$$\pm w''=\frac{M(x)}{EI}$$

式中左边正负号的选择，与坐标系纵轴的正向选择有关。

在如图 7.19（a）所示的坐标系中，当梁的弯矩 $M>0$ 时，梁的挠曲线二阶导数 $w''>0$，这种情况下上式的左边为正号；在图 7.19（b）所示的坐标系中，当梁的弯矩 $M>0$ 时，梁的挠曲线二阶导数 $w''<0$，这种情况下上式的左边则为负号。本书采用图 7.19（b）所示坐标系，故上式的左边应取负号，即

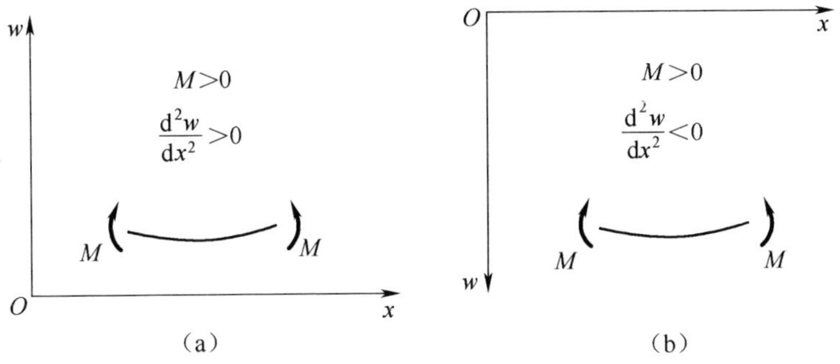

图 7.19

$$w''=-\frac{M(x)}{EI} \tag{7.28}$$

式（7.28）称为梁的挠曲线近似微分方程，解此方程即可求得梁的挠度，同时利用式（7.27），又可求得梁横截面的转角。实践表明，由此方程求得的挠度和转角，对工程计算来说，已足够精确。

7.8.2 积分法求梁的弯曲变形

求解梁的挠曲线近似微分方程，可得到梁的挠度方程和转角方程，并可求出梁任意截面的挠度和转角。这种计算梁的弯曲变形的方法，称为积分法。

因为等直梁的 EI 为常数，所以式（7.28）又可表示为

$$EIw''=-M(x)$$

两边积分，可得梁的转角方程为

$$EIw'=EI\theta=-\int M(x)\mathrm{d}x+C$$

再次积分，即可得到梁的挠曲线方程

$$EIw=-\int(\int M(x)\mathrm{d}x)\mathrm{d}x+Cx+D$$

式中：C 和 D 为积分常数，它们可由梁的边界条件（即支座对梁的挠度和转角的限制）确定。两种典型的边界条件如下：①固定端约束限制线位移和角位移，$w=0$ 和 $\theta=0$；②铰支座只限制线位移，$w=0$。

在学习弯矩方程时我们知道，不同的梁段，弯矩方程的表达式可能是不相同的，所以对式（7.28）需要分段积分，分别解出各段的挠度方程和转角方程。在这种情况下，为了确定各个积分常数，除了需要利用梁的边界条件外，还需要利用梁分段点处的连续性条件。梁的挠曲线是一条连续光滑曲线，在分段点处，相邻两段梁交界处的挠度和转角必然相等。于是，每增加一段就多提供两个确定积分常数的条件，这就是连续性条件。

7.8.3 叠加法求梁的弯曲变形

积分法是求梁弯曲变形的基本方法，但当梁上载荷复杂时，由于弯矩方程式分段较多，积分常数也就较多，确定积分常数就变得十分冗繁，积分法就显得比较烦琐。实际工程中常常只需确定某些特定截面的转角和挠度，因此需要一种更加简便易行的方法。在材料服从胡克定律和小变形的情况下，挠曲线微分方程是线性的，线性方程的解可以用叠加法求得。

设梁上作用着两种载荷，第一种载荷引起的弯矩为 $M_1(x)$，挠度为 $w_1(x)$；第二种载荷引起的弯矩为 $M_2(x)$，挠度为 $w_2(x)$。在材料服从胡克定律和小变形的情

况下，两种载荷共同作用时所引起的弯矩 $M(x)=M_1(x)+M_2(x)$ 。当两种载荷单独作用时，挠曲线微分方程分别为

$$EIw_1''=-M_1(x)$$

$$EIw_2''=-M_2(x)$$

将以上两个式子相加，得

$$EI(w_1+w_2)''=-M_1(x)-M_2(x) \tag{7.29}$$

两种载荷同时作用时的挠曲线微分方程为

$$EIw''=-M(x) \tag{7.30}$$

比较式（7.29）、式（7.30），得

$$w(x)=w_1(x)+w_2(x)$$

两边同时求导得

$$\theta(x)=\theta_1(x)+\theta_2(x)$$

由此可知，梁上几种载荷共同作用时的挠度或转角，等于几种载荷各自单独作用时的挠度或转角的代数和。这就是求挠度或转角的叠加法。为了方便使用，将梁在简单载荷作用下的变形汇总于表 7.1 中。

表 7.1

序号	梁的简图	挠曲线方程	转角和挠度
1	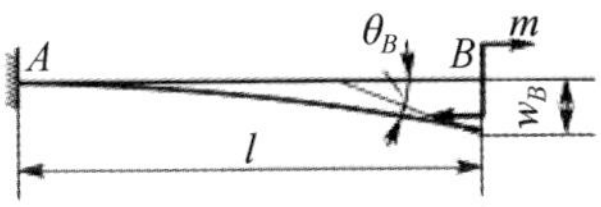	$w=\dfrac{mx^2}{2EI_z}$	$\theta_B=\dfrac{ml}{EI_z}$ $w_B=\dfrac{ml^2}{2EI_z}$
2	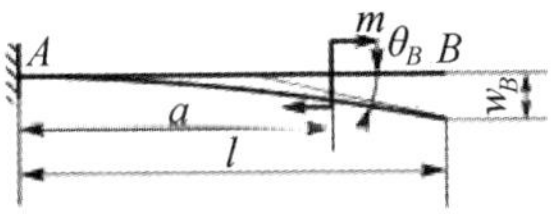	$w=-\dfrac{mx^2}{2EI_z}$，$0\leqslant x\leqslant a$ $w=-\dfrac{ma}{EI_z}\left[(x-a)+\dfrac{a}{2}\right]$， $a\leqslant x\leqslant l$	$\theta_B=\dfrac{ma}{EI_z}$ $w_B=\dfrac{ma}{EI_z}\left(l-\dfrac{a}{2}\right)$
3	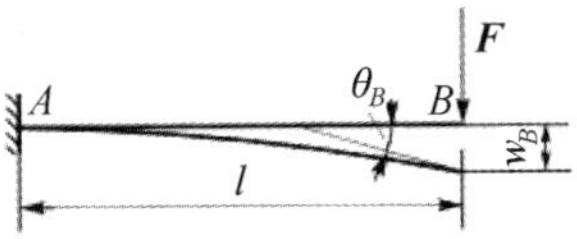	$w=-\dfrac{Fx^2}{6EI_z}(3l-x)$	$\theta_B=\dfrac{Fl^2}{2EI_z}$ $w_B=\dfrac{Fl^3}{3EI_z}$
4	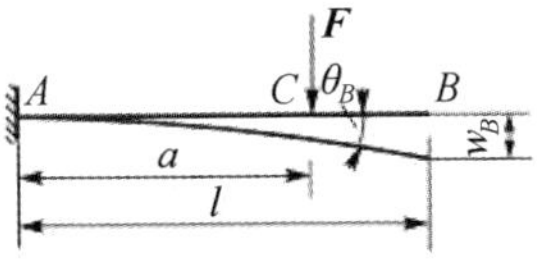	$w=-\dfrac{Fx^2}{6EI_z}(3a-x)$，$0\leqslant x\leqslant a$ $w=-\dfrac{Fa^2}{6EI_z}(3x-a)$，$a\leqslant x\leqslant l$	$\theta_B=\dfrac{Fa^2}{2EI_z}$ $w_B=\dfrac{Fa^3}{6EI_z}(3l-a)$

续表

序号	梁的简图	挠曲线方程	转角和挠度
5	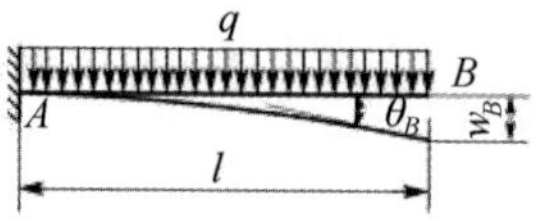	$w=-\dfrac{qx^2}{24EI_z}(x^2-4lx+6l^2)$	$\theta_B=\dfrac{ql^3}{6EI_z}$ $w_B=\dfrac{ql^4}{8EI_z}$
6	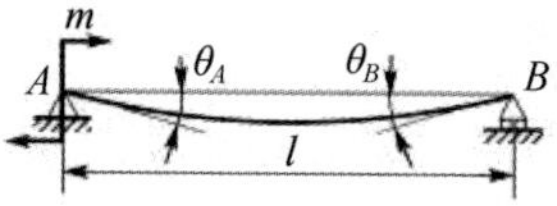	$w=-\dfrac{qx^2}{24EI_z}(x^2-4lx+6l^2)$	$\theta_A=-\dfrac{ml}{3EI_z}$ $\theta_B=\dfrac{ml}{6EI_z}$ $x=\left(1-\dfrac{1}{\sqrt{3}}\right)l$ $w_{\max}=\dfrac{ml^2}{9\sqrt{3}EI_z}$ $x=\dfrac{l}{2}$，$w_{\frac{l}{2}}=-\dfrac{ml^2}{16EI_z}$
7	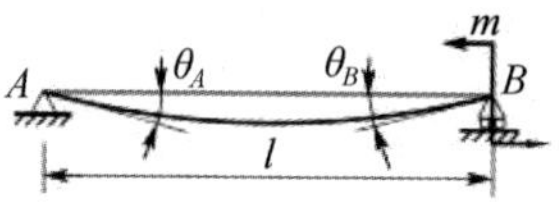	$w=-\dfrac{mx}{6EI_zl}(l^2-x^2)$	$\theta_A=-\dfrac{ml}{6EI_z}$ $\theta_B=\dfrac{ml}{3EI_z}$ $x=\dfrac{1}{\sqrt{3}}$ $w_{\max}=\dfrac{ml^2}{9\sqrt{3}EI_z}$ $x=\dfrac{l}{2}$，$w_{\frac{l}{2}}=-\dfrac{ml^2}{16EI_z}$
8	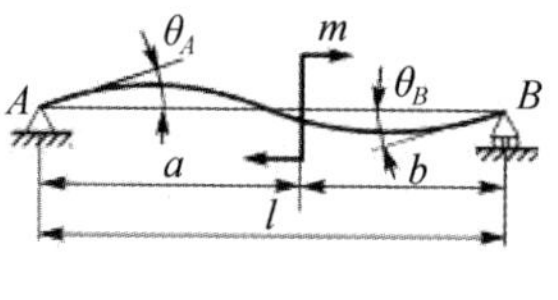	$w=-\dfrac{mx}{6EI_zl}(l^2-x^2)$， $0\leqslant x\leqslant a$ $w=-\dfrac{m}{6EI_zl}[(-x^3+3l(x-a)^2$ $+(l^2-3b^2)x]$，$a\leqslant x\leqslant l$	$\theta_A=\dfrac{m}{6EI_zl}(l^2-3b^2)$ $\theta_B=\dfrac{m}{6EI_zl}(l^2-3a^2)$
9	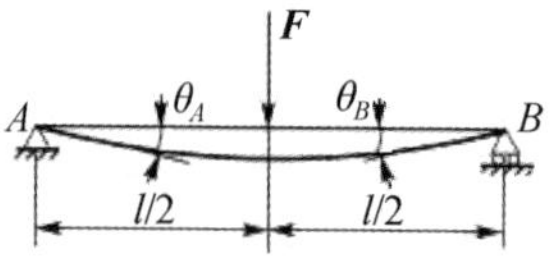	$w=-\dfrac{Fx}{48EI_z}(3l^2-4x^2)$， $0\leqslant x\leqslant\dfrac{1}{2}$	$\theta_A=-\theta_B=-\dfrac{Fl^2}{16EI_z}$ $w_{\max}=-\dfrac{Fl^3}{48EI_z}$

续表

序号	梁的简图	挠曲线方程	转角和挠度
10	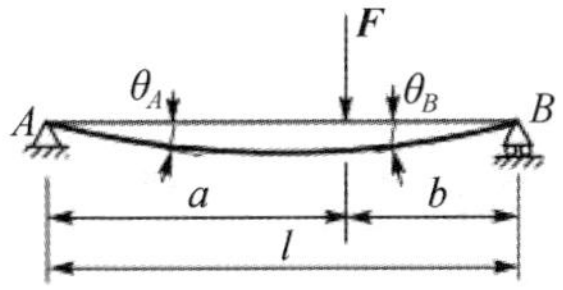	$w=-\frac{Fbx}{6EI_z l}(l^2-x^2-b^2)$, $0\leqslant x\leqslant a$ $w=-\frac{Fb}{6EI_z l}\left[\frac{1}{6}(l+a)^3+(l^2-b^2)x-x^2\right]$, $a\leqslant x\leqslant l$	$\theta_A=-\frac{Fab(l+b)}{6EI_z l}$ $\theta_B=\frac{Fab(l+a)}{6EI_z l}$ 设 $a>b$，在 $x=\sqrt{\frac{l^2-b^2}{3}}$ 处， $w_{\max}=\frac{Fb(l^2-b^2)^{3/2}}{9\sqrt{3}EI_z l}$ 在 $x=\frac{l}{2}$ 处， $w_{\frac{l}{2}}=-\frac{Fb(3l^2-4b^2)}{48EI_z}$
11	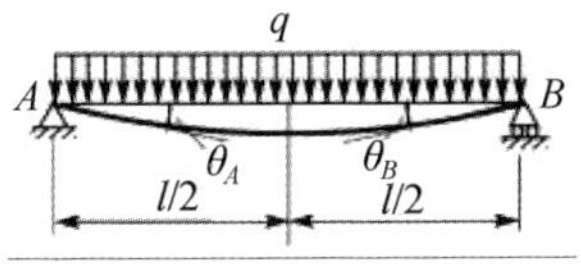	$w=-\frac{qx^2}{24EI_z}(l^3-x^2-b^3)$	$\theta_A=-\theta_B=-\frac{ql^2}{24EI_z}$ $w_{\max}=-\frac{5ql^3}{384EI_z}$
12	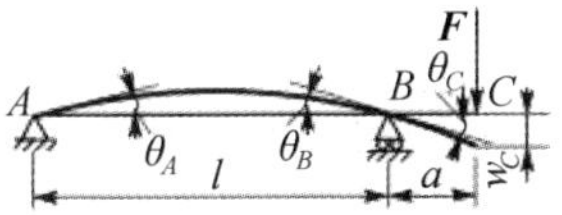	$w=-\frac{Fbx}{6EI_z l}(l^2-x^2)$, $0\leqslant x\leqslant a$ $w=-\frac{F(x-l)}{6EI_z}[a(3x-l)-(x-l)^2]$, $l\leqslant x\leqslant (l+a)$	$\theta_A=-\frac{1}{2}\theta_B=\frac{Fal}{6EI_z}$ $\theta_C=-\frac{Fa}{6EI_z}(2l+3a)$ $w_C=-\frac{Fa^2}{3EI_z}(l+a)$
13	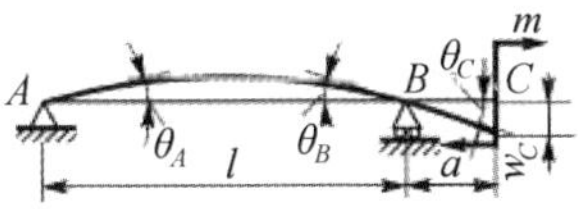	$w=-\frac{mx}{6EI_z l}(x^2-l^2)$, $0\leqslant x\leqslant l$ $w=-\frac{m}{6EI_z}(3x^2-4xl^2-F)$, $l\leqslant x\leqslant (l+a)$	$\theta_A=-\frac{1}{2}\theta_B=\frac{ml}{6EI_z}$ $\theta_C=-\frac{m}{3EI_z}(l+3a)$ $w_C=-\frac{ma}{6EI_z}(2l+3a)$

7.9 梁的刚度条件和提高梁刚度的措施

7.9.1 梁的刚度条件

为保证梁能够安全正常地工作，除了使梁具有足够的强度之外，还应使梁具有足够的刚度，因为在很多情况下当变形超过一定限度时，梁的正常工作条件将得不到保证。例如，桥梁的挠度过大，会在机车通过时，使桥梁发生很大的震动；机床中的主轴挠度过大，会影响对工件的加工精度；传动轴在机座处的转角过大，将使轴承发生严重磨损；水工闸门主横梁的挠度和转角过大，将使闸门的启闭产生困难或在水流通过时发生很大的震动。所以，要求梁的变形应满足一定的要求，即梁的刚度条件为

$$\left.\begin{aligned}\frac{w_{\max}}{l} &\leqslant \frac{[w]}{l}\\ \theta_{\max} &\leqslant [\theta]\end{aligned}\right\} \tag{7.31}$$

式中：$\frac{[w]}{l}$为构件的许用挠度与跨长之比值，$[\theta]$为构件的许用转角。

在不同专业中，对于杆件弯曲变形许用值的规定一般不同。例如，在土木工程中，$\frac{[w_{\max}]}{l}$的值常限制在$\frac{1}{1000}\sim\frac{1}{250}$范围内；在机械制造工程中，对重要的轴，$\frac{[w_{\max}]}{l}$的值则限制在$\frac{1}{10000}\sim\frac{1}{5000}$范围内；对传动轴在支座处的转角，许用值$[\theta]$一般限制在0.001～0.005rad范围内。

例7.2 简支梁如图7.20所示，跨度$l = 8\text{m}$，$\frac{[w]}{l}=\frac{1}{500}$，弹性模量$E = 210\text{GPa}$，采用20a工字钢，试根据梁的刚度条件确定容许载荷$[q]$。

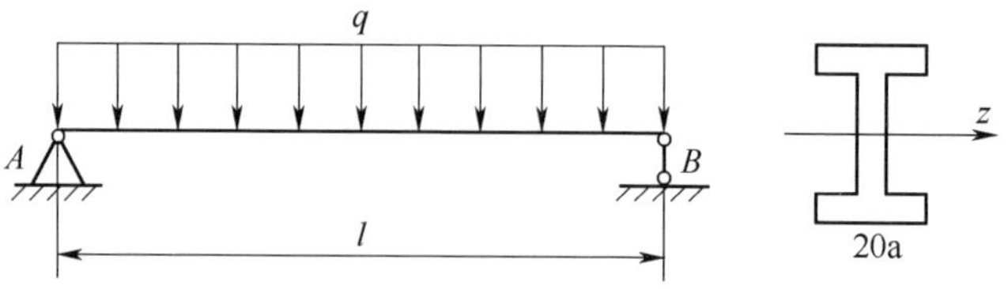

图 7.20

解：查表得20a工字钢的惯性矩$I_z = 2370\,\text{cm}^4$，抗弯截面系数$W_z = 237\,\text{cm}^3$，

由刚度条件，跨中最大挠度

$$w_{\max}=\frac{5ql^4}{384EI_z}\leqslant\frac{l}{500}$$

可得

$$q\leqslant\frac{384EI_z}{5\times500l^3}$$

则

$$[q]=\frac{384EI_z}{5\times500l^3}=1.5\,\text{kN/m}$$

7.9.2　提高梁刚度的措施

从梁的弯曲变形结果可以看出，变形量与所受的载荷成正比，与梁的抗弯刚度成反比，与梁的跨度的 n 次方成正比。所以，为了减小梁的变形，即提高梁的弯曲刚度，可采取以下措施。

1. 减小梁的跨度或增加支承

在条件允许的情况下，减小梁的跨度是提高弯曲刚度的有效措施。如果不允许减小梁的长度，可增加梁的支承以相对减小梁的跨度。例如，变速箱的传动轴就采用了增加中间支承以变相缩小跨度的办法，如图 7.21 所示。又如，在车削长轴时增加顶尖支承（图 7.22），也采用了增加梁的支承的方法。

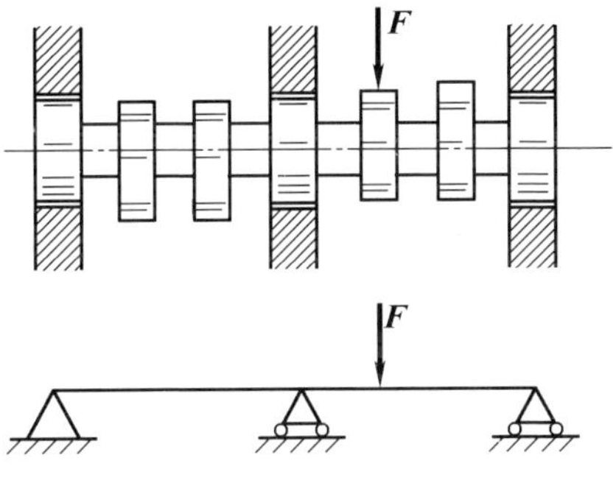

图 7.21

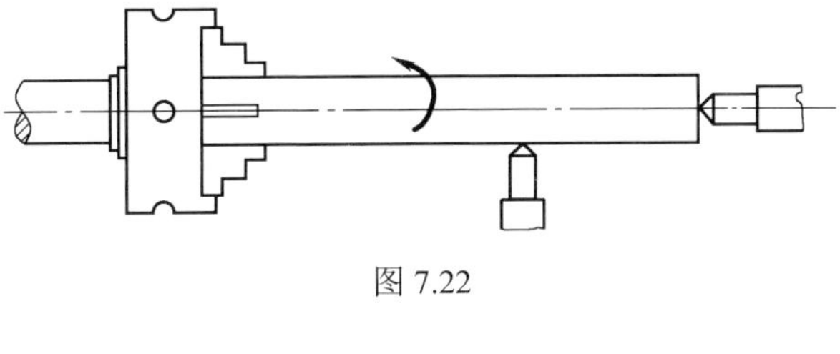

图 7.22

2. 选择合理截面

由于各种钢材的弹性模量 E 相差很小，故选用优质钢材并不能有效提高梁的弯曲刚度。因此，主要方法是增大截面的惯性矩 I。即选用合理截面，使用比较小的截面面积获得较大的惯性矩来提高梁的弯曲刚度。所以，工程中多采用工字形、圆环形和箱形等截面形式。例如，自行车车架用圆管代替实心圆杆，不仅增加了车架的强度，也提高了车架的抗弯刚度。又如，机床的立柱采用空心薄壁箱形截面（图 7.23），其目的也是通过增加截面的惯性矩来提高抗弯刚度。

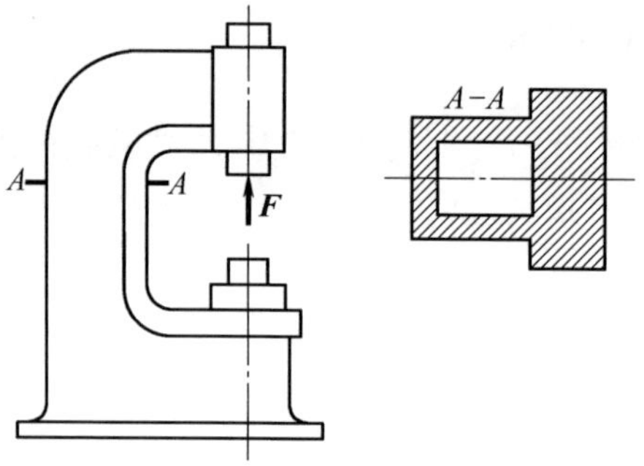

图 7.23

扩展阅读：赵州桥

赵州桥，位于河北省石家庄市赵县城南洨河之上，因赵县古称赵州而得名。赵州桥始建于隋代，由匠师李春设计建造，已有 1400 余年历史，桥长五十多米，有九米多宽，中间行车马，两旁走人。

赵州桥建造中选用了附近州县生产的质地坚硬的青灰色砂石作为石料，采用圆弧拱形式。桥下面没有桥墩，只有一个拱形的大桥洞，大桥洞顶上的左右两边，各有两个拱形的小桥洞。平时，河水从大桥洞流过，发大水的时候，河水还可以从四个小桥洞流过。

桥的主孔净跨度为 37.02 米，而拱高只有 7.23 米，拱高和跨度之比为 1:5 左右，这样就实现了低桥面和大跨度的双重目的。施工时采用纵向并列砌置法，整个大桥由 28 道各自独立的拱券沿宽度方向并列组合在一起，每道券独立砌置，可灵活地针对每一道拱券进行施工。为加强各道拱券间的横向联系，使 28 道拱组成一个有机整体，连接紧密牢固。赵州桥建造采用了一系列技术措施：每一拱券采用“下宽上窄，略有收分”方法，使每个拱券向里倾斜、相互挤靠，增强其横向联系，防止拱石向外倾倒；在桥的宽度上采用“少量收分”方法，从桥两端到桥顶逐渐收缩桥宽度，加强桥的稳定性。在靠外侧的几道拱石上和两端小拱上盖有护拱石一层，以保护拱石；在护拱石的两侧设有勾石 6 块，勾住主拱石使其连接牢固。为使相邻拱石紧密贴合，在主孔两侧外券相邻拱石之间设有起连接作用的“腰铁”，各道券之间的相邻石块也都在拱背设有“腰铁”，把拱石连锁起来；每块拱石的侧面凿有细密斜纹以增大摩擦力，加强各券横向联系。

赵州桥是世界上现存年代久远、跨度最大、保存最完整的单孔坦弧敞肩石拱桥，其建造工艺独特，在世界桥梁史上首创“敞肩拱”结构形式，具有较高的科学研究价值。赵州桥的设计施工符合力学原理，结构合理，体现了中国古代科学技术上的巨大成就，是我国宝贵的历史文化遗产。

第 8 章　应力状态分析与强度理论

8.1　应力状态概述

在前面的章节中，我们讨论了杆件在基本变形时横截面上的应力分布情况，并依据横截面上的应力及相应的实验结果，建立了只有正应力或只有切应力作用时的强度条件。但这些对进一步分析构件的强度问题是远远不够的。

例如，如图 8.1（a）所示的简支梁，在危险截面上距中性轴最远的点正应力最大，切应力等于零；在中性轴的各点切应力最大而正应力等于零，如图 8.1（c）、（d）所示；而腹板与翼缘的交接点处，既有正应力又有切应力，当需要考虑这些点处的强度时，应该如何进行强度计算？并且，材料的破坏并不总是沿横截面破坏。例如，在低碳钢拉伸实验中，屈服时表面会出现与轴线成 45°的滑移线；铸铁圆轴扭转时，会沿 45°螺旋面破坏。上述实验表明，构件的破坏还与斜截面上的应力有关。因此，有必要全面地研究受力构件内一点处的应力变化规律。

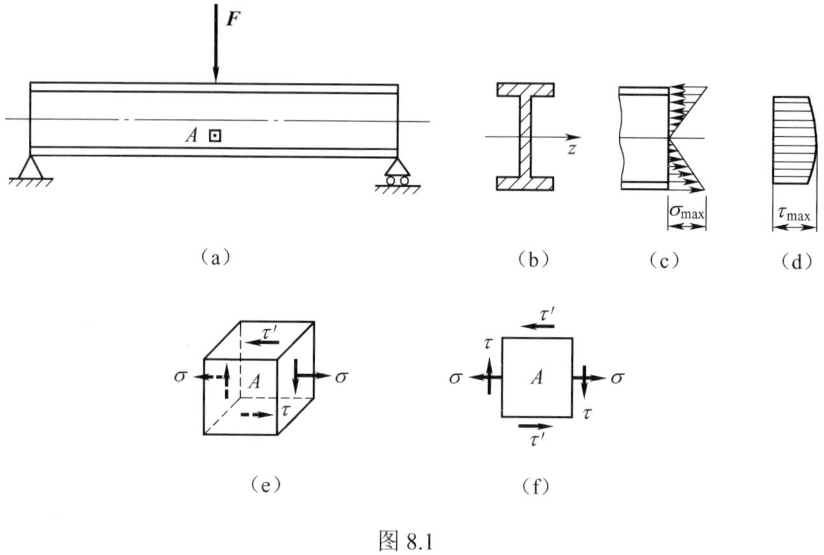

图 8.1

一般情况下，通过受力构件内不同方位截面上的应力是不同的。受力构件内一点处不同方位的截面上应力的集合，称为一点的应力状态。研究一点的应力状态，目的在于寻找该点处应力的最大值及其所在截面的位置，为解决复杂应力状态下杆件的强度问题提供理论依据。

为了研究受力构件内某一点的应力状态，可以围绕该点截取一微小正六面体，称为单元体。当单元体的各边长趋于零时，便代表一个点。由于单元体在三个方向上的尺寸均为无穷小量，故可以认为，单元体各个面上的应力都是均匀分布的，且在单元体的相互平行的截面上，应力的大小和性质都是相同的。例如，研究图 8.1（a）所示梁内 A 点应力状态，围绕 A 点用一对横截面和两对与杆件轴线平行的纵向截面切出一个单元体，如图 8.1（e）所示。由于该单元体的前、后两个面上的应力等于零，因此可用平面图形表示，如图 8.1（f）所示。

围绕受力构件内一点取单元体，在单元体的三个相互垂直的平面上都无切应力，如图 8.2 所示。这种切应力等于零的平面称为主平面，主平面上的正应力称为主应力，主平面的法线方向称为主方向。可以证明：过受力构件内的任意点一定可以找到由三个相互垂直的主平面组成的单元体（称为主单元体），其上三个主应力用 σ_1、σ_2 和 σ_3 表示，且规定按代数值大小的顺序来排列，即 $\sigma_1 \geqslant \sigma_2 \geqslant \sigma_3$。

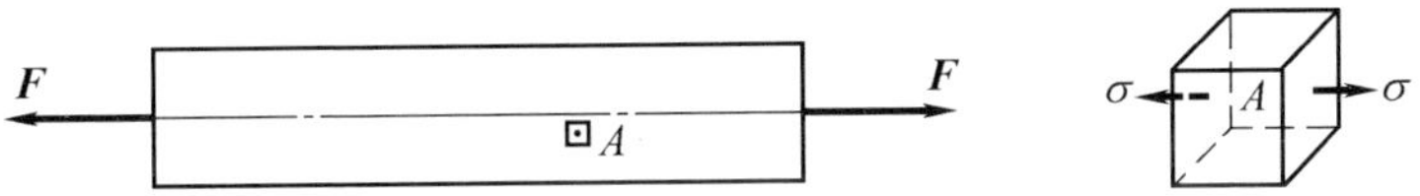

（a）　（b）

图 8.2

对于轴向拉伸（压缩），三个主应力中只有一个不等于零，如图 8.2（b）所示，称为单向应力状态。若三个主应力中有两个不等于零，则称为二向或平面应力状态，如充压气瓶与气缸中，筒壁表面上 K 点的应力状态，如图 8.3（b）所示。当三个主应力皆不等于零时，称为三向或空间应力状态，如滚珠轴承中，滚珠与外圈的接触点 A 的应力状态，如图 8.4（b）所示。单向应力状态也称为简单应力状态，二向和三向应力状态统称为复杂应力状态。应该注意的是，一点的应力状态的类型必须在计算主应力之后根据主应力的情况确定。

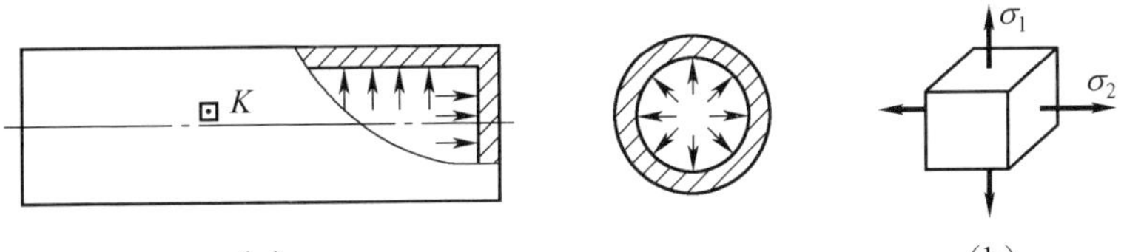

（a）　（b）

图 8.3

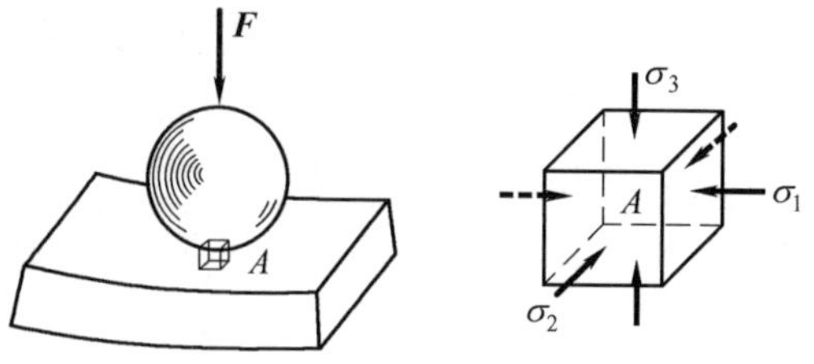

（a）　　　　（b）

图 8.4

8.2　平面应力状态分析

8.2.1　解析法

如图 8.5（a）所示单元体为平面应力状态的一般情况。在 x 截面（垂直于 x 轴的截面）上作用正应力 σ_x 和切应力 τ_{xy}，在 y 截面（垂直于 y 轴的截面）上作用正应力 σ_y 和切应力 τ_{yx}，在前、后的两个截面上正应力和切应力均为零。为了简化，可用 8.5（b）所示的平面图来表示。根据切应力互等定理，τ_{xy} 和 τ_{yx} 的数值相等。因此，独立的应力分量只有三个：σ_x、σ_y 和 τ_{xy}。

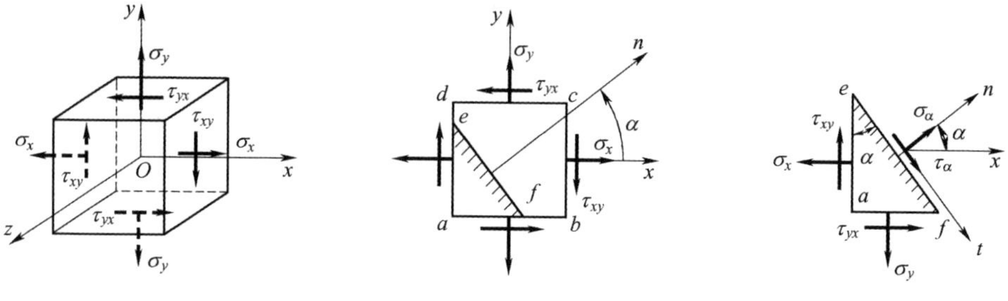

（a）　　　　（b）　　　　（c）

图 8.5

切应力 τ_{xy}（或 τ_{yx}）有两个下标，第一个下标 x（或 y）表示切应力作用平面的法线方向，第二个下标 y（或 x）则表示切应力的方向平行于 y（或 x）轴。关于应力的正负号规定：正应力以拉应力为正，压应力为负；切应力 τ_{xy}（或 τ_{yx}）以其对单元体内任一点的矩顺时针转向为正，逆时针转向为负。

本小节研究在σ_x、σ_y和τ_{xy}皆已知的情况下，如何用解析法确定平面应力状态单元体内任意斜截面上的应力，从而确定主应力和主平面。

1. 任意斜截面上的应力

考虑与 xy 平面垂直的任一斜截面 ef［图 8.5（b）］，设其外法线 n 与 x 轴的夹角为α，简称为α截面，并规定：从 x 轴逆时针转到截面的外法线 n 时为正，反之为负。利用截面法，沿截面 ef 将单元体切成两部分，研究 aef 部分的平衡，如图 8.5（c）所示。设斜截面 ef 上正应力和切应力分别为σ_α和τ_α，ef 面的面积为 $\mathrm{d}A$。将作用于 aef 部分上的力分别向 ef 面的外法线 n 和切线 t 上投影，得

$$\sum F_n = 0,\quad \sigma_\alpha \mathrm{d}A + (\tau_{xy}\mathrm{d}A\cos\alpha)\sin\alpha - (\sigma_x \mathrm{d}A\cos\alpha)\cos\alpha + (\tau_{yx}\mathrm{d}A\sin\alpha)\cos\alpha - (\sigma_y \mathrm{d}A\sin\alpha)\sin\alpha = 0$$

$$\sum F_t = 0,\quad \tau_\alpha \mathrm{d}A - (\tau_{xy}\mathrm{d}A\cos\alpha)\cos\alpha - (\sigma_x \mathrm{d}A\cos\alpha)\sin\alpha + (\tau_{yx}\mathrm{d}A\sin\alpha)\sin\alpha + (\sigma_y \mathrm{d}A\sin\alpha)\cos\alpha = 0$$

由于τ_{xy}和τ_{yx}在数值上相等，因此以τ_{xy}替换τ_{yx}，并简化上列两平衡方程，即得α斜截面上的应力计算公式

$$\sigma_\alpha = \frac{\sigma_x + \sigma_y}{2} + \frac{\sigma_x - \sigma_y}{2}\cos 2\alpha - \tau_{xy}\sin 2\alpha \tag{8.1}$$

$$\tau_\alpha = \frac{\sigma_x - \sigma_y}{2}\sin 2\alpha + \tau_{xy}\cos 2\alpha \tag{8.2}$$

可见，斜截面上的应力（σ_α和τ_α）随α角的变化而变化，它反映了在平面应力状态下，一点不同方位斜截面上的应力变化规律，即一点的应力状态。

2. 主平面和主应力

利用式（8.1）和式（8.2）可以确定正应力和切应力的极值，并确定它们所在平面的位置。将式（8.1）对α求导数，得

$$\frac{\mathrm{d}\sigma_\alpha}{\mathrm{d}\alpha} = -2\left(\frac{\sigma_x - \sigma_y}{2}\sin 2\alpha + \tau_{xy}\cos 2\alpha\right) \tag{8.3}$$

对于斜截面上的正应力σ_α，设$\alpha = \alpha_0$时，能使$\frac{\mathrm{d}\sigma_\alpha}{\mathrm{d}\alpha} - 0$，则在$\alpha_0$所在的截面上，正应力取得极值。即

$$\frac{\sigma_x - \sigma_y}{2}\sin 2\alpha_0 + \tau_{xy}\cos 2\alpha_0 = 0 \tag{8.4}$$

与式（8.2）比较可知，正应力极值所在截面上的切应力等于零，即正应力极值所在的截面为主平面。由此得出

$$\tan 2\alpha_0 = \frac{-2\tau_{xy}}{\sigma_x - \sigma_y} \tag{8.5}$$

由式（8.5）可以求出相差 90°的两个方位角α_0，在它们所确定的两个互相垂直的平面上，一个为最大正应力所在的平面，另一个为最小正应力所在的平面。由式（8.5）可以求出$\sin 2\alpha_0$和$\cos 2\alpha_0$，将其代入式（8.1）求得最大主应力及最小主应力

$$\left.\begin{array}{l}\sigma_{\max} \\ \sigma_{\min}\end{array}\right\} = \frac{\sigma_x + \sigma_y}{2} \pm \sqrt{\left(\frac{\sigma_x - \sigma_y}{2}\right)^2 + \tau_{xy}^2} \tag{8.6}$$

应用式（8.5）和（8.6），就可以直接计算出两个主应力及主平面所在的位置。在平面应力状态中，有一个主应力已知为零，比较$\sigma_{\max}$、$\sigma_{\min}$和 0 的代数值大小，便可以确定三个主应力σ_1、σ_2和σ_3。

在以上的分析中，并没有确定与$\sigma_{\max}$和$\sigma_{\min}$所对应的主平面。如约定用σ_x表示两个正应力中代数值较大的一个，即$\sigma_x \geqslant \sigma_y$，则式（8.5）中所确定的两个角度$\alpha_0$中，绝对值较小的一个确定$\sigma_{\max}$所在的主平面。

3. 极限切应力及所在平面

按照与上述类似的方法，可以确定切应力的极值及所在平面。将式（8.2）对α求导数，得

$$\frac{\mathrm{d}\tau_\alpha}{\mathrm{d}\alpha} = (\sigma_x - \sigma_y)\cos 2\alpha - 2\tau_{xy}\sin 2\alpha \tag{8.7}$$

设$\alpha = \alpha_1$时，导数$\frac{\mathrm{d}\tau_\alpha}{\mathrm{d}\alpha} = 0$，即

$$(\sigma_x - \sigma_y)\cos 2\alpha_1 - 2\tau_{xy}\sin 2\alpha_1 = 0 \tag{8.8}$$

则α_1所确定的斜截面上，切应力取得极值。由此求得

$$\tan 2\alpha_1 = \frac{\sigma_x - \sigma_y}{2\tau_{xy}} \tag{8.9}$$

由式（8.9）可以得到两个相差 90°的α_1截面，从而可以确定两个相互垂直的平面，分别作用最大切应力和最小切应力。由式（8.9）可解出$\sin 2\alpha_1$和$\cos 2\alpha_1$，将其代入式（8.2），求得切应力的最大值和最小值为

$$\left.\begin{array}{l}\tau_{\max} \\ \tau_{\min}\end{array}\right\} = \pm\sqrt{\left(\frac{\sigma_x - \sigma_y}{2}\right)^2 + \tau_{xy}^2} \tag{8.10}$$

比较式（8.5）和式（8.9）可知，α_0和α_1相差 45°，这说明切应力极值所在平面与主平面成 45°角。

8.2.2 图解法

平面应力状态除了采用解析法外，也可采用图解法进行分析，且图解法简明直观，易掌握。

由式（8.1）和式（8.2）可知，应力σ_α和τ_α均为α的函数，说明σ_α和τ_α之间存在确定的函数关系。为了建立σ_α和τ_α之间的直接关系式，将式（8.1）和式（8.2）改写为

$$\sigma_\alpha-\frac{\sigma_x+\sigma_y}{2}=\frac{\sigma_x-\sigma_y}{2}\cos 2\alpha-\tau_{xy}\sin 2\alpha$$

$$\tau_\alpha=\frac{\sigma_x-\sigma_y}{2}\sin 2\alpha+\tau_{xy}\cos 2\alpha$$

将以上两式等号两边各自平方，然后相加便可消去α，得

$$\left(\sigma_\alpha-\frac{\sigma_x+\sigma_y}{2}\right)^2+\tau_\alpha^2=\left(\sqrt{\left(\frac{\sigma_x-\sigma_y}{2}\right)^2+\tau_{xy}}\right)^2 \tag{8.11}$$

因为σ_x、σ_y和τ_{xy}皆为已知量，所以在以σ为横坐标轴、τ为纵坐标轴的坐标平面内，式(8.11)的轨迹为圆，其圆心为$\left(\frac{\sigma_x+\sigma_y}{2},\ 0\right)$，半径为$\sqrt{\left(\frac{\sigma_x-\sigma_y}{2}\right)^2+\tau_{xy}^2}$。圆周上任一点的横、纵坐标则分别代表单元体内方位角为α的斜截面上的正应力σ_α和切应力τ_α。此圆称为应力圆，是德国工程师莫尔于 1882 年首先提出的，因此也称为莫尔圆。

现以如图 8.6 所示的平面应力状态为例，进一步说明应力圆的绘制及应用。

在σ-τ直角坐标系中，按一定的比例尺量取横坐标$\overline{OA}=\sigma_x$，纵坐标$\overline{AD}=\tau_{xy}$，确定D点，该点坐标代表以x轴为法线的面上的应力；量取横坐标$\overline{OB}=\sigma_y$，纵坐标$\overline{BD'}=\tau_{yx}$，确定D'点，τ_{yx}和τ_{xy}数值相等，故该点坐标代表以y轴为法线的面上的应力。直线DD'与坐标轴σ的交点为C点，以C点为圆心，以$\overline{CD}$或$\overline{CD'}$为半径作圆，即为应力圆，这就是应力圆的一般画法。

可以证明：单元体内任意斜截面上的应力都对应应力圆上的一个点。例如，由x轴到任意斜截面的外法线n的夹角为逆时针的α角。对应地，在应力圆上，从D点沿应力圆逆时针转2α得E点，则E点的坐标就代表外法线为n的斜截面上的应力。建议读者自行证明。

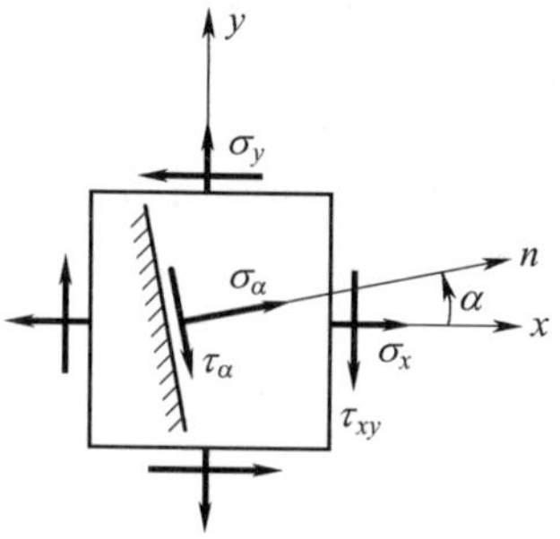

（a）

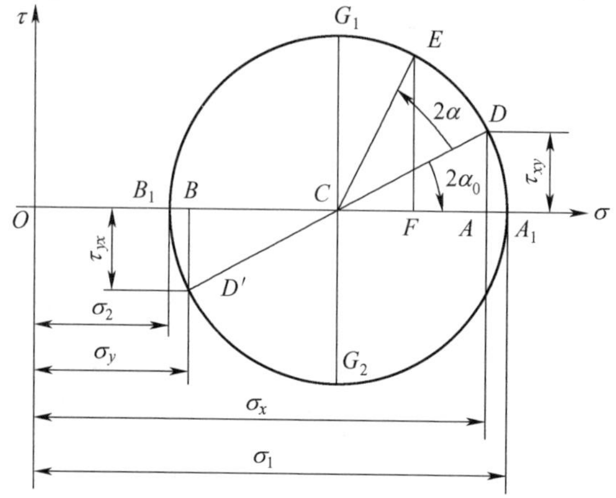

（b）

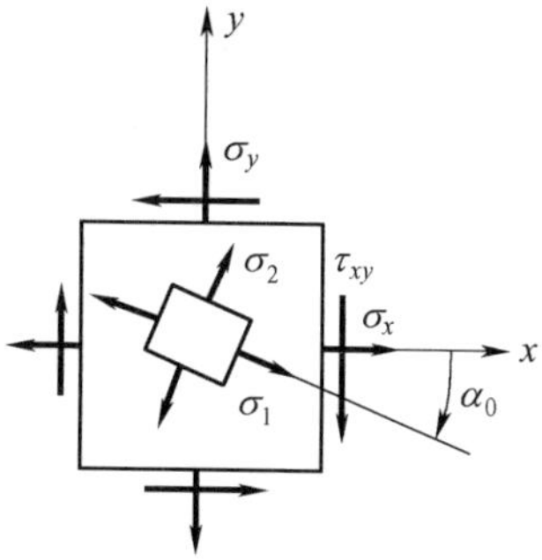

（c）

图 8.6

用图解法对平面应力状态进行分析时，需要强调的是应力圆上的点与单元体上的面之间的相互对应关系，即：应力圆上一点的坐标对应着单元体上某一截面上的应力值；应力圆上两点之间的圆弧所对应的圆心角为2α，对应着单元体上该两截面外法线之间的夹角为α，且旋转方向相同。因此，应力圆上的点与单元体内面的对应关系可概括为：点面对应，基准一致，转向相同，倍角关系。

利用应力圆同样可以方便地确定主应力和主平面。如图 8.6 所示，应力圆与坐标轴σ交于A_1点和B_1点，两点的横坐标分别为最大值和最小值，而纵坐标等于零。这表明：在平行于z轴的所有截面中，最大正应力与最小正应力所在的截面相互垂直，且最大正应力与最小正应力分别为

$$\left.\begin{array}{l}\sigma_{\max}\\ \sigma_{\min}\end{array}\right\}=\overline{OC}\pm\overline{CA_1}=\frac{\sigma_x+\sigma_y}{2}\pm\sqrt{\left(\frac{\sigma_x-\sigma_y}{2}\right)^2+\tau_{xy}^2} \tag{8.12}$$

式（8.12）与式（8.6）完全吻合。而最大主应力所在截面的方位角 α_0，也可从应力圆中得到，即

$$\tan 2\alpha_0=\frac{\overline{DA}}{\overline{CA}}=-\frac{\tau_{xy}}{\frac{\sigma_x-\sigma_y}{2}}=-\frac{2\tau_{xy}}{\sigma_x-\sigma_y} \tag{8.13}$$

式（8.13）中，负号表示由 x 截面至最大正应力作用面为顺时针方向。

若在应力圆上，由 D 点到 A 点所对应的圆心角为顺时针的 $2\alpha_0$，则由点面对应关系知，在单元体上，由 x 轴按顺时针转向量取 α_0，即得 $\sigma_{\max}$ 所在的主平面位置。

由图 8.6 还可以看出，应力圆上还存在另外两个极值点 G_1 和 G_2，它们的纵坐标分别代表切应力极大值 $\tau_{\max}$ 和极小值 $\tau_{\min}$。这表明：在平行于 z 轴的所有截面中，切应力的最大值与最小值分别为

$$\left.\begin{array}{l}\tau_{\max}\\ \tau_{\min}\end{array}\right\}=\pm\sqrt{\left(\frac{\sigma_x-\sigma_y}{2}\right)^2+\tau_{xy}^2} \tag{8.14}$$

式（8.14）与式（8.9）完全吻合。其所在截面也相互垂直，并与正应力极值截面成 45°角。

8.3　空间应力状态简介

受力构件内一点处的应力状态，最一般的情况是所取单元体的三对平面上都有正应力和切应力，而切应力可以分解为沿坐标轴方向的两个分量，如图 8.7 所示。这种单元体所代表的应力状态，称为一般的空间应力状态。

在空间应力状态的 9 个应力分量中，由切应力互等定理知，独立的应力分量只有 6 个，即 σ_x、σ_y、σ_z、τ_{xy}、τ_{yz} 和 τ_{zx}。可以证明：在受力构件内的任一点处一定可以找到一个单元体，其三对相互垂直的平面均为主平面，三对主平面上的应力均为主应力，分别为 σ_1、σ_2 和 σ_3。

对于空间应力状态，本节只讨论受力构件内一点处的三个主应力 σ_1、σ_2、σ_3 均已知时，来确定该点处的最大正应力和最大切应力，如图 8.8（a）所示。

首先，研究与其中一个主应力（如 σ_3）平行的斜截面上的应力。利用截面法，假想沿该截面将单元体截成两部分，并研究左边部分的平衡，如图 8.8（b）所示。由于主应力 σ_3 所在的两平面上的力自相平衡，故斜截面上的应力仅与 σ_1 和 σ_2 有

关，其可由σ_1和σ_2所作的应力圆上的点来表示。同理，单元体内与σ_1平行的斜截面上的应力与σ_1无关，只取决于σ_2和σ_3，可由σ_2和σ_3所决定的应力圆确定；与σ_2平行的斜截面上的应力与σ_2无关，只取决于σ_1和σ_3，可由σ_1和σ_3所决定的应力圆确定。这样就得到三个两两相切的应力圆，称为三向应力圆，如图 8.8（c）所示。

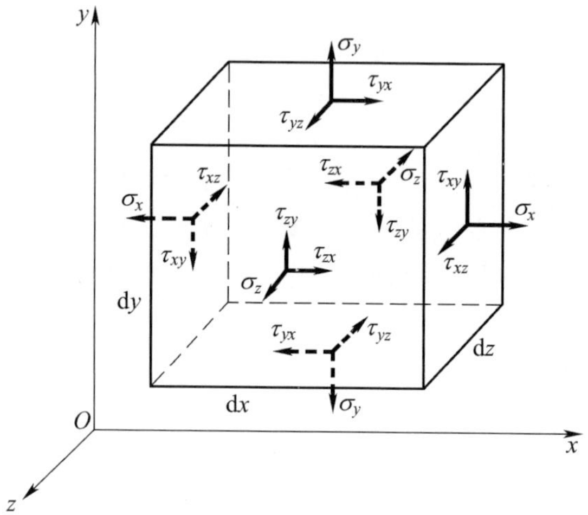

图 8.7

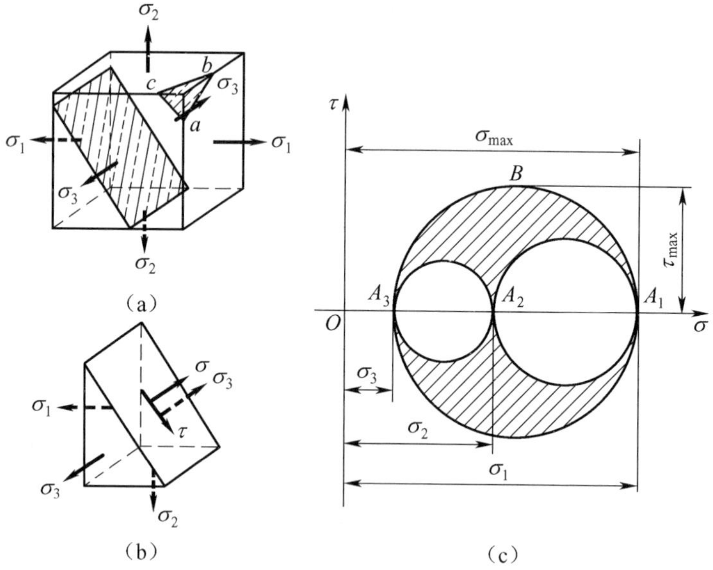

图 8.8

进一步研究表明，与 σ_1、σ_2、σ_3 三个主应力方向均不平行的任意斜截面上的应力，在 σ-τ 平面内对应的点必位于由上述三个应力圆所构成的阴影区域内。

根据以上分析可知，空间应力状态的最大正应力和最小正应力分别等于最大应力圆上 A_1 点和 A_3 点的横坐标 σ_1 和 σ_3，即

$$\sigma_{\max}=\sigma_1，\quad \sigma_{\min}=\sigma_3 \tag{8.15}$$

最大切应力等于最大应力圆的半径，即

$$\tau_{\max}=\frac{\sigma_1-\sigma_3}{2} \tag{8.16}$$

最大切应力所在的截面与主应力 σ_2 平行，并与主应力 σ_1 和 σ_3 的主平面均成 45°角。

式（8.15）和式（8.16）同样适用于单向或二向应力状态，只需将具体问题中的主应力求出，并按代数值 $\sigma_1 \geqslant \sigma_2 \geqslant \sigma_3$ 的顺序排列即可。

8.4　广义胡克定律

轴向拉伸或压缩时的应力、应变关系，根据实验结果，当杆件横截面上的正应力未超过材料的比例极限时，正应力和线应变成线性关系，即

$$\sigma=E\varepsilon \text{ 或 } \varepsilon=\frac{\sigma}{E}$$

这就是胡克定律。同时，由于轴向变形还会引起横向变形，因此横向线应变 ε' 为

$$\varepsilon'=-\mu\varepsilon=-\mu\frac{\sigma}{E}$$

在纯剪切的情况下，实验结果表明，当切应力不超过材料的剪切比例极限时，切应力和切应变之间的关系服从剪切胡克定律。即

$$\tau=G\gamma \text{ 或 } \gamma=\frac{\tau}{G}$$

本节研究各向同性材料在复杂应力状态下，弹性范围内的应力-应变关系。

在最普遍的情况下，描述一点的应力状态需要 9 个应力分量，如图 8.7 所示，它可以看作三组单向应力状态和三组纯剪切状态的组合。可以证明，对于各向同性材料，在小变形及线弹性范围内，线应变只与正应力有关，而与切应力无关；切应变只与切应力有关，而与正应力无关。因此，可利用单向应力状态和纯剪切应力状态的胡克定律，分别求出各应力分量对应的应变，然后再进行叠加。例如，在 σ_x、σ_y、σ_z 单独作用下（图 8.9），在 x 方向引起的线应变分别为

$$\varepsilon_x' = \frac{\sigma_x}{E}，\quad \varepsilon_x'' = -\mu\frac{\sigma_y}{E}，\quad \varepsilon_x''' = -\mu\frac{\sigma_z}{E}$$

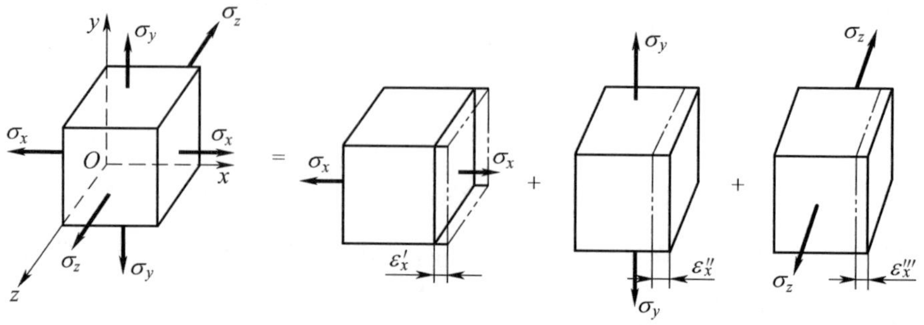

图 8.9

则在σ_x、σ_y、σ_z共同作用下，叠加上述结果，得到沿x方向引起的线应变为

$$\varepsilon_x = \frac{\sigma_x}{E} - \mu\frac{\sigma_y}{E} - \mu\frac{\sigma_z}{E} = \frac{1}{E}[\sigma_x - \mu(\sigma_y + \sigma_z)]$$

同理，可求出沿y和z方向的线应变ε_y和ε_z，最终有

$$\left.\begin{aligned} \varepsilon_x &= \frac{1}{E}[\sigma_x - \mu(\sigma_y + \sigma_z)] \\ \varepsilon_y &= \frac{1}{E}[\sigma_y - \mu(\sigma_x + \sigma_z)] \\ \varepsilon_z &= \frac{1}{E}[\sigma_z - \mu(\sigma_x + \sigma_y)] \end{aligned}\right\} \tag{8.17}$$

根据剪切胡克定律，在xy、yz、zx三个平面内的切应变分别为

$$\gamma_{xy} = \frac{\tau_{xy}}{G}，\quad \gamma_{yz} = \frac{\tau_{yz}}{G}，\quad \gamma_{zx} = \frac{\tau_{zx}}{G} \tag{8.18}$$

式（8.17）和式（8.18）称为一般应力状态下的广义胡克定律。

当所取单元体为主单元体时，使x、y、z的方向分别与主应力σ_1、σ_2和σ_3的方向一致。则$\sigma_x = \sigma_1$，$\sigma_y = \sigma_2$，$\sigma_z = \sigma_3$，$\tau_{xy} = \tau_{yz} = \tau_{zx} = 0$，广义胡克定律退化为

$$\left.\begin{aligned} \varepsilon_1 &= \frac{1}{E}[\sigma_1 - \mu(\sigma_2 + \sigma_3)] \\ \varepsilon_2 &= \frac{1}{E}[\sigma_2 - \mu(\sigma_1 + \sigma_3)] \\ \varepsilon_3 &= \frac{1}{E}[\sigma_3 - \mu(\sigma_1 + \sigma_2)] \end{aligned}\right\} \tag{8.19}$$

式中：ε_1、ε_2和ε_3分别为沿着三个主应力σ_1、σ_2和σ_3方向的主应变。

式（8.19）是由主应力表示的广义胡克定律。需要指出，只有当材料为各向同性，且处于线弹性范围内时，上述定律才成立。

8.5　强度理论

8.5.1　强度理论概述

在前面的各章中，介绍了在基本变形情况下构件的正应力和切应力的强度条件，即

$$\sigma_{max} \leqslant [\sigma],\quad \tau_{max} \leqslant [\tau]$$

式中：σ_{max}和τ_{max}为构件危险截面上的最大正应力和最大切应力；$[\sigma]$和$[\tau]$为许用应力，是通过材料单向拉伸（压缩）实验或纯剪切实验得到的极限应力除以相应的安全因数得到的。实验中，试样危险点的应力状态与实际构件危险点的应力状态类似，具备可比性。可见，上述强度条件是直接根据实验结果建立的。

实践证明，根据实验结果直接建立起来的正应力强度条件只适用于单向应力状态，而切应力强度条件只适用于纯剪切应力状态。然而，工程中许多构件的危险点处于一般复杂的应力状态，实现复杂应力状态下的实验，要比单向的拉伸（压缩）实验困难得多。并且，复杂应力状态下的主应力σ_1、σ_2、σ_3之间存在着无数种数值的组合和比例，要测出每一种情况下相应的极限应力是难以实现的。因此，完全依靠直接实验的方法来确定复杂应力状态下的强度条件是不现实的，为解决此类问题，可在研究复杂应力状态下材料的破坏或失效规律的基础上，寻找破坏的原因，以建立更有效的理论和方法。

大量的实验结果表明，无论应力状态多么复杂，材料在常温静载作用下失效形式主要有两种：一种为脆性断裂，如铸铁在拉伸时，没有明显的塑性变形就发生突然的断裂；另一种为塑性屈服，如低碳钢在拉伸时，发生显著的塑性变形，并出现明显的屈服现象。不同的破坏形式有不同的破坏原因。此外，构件在外力的作用下，任何一点都同时存在应力和应变，并储存了应变能。因此，可以设想材料之所以按照某种方式破坏（脆性断裂或塑性屈服），与危险点处的应力、应变或应变能等因素中的某一个或几个因素有关。长期以来，人们通过对破坏现象的观察和分析，提出了各种关于破坏原因的假说。按照这些假说，无论是简单应力状态还是复杂应力状态，引起失效的因素是相同的，即造成失效的原因与应力状态无关。这一类假说统称为强度理论。因此，可以用简单应力状态的实验结果，

确定复杂应力状态的强度条件。它正确与否，以及适用于什么情况，都必须由实验和生产实践来检验。实际上，也正是在反复实验和生产实践的基础上，这些假说才能逐步得到发展并日趋完善。

8.5.2 四种常用的强度理论

材料破坏形式主要有两种，即脆性断裂和塑性屈服。因而，强度理论相应地也分为两类。一类是解释材料脆性断裂破坏的强度理论，有最大拉应力理论和最大伸长线应变理论。另一类是解释材料塑性屈服破坏的强度理论，有最大切应力理论和畸变能密度理论。强度理论适用于常温、静载条件下的均匀、连续、各向同性材料。本小节主要介绍工程上常用的四种强度理论。

1. 最大拉应力理论（第一强度理论）

第一强度理论认为最大拉应力是引起材料断裂的主要因素。即认为无论是什么应力状态，只要最大拉应力 σ_1 达到材料的某一极限值，材料就会发生断裂失效。这个极限值可以根据材料单向拉伸发生断裂时的实验确定，即材料的强度极限 σ_b。根据这一理论，材料发生脆性断裂破坏的条件为

$$\sigma_1 = \sigma_b \tag{8.20}$$

将极限应力 σ_b 除以安全因数得许用应力 $[\sigma]$。于是，按照第一强度理论确定的强度条件为

$$\sigma_1 \leqslant [\sigma] \tag{8.21}$$

实验表明，该强度理论较好地解释了石料、铸铁等脆性材料沿最大拉应力所在截面发生断裂的现象。该理论的不足之处在于没有考虑其他两个主应力对材料强度的影响，而且对于没有拉应力的应力状态（如单向受压或三向受压等）无法应用。

2. 最大伸长线应变理论（第二强度理论）

第二强度理论认为最大伸长线应变是引起材料断裂的主要因素。即认为无论是什么应力状态，只要最大伸长线应变 ε_1 达到材料的某一极限值，材料即发生断裂失效。这个极限值可以根据材料单向拉伸断裂时发生脆性断裂的实验确定。在简单拉伸下，假定材料直到断裂均服从胡克定律，则材料在单向拉伸至断裂时最大伸长线应变的极限值 $\varepsilon_u = \dfrac{\sigma_b}{E}$。按照这个理论，在复杂应力状态下，最大伸长线应变 ε_1 达到 ε_u 时，材料就发生断裂破坏。即破坏条件为

$$\varepsilon_1 = \varepsilon_u = \frac{\sigma_b}{E} \tag{8.22}$$

将广义胡克定律即式（8.19）代入上式，得脆性断裂的破坏条件

$$\sigma_1 - \mu(\sigma_2 + \sigma_3) = \sigma_b \tag{8.23}$$

将 σ_b 除以安全因数得材料的许用应力 $[\sigma]$，于是按第二强度理论确定的强度条件为

$$\sigma_1 - \mu(\sigma_2 + \sigma_3) \leqslant [\sigma] \tag{8.24}$$

实验表明，该强度理论与石料、混凝土等脆性材料受轴向压缩时沿垂直于压力的方向发生断裂破坏现象是一致的。并且，铸铁在双向拉伸、压缩应力状态下，且压应力较大的情况下，实验结果与理论接近。该理论综合考虑了三个主应力的影响，从形式上看比第一强度理论完善。但是，有时并不一定总能给出满意的解释。例如，按照该理论，铸铁在二向拉伸时比单向拉伸时更安全，而实验结果不能证实这一点。

3. 最大切应力理论（第三强度理论）

第三强度理论认为最大切应力是引起材料屈服的主要因素。即认为无论什么样的应力状态，只要材料内一点处的最大切应力 τ_{max} 达到材料的某一极限值，材料就发生屈服。该极限值是材料在单向拉伸实验中达到屈服时，与轴线成 45°的斜截面上的最大切应力，即屈服极限 $\tau_s = \frac{\sigma_s}{2}$。按照这一理论，任意应力状态下，只要 τ_{max} 达到 τ_s 就会引起材料的屈服。即屈服条件为

$$\tau_{max} = \tau_s = \frac{\sigma_s}{2} \tag{8.25}$$

复杂应力状态下最大切应力为

$$\tau_{max} = \frac{\sigma_1 - \sigma_3}{2} \tag{8.26}$$

则破坏条件为

$$\sigma_1 - \sigma_3 = \sigma_s \tag{8.27}$$

将 σ_s 除以安全因数得材料的许用应力 $[\sigma]$，于是按第三强度理论确定的强度条件为

$$\sigma_1 - \sigma_3 \leqslant [\sigma] \tag{8.28}$$

实验证明，这一强度理论较好地解释了塑性材料出现塑性变形的现象。但是，由于没有考虑 σ_2 的影响，因此在二向应力状态下，按这一理论设计的构件偏于安全。该理论由于形式简单，概念明确，因此在工程中得到广泛应用。

4. 畸变能密度理论（第四强度理论）

第四强度理论从能量的观点解释了材料发生塑性屈服破坏的原因。弹性体因受力变形而储存的能量称为应变能。构件单位体积内储存的应变能称为应变能密

度。研究表明，复杂状态下的应变能密度由两部分组成：一部分是体积改变能密度υ_V，另一部分是畸变能密度υ_d，分别为

$$\upsilon_V=\frac{1-2\mu}{6E}(\sigma_1+\sigma_2+\sigma_3)^2 \tag{8.29}$$

$$\upsilon_{\rm d}=\frac{1+\mu}{6E}\left[(\sigma_1-\sigma_2)^2+(\sigma_2-\sigma_3)^2+(\sigma_3-\sigma_1)^2\right] \tag{8.30}$$

这一理论认为畸变能密度是引起材料屈服的主要因素。即认为不论什么应力状态，只要畸变能密度$\upsilon_{\rm d}$达到某一极限值，材料就发生屈服。同样，该畸变能的极限值是通过材料单向拉伸实验得到的。材料在单向拉伸下屈服时的极限应力为$\sigma_{\rm s}$，相应的畸变能密度$\upsilon_{\rm ds}$由式（8.30）求得

$$\upsilon_{\rm ds}=\frac{1+\mu}{6E}(2\sigma_{\rm s}^2) \tag{8.31}$$

按照这一理论，不论什么应力状态，只要畸变能密度$\upsilon_{\rm d}$达到$\upsilon_{\rm ds}$，便引起材料屈服，即屈服条件为

$$\upsilon_{\rm d}=\upsilon_{\rm ds} \tag{8.32}$$

将式（8.30）和式（8.31）代入上式，整理得破坏条件为

$$\sqrt{\frac{1}{2}[(\sigma_1-\sigma_2)^2+(\sigma_2-\sigma_3)^2+(\sigma_3-\sigma_1)^2]}=\sigma_{\rm s} \tag{8.33}$$

将$\sigma_{\rm s}$除以安全因数得材料的许用应力$[\sigma]$，于是按第四强度理论确定的强度条件为

$$\sqrt{\frac{1}{2}[(\sigma_1-\sigma_2)^2+(\sigma_2-\sigma_3)^2+(\sigma_3-\sigma_1)^2]}\leqslant[\sigma] \tag{8.34}$$

几种塑性材料（钢、铜、铝）的薄管实验资料表明，第四强度理论比第三强度理论更符合实验结果。

综合以上四个强度理论的强度条件，可以把它们写成如下的统一形式：

$$\sigma_{\rm r}\leqslant[\sigma] \tag{8.35}$$

式中：$\sigma_{\rm r}$为相当应力。四个强度理论的相当应力分别为

$$\left.\begin{aligned}&\sigma_{\rm r1}=\sigma_1\\&\sigma_{\rm r2}=\sigma_1-\mu(\sigma_2+\sigma_3)\\&\sigma_{\rm r3}=\sigma_1-\sigma_3\\&\sigma_{\rm r4}=\sqrt{\frac{1}{2}[(\sigma_1-\sigma_2)^2+(\sigma_2-\sigma_3)^2+(\sigma_3-\sigma_1)^2]}\end{aligned}\right\} \tag{8.36}$$

在常温、静载条件下，脆性材料如铸铁、混凝土、石料等，抵抗断裂的能力低于抵抗滑移的能力，通常以断裂的形式失效，宜采用第一强度理论或第二强度

理论；而塑性材料如各类钢材，抵抗滑移的能力低于抵抗断裂的能力，通常以屈服的形式失效，宜采用第三强度理论或第四强度理论。

应该指出，构件的破坏形式不仅与材料的性质有关，还与其工作状态（如应力状态的形式、温度等）有关。例如，碳钢在单向拉伸下以屈服形式失效，但由碳钢制成的螺杆拉伸时，螺纹根部的应力集中将引起三向拉伸，这部分材料以断裂的形式破坏。又如，铸铁在单向拉伸时以断裂的形式破坏，当将淬火钢球压在铸铁板上时，接触点处处于三向压应力状态，随着压力的增大，铸铁板上会出现明显的凹坑，这是塑性变形。因此，不论脆性材料还是塑性材料，在三向拉应力接近相等的情况下，都以断裂的形式破坏，应选用第一强度理论；在三向压应力接近相等的情况下，都会发生塑性屈服破坏，应选用第三强度理论或第四强度理论。

8.5.3　莫尔强度理论

8.5.2 节介绍的四个强度理论，均假设材料失效是由某一因素达到某个极限值所引起的。第三强度理论只适用于拉、压屈服极限相同的塑性材料，但它难以解释脆性材料发生剪切破坏的情况。例如，铸铁试样在轴向压缩时，其剪切面与轴线之间的夹角略小于 45°，这明显不是最大切应力所在的平面。

莫尔强度理论认为，材料发生屈服或剪切破坏现象，不仅与该截面上的切应力大小有关，而且与该截面上的正应力有关。由于剪切的结果会使剪切开裂面之间有相对滑移，因此就会在开裂面之间产生摩擦，而摩擦力的大小又与截面上的正应力有关。当截面上的正应力为压应力时，压应力越大，摩擦力也越大，材料越不易沿该截面滑移破坏。因此推测，若最大切应力作用面上还存在较大的压应力，材料就不一定沿着最大切应力所在的面滑移破坏，滑移发生在切应力与正应力组合最不利的截面上。因此，莫尔强度理论的极限条件为

$$\tau_{\mu} = f(\sigma)$$

式中：τ_{μ} 为材料的极限切应力，它是破坏面上压应力的函数。这一函数关系需要通过不同应力状态下的实验来确定。

为测定材料的极限切应力 τ_{μ}，莫尔认为可做材料的轴向拉伸、轴向压缩、扭转等一系列破坏实验，如图 8.10 所示。应力圆 OA' 的直径等于单向拉伸时的极限应力，该圆称为极限应力圆。同理，以 OB' 为直径的圆为单向压缩时的极限应力圆，以 OC' 为半径的圆为纯剪切极限应力圆。在其他应力状态下，使主应力按一定比例增加，直到破坏，又可以得到相应的极限应力圆。根据实验结果画出一系

列对应破坏值的极限应力圆，再绘出这些极限应力圆的包络线。显然，包络线的形状与材料的强度有关，对于不同的材料其包络线不同。

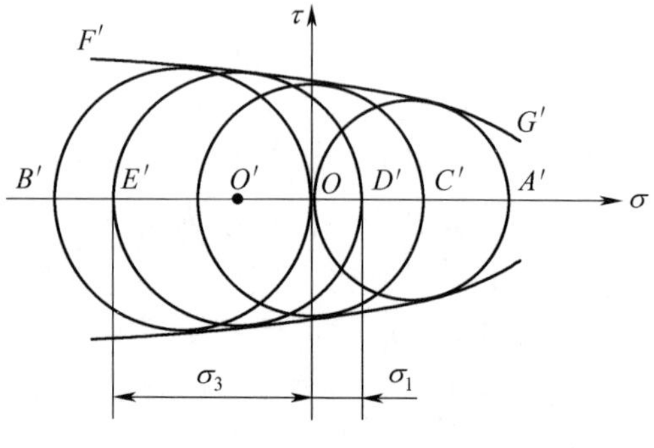

图 8.10

莫尔强度理论认为，对于某一种材料，上述这些极限应力圆有唯一的包络线，对于同材料制成的受力构件中的主单元体，如果由 σ_1 和 σ_3 所画的应力圆与上述包络线相切，则这一应力状态将引起材料的破坏。

在实际应用中，为了简化计算，用单向拉伸和单向压缩的两个极限应力圆的公切线代替包络线，再除以安全因数，得到如图 8.11 所示的许用情况。图中 $[\sigma_t]$ 为材料的单向拉伸许用应力，$[\sigma_c]$ 为单向压缩许用应力。由图 8.11 可知，当由主应力 σ_1 和 σ_3 所画的应力圆与两个极限应力圆的公切线相切时，得

$$\frac{\overline{O_1N}}{\overline{O_2F}}=\frac{\overline{O_1O_3}}{\overline{O_2O_3}} \tag{8.37}$$

式中

$$\begin{cases}\overline{O_1N}=\overline{O_1L}-\overline{O_3T}=\dfrac{[\sigma_t]}{2}-\dfrac{\sigma_1-\sigma_3}{2}\\ \overline{O_2F}=\overline{O_2M}-\overline{O_3T}=\dfrac{[\sigma_c]}{2}-\dfrac{\sigma_1-\sigma_3}{2}\\ \overline{O_1O_3}=\overline{OO_3}-\overline{OO_1}=\dfrac{\sigma_1+\sigma_3}{2}-\dfrac{[\sigma_t]}{2}\\ \overline{O_2O_3}=\overline{OO_3}+\overline{OO_2}=\dfrac{\sigma_1+\sigma_3}{2}+\dfrac{[\sigma_c]}{2}\end{cases} \tag{8.38}$$

将式（8.37）代入式（8.38），经简化后得

$$\sigma_1-\frac{[\sigma_t]}{[\sigma_c]}\sigma_3=[\sigma_t]$$

考虑适当的强度储备，并引入相当应力的概念，莫尔强度理论的强度条件为

$$\sigma_{rM} = \sigma_1 - \frac{[\sigma_t]}{[\sigma_c]}\sigma_3 \leqslant [\sigma_t] \tag{8.39}$$

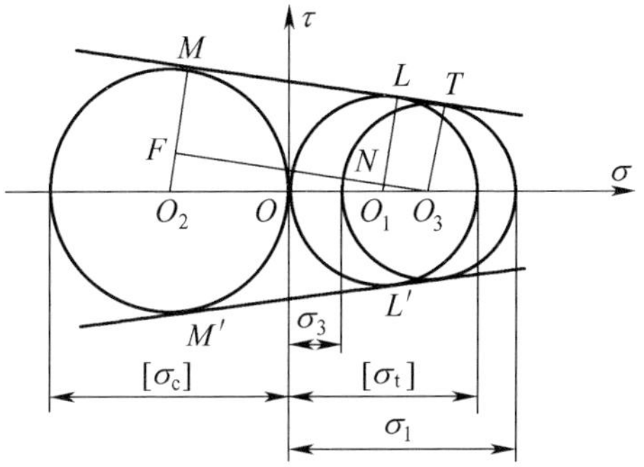

图 8.11

对于抗拉和抗压相等的材料，即$[\sigma_t]=[\sigma_c]$，则式（8.39）退化为

$$\sigma_1 - \sigma_3 \leqslant [\sigma]$$

这就是第三强度理论的强度条件。可见，与第三强度理论相比较，莫尔强度理论考虑了材料抗拉和抗压强度不等的情况。它可以用于铸铁等脆性材料，也适用于弹簧钢等塑性较差的材料。该理论的不足之处在于没有考虑中间主应力σ_2的影响。

第9章 组合变形

前面各章研究了杆件在轴向拉伸（压缩）、扭转与弯曲等基本变形时的强度和刚度问题。工程实际问题中，构件或零件在载荷作用下的变形比较复杂，常常有两种或两种以上的基本变形同时发生。如果其中有一种变形是主要的，其余变形引起的应力（或变形）很小，则构件可以按主要的基本变形计算。如果几种变形对应的应力（或变形）是同一量级，此时构件的变形称为组合变形。例如，如图 9.1（a）所示的单臂起重机的横梁，在起吊重物时将同时产生弯曲和压缩变形；如图 9.1（b）所示的绞盘轴，在外载荷的作用下同时产生扭转与弯曲变形。

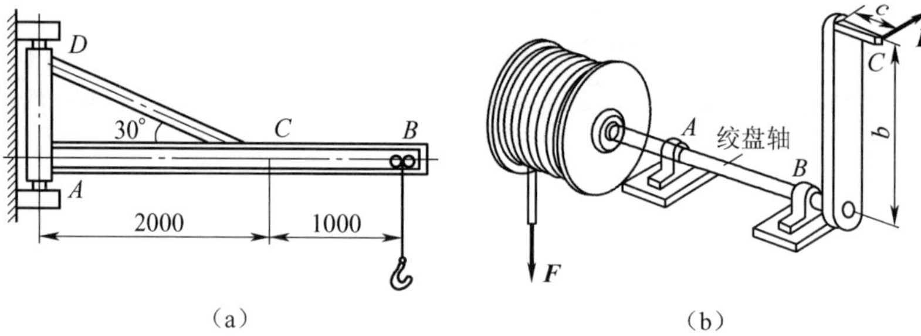

图 9.1

对于组合变形的构件，在满足线弹性、小变形的条件下，可以按照构件的原始尺寸计算（此为原始尺寸原理）。采用叠加法解决组合变形构件的强度问题，其基本过程为：首先将外力分解为若干基本变形的组合，计算出相应于每种基本变形的应力，然后将所得的结果叠加，即为杆件在组合变形时的应力。

工程中常见的组合变形有两个相互垂直平面内的弯曲、拉伸（压缩）与弯曲的组合，弯曲与扭转的组合及拉（压）弯扭组合等多种形式，本章主要讨论杆件在拉伸或压缩与弯曲的组合，以及弯曲与扭转的组合变形时的强度计算，其分析方法同样适用于其他组合变形形式。

9.1　拉伸或压缩与弯曲的组合

轴向拉伸（压缩）与弯曲组合变形，简称拉（压）弯组合，是工程构件常见的组合变形形式之一。如图 9.1（a）所示，单臂起重机的横梁 AB 发生压弯组合变形，此时横梁的内力有轴力 $\boldsymbol{F}_{\mathrm{N}}$ 和弯矩 M，横截面上的应力由轴向压应力 $\sigma=\dfrac{F_{\mathrm{N}}}{A}$ 及弯曲应力 $\sigma=\dfrac{M_z y}{I_z}$（或 $\sigma=\dfrac{M_y z}{I_y}$）两部分组成，中性轴不再通过截面形心。

下面以如图 9.2 所示的构件为例，说明杆件在拉（压）弯组合变形时的强度计算。

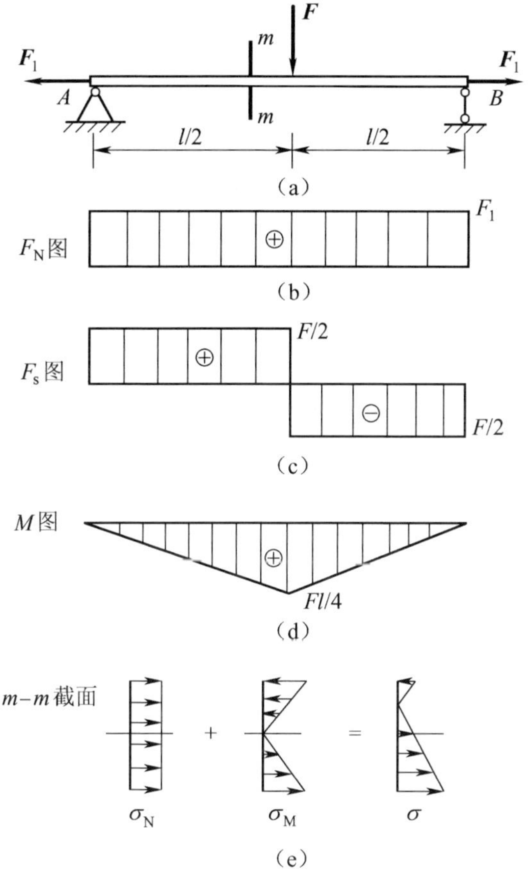

图 9.2

内力分析：若只考虑轴向拉力 $\boldsymbol{F}_1$ 的作用，杆件内各横截面上轴力均相同

（$F_N = F_1$），其轴力图如图 9.2（b）所示，杆件发生轴向拉伸变形。若只考虑集中力 $\boldsymbol{F}$ 的作用，杆件发生弯曲变形，其剪力图和弯矩图分别如图 9.2（c）、（d）所示。故在 $\boldsymbol{F}_1$ 和 $\boldsymbol{F}$ 的共同作用下，杆件同时发生轴向拉伸和弯曲变形，而内力有 $\boldsymbol{F}_N$、$\boldsymbol{F}_s$ 和 M，但在工程实际问题中，一般不考虑 $\boldsymbol{F}_s$ 对强度的影响。

应力分析：杆件内的轴力 $\boldsymbol{F}_N$ 和弯矩 M 在横截面上产生正应力。

$m—m$ 截面上由轴力 $\boldsymbol{F}_N$ 引起的正应力在横截面上均匀分布［图 9.2（e)]，用 σ_N 表示，则

$$\sigma_N = \frac{F_N}{A}$$

式中：F_N 和 σ_N 均规定拉为正，压为负。

弯矩 M 引起的正应力用 σ_M 表示，则

$$\sigma_M = \pm\frac{My}{I_z}$$

式中，M、y 以绝对值代入，正应力的正负号直接由杆件弯曲变形判断，拉应力为正，压应力为负。

由叠加法，将上述两部分的正应力相加，得该杆件在任意横截面 $m—m$ 上，离中性轴的距离为 y 处的正应力为

$$\sigma = \frac{F_N}{A} \pm \frac{My}{I_z} \tag{9.1}$$

强度条件：由正应力的分布图很容易看出，最大拉应力和最大压应力发生在弯矩最大的横截面上离中性轴最远的下边缘和上边缘处，分别为

$$\left.\begin{matrix}\sigma_{\max}\\ \sigma_{\min}\end{matrix}\right\} = \frac{F_N}{A} \pm \frac{M_{\max}}{W_z}$$

横截面的上、下边缘处危险点均为单向应力状态，因此，拉（压）弯组合变形杆件的强度条件为

$$\left.\begin{matrix}\sigma_{\max}\\ \sigma_{\min}\end{matrix}\right\} = \left|\frac{F_N}{A} \pm \frac{M_{\max}}{W_z}\right| \leqslant [\sigma] \tag{9.2}$$

需要指出，如果材料的许用拉、压应力不同，而且横截面上部分区域受拉，下部分区域受压，则应按式（9.1）计算最大拉、压应力，并分别按照拉伸和压缩进行强度计算。

9.2　弯曲与扭转的组合

机械设备中的传动轴、曲柄轴等，多数处于弯曲与扭转组合变形或弯拉（压）扭组合变形状态。现以如图 9.3 所示的水平曲拐为例，讨论杆件在弯曲和扭转组合变形时的强度计算。

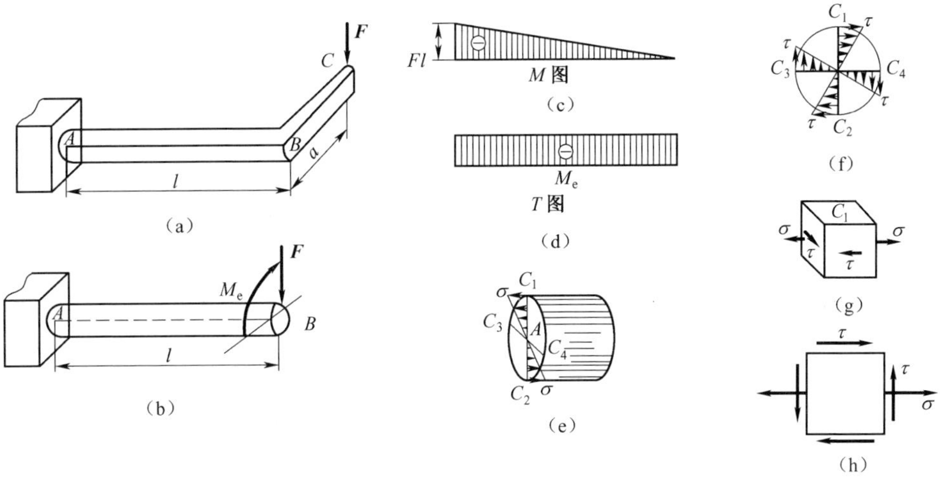

图 9.3

已知水平曲拐由 AB 和 BC 两段组成，其中 AB 段为直径为 d 的等直圆杆，B 端有与 AB 段成直角的刚臂 BC，并在 C 截面受铅垂力 $\boldsymbol{F}$ 作用，如图 9.3（a）所示。

将力 $\boldsymbol{F}$ 向 AB 杆右端截面的形心 B 简化，如图 9.3（b）所示，简化后为一作用于杆端的横向力 $\boldsymbol{F}$ 和一作用于杆端截面的力偶矩 $M_e = Fa$，故杆件 AB 发生弯曲与扭转的组合变形，其弯矩图和扭矩图分别如图 9.3（c）、（d）所示。由内力图可判断危险截面为固定端面，该截面的弯矩与扭矩分别为

$$M = Fl,\ T = M_e = Fa$$

由弯曲和扭转的应力变化规律可知，危险截面上的最大弯曲正应力发生在铅垂直径的上、下两端点 C_1 和 C_2 处，最大扭转切应力发生该截面的周边上的各点处，如图 9.3（e）、（f）所示。由弯曲正应力和扭转切应力的分布规律可知，危险点为 C_1 和 C_2，危险点处的弯曲正应力及扭转切应力分别为

$$\sigma = \frac{M}{W_z} \tag{9.3}$$

$$\tau = \frac{T}{W_t} = \frac{T}{2W_z} \tag{9.4}$$

对于许用拉、压应力相等的塑性材料制成的杆件，这两点的危险程度相同。因此，取其中一点来研究，围绕C_1点用横截面、切向纵截面和径向纵截面截取单元体，可得C_1点处的应力状态，如图 9.3（g）所示。C_1点处的应力状态可简化为图 9.3（h）所示的平面应力状态。

由式（8.6）可计算出单元体主应力为

$$\left.\begin{matrix}\sigma_{max}\\\sigma_{min}\end{matrix}\right\} = \frac{\sigma_x+\sigma_y}{2} \pm \sqrt{\left(\frac{\sigma_x-\sigma_y}{2}\right)^2+\tau_{xy}^2} = \frac{\sigma}{2} \pm \sqrt{\left(\frac{\sigma}{2}\right)^2+\tau^2}$$

$$\sigma_1 = \frac{\sigma}{2}+\sqrt{\left(\frac{\sigma}{2}\right)^2+\tau^2},\quad \sigma_2 = 0,\quad \sigma_3 = \frac{\sigma}{2}-\sqrt{\left(\frac{\sigma}{2}\right)^2+\tau^2}$$

对于塑性材料制成的杆件，则可按第三强度理论或第四强度理论进行强度计算，即强度条件为

$$\sigma_{r3} = \sigma_1 - \sigma_3 = \sqrt{\sigma^2+4\tau^2} \leqslant [\sigma] \tag{9.5}$$

$$\sigma_{r4} = \sqrt{\frac{1}{2}\left[(\sigma_1-\sigma_2)^2+(\sigma_2-\sigma_3)^2+(\sigma_3-\sigma_1)^2\right]} = \sqrt{\sigma^2+3\tau^2} \leqslant [\sigma] \tag{9.6}$$

将式（9.3）和式（9.4）代入上式，可以得到塑性材料圆截面轴弯扭组合变形时强度条件

$$\sigma_{r3} = \frac{\sqrt{M^2+T^2}}{W_z} \leqslant [\sigma] \tag{9.7}$$

$$\sigma_{r4} = \frac{\sqrt{M^2+0.75T^2}}{W_z} \leqslant [\sigma] \tag{9.8}$$

上式适用于实心和空心的圆截面轴。若在轴的铅垂面（x-z 平面）和水平面（x-y 平面）内都有弯曲变形，则式（9.7）和式（9.8）中的 M 为合成弯矩，$M=\sqrt{M_y^2+M_z^2}$。对于塑性材料制成的轴，找到危险截面后即可直接利用式（9.7）和式（9.8）进行强度计算，不需再进行应力分析。

有些轴，除发生弯扭组合变形外，同时还承受轴向拉伸或轴向压缩的作用，处于弯拉扭或弯压扭的组合变形状态。对于这类轴，如果是塑性材料制成，仍可利用式（9.5）和式（9.6）进行强度计算，只需将式中的弯曲正应力改为弯曲正应力和轴向正应力之和即可，即

$$\sigma = \sigma_M + \sigma_N \tag{9.9}$$

第10章 压 杆 稳 定

10.1 压杆稳定的概念

当受拉杆件的应力达到屈服极限或强度极限时，将引起塑性变形或断裂。长度较小的受压短柱也有类似的问题，如低碳钢短柱被压扁，铸铁短柱被压裂。这些都是由强度不足引起的失效。但细长杆件受压时却表现出与强度失效全然不同的性质，当作用在细长压杆上的轴向压力达到或超过一定限度时，即使其轴向压力并未达到强度破坏值，杆件也可能突然弯曲而失去原有的直线平衡状态，从而丧失承载能力。下面以一个简单的实验来说明。

取一根长为300mm 、横截面尺寸为20mm×1mm 的钢板尺，其材料的许用应力$[\sigma]=196\text{MPa}$ ，按强度条件，钢板尺所能承受的轴向压力为

$$F=(20\times10^{-3}\,\text{m})\times(1\times10^{-3}\,\text{m})\times(196\times10^{6}\,\text{Pa})=3920\text{N}$$

实验发现，当压力不到40N 时，钢板尺就被明显压弯，而且其弯曲变形会随压力的增加而加速增长，最终导致折断。钢板尺是否丧失承载能力，并不取决于轴向压缩的压缩强度，而是与它受压时能否保持原有的直线形状而变弯有关。钢板尺表现出的这种与强度、刚度完全不同的性质，就是稳定性问题。

下面对理想压杆进行稳定性分析。所谓理想压杆，是指材料均匀、轴线为直线、轴向压力作用线与压杆轴线重合的等截面直杆。

理想压杆由于不存在使压杆产生弯曲变形的初始因素，因此，承受轴向压力$\boldsymbol{F}$后仍保持直线形状，如图 10.1（a）所示。为了使杆发生弯曲变形，在杆上施加一微小的横向力$\boldsymbol{F}'$，然后撤去横向力。实验表明，当轴向压力不大时，撤去横向力后，压杆的轴线将恢复其原来的直线平衡形态，如图 10.1（b）所示，此时，压杆在直线形态下的平衡是稳定的平衡；当轴向压力增大到一定的界限值时，撤去横向力后，压杆的轴线在微弯状态下平衡，不能恢复到原有的直线平衡状态，如图 10.1（c）所示，则压杆原来直线状态下的平衡是不稳定的平衡。由稳定平衡过渡到不稳定平衡的特定状态称为临界状态，临界状态下的压力称临界压力，或简称临界力，用F_{cr}表示，它是压杆保持直线平衡时能承受的最大压力。理想压杆在临界力F_{cr}作用下，丧失其直线状态的平衡而过渡为曲线平衡，称为丧失稳定，简称失稳，也称为屈曲。判断压杆是否会丧失稳定性，关键在于确定压杆的临界压

力值。当 $F < F_{cr}$ 时，平衡是稳定的；当 $F > F_{cr}$ 时，平衡是不稳定的。

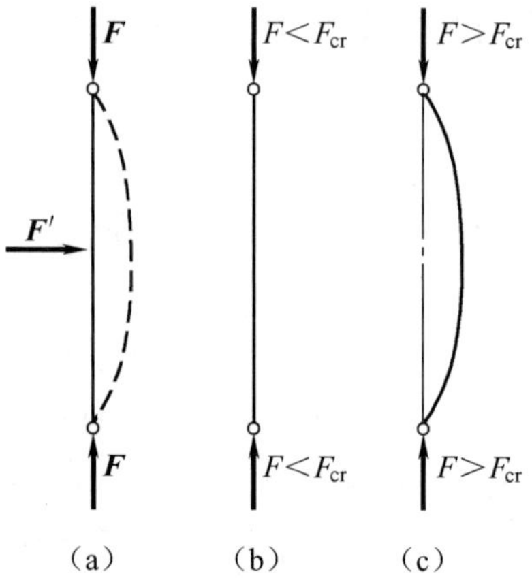

图 10.1

工程实际中许多受压构件都要考虑其稳定性，如千斤顶的丝杆［图 10.2（a）］、自卸式货车的液压活塞杆［图 10.2（b）］、内燃机的连杆［图 10.2（c）］及桁架结构中的受压杆［图 10.2（d）］等。

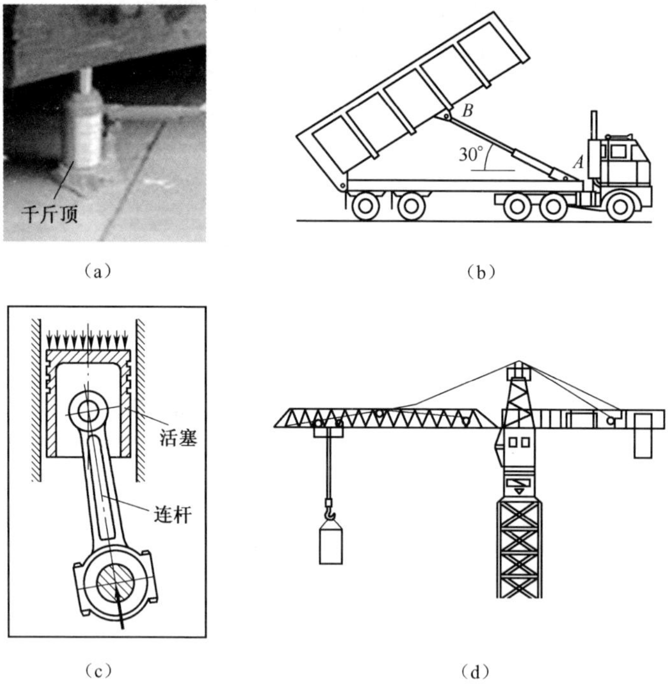

图 10.2

因失稳造成的失效，其应力并不一定很大，有时甚至低于比例极限，但后果轻则导致构件不能正常工作，重则引起整个结构的破坏，造成严重事故。1907 年，加拿大圣劳伦斯河魁北克大桥，在架设中跨时，由于悬臂桁架中受压力最大的下弦杆失稳，致使桥梁倒塌，9000t 钢铁成废铁，桥上 86 人中伤亡达 75 人。2000 年 10 月 25 日上午 10 时，南京电视台演播中心屋顶模板由于脚手架失稳倒塌，致 6 人死亡，34 人受伤。

实际工程中的压杆，不可避免地存在某些缺陷，如材料不均匀、载荷偏心等。这些因素都可能使压杆在轴向压力作用下除发生轴向压缩变形外，还发生附加的弯曲变形。所以，对于实际压杆，其失稳的概念与理想压杆是截然不同的。

10.2　临界力的确定

10.2.1　两端铰支细长压杆的临界力

设细长压杆长度为 l，两端为球铰支座，受轴向压力 $\boldsymbol{F}$ 的作用。若在轻微的横向干扰力去除后压杆处于微弯的平衡状态，如图 10.3（a）所示。由 10.1 节知，理想压杆在临界力的作用下将在微弯状态下维持平衡，因此，此时的轴向压力即为临界力 F_{cr}。为了确定压杆的临界力，首先研究压杆在微弯情况下的挠曲线。

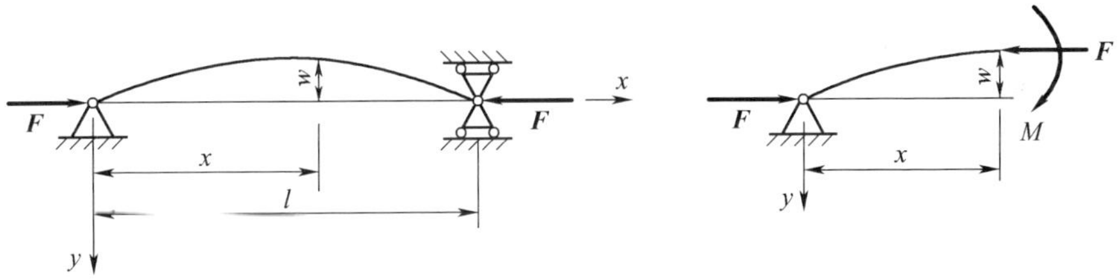

（a）　　（b）

图 10.3

如图 10.3（b）所示，距坐标原点为 x，挠度为 w 的任一截面上的弯矩为

$$M(x)=Fw \tag{10.1}$$

由弯矩和挠度正负号的规定知，弯矩 M 与挠度 w 的正负号总是相同。

只要应力不超过材料的比例极限 σ_p，对微小的弯曲变形，挠曲线的近似微分方程为

$$EIw''=-M(x)=-Fw \tag{10.2}$$

将上式两端同时除以 EI，并令

$$k^2 = \frac{F}{EI} \tag{10.3}$$

则式（10.2）可改写为

$$w'' + k^2 w = 0 \tag{10.4}$$

这是一个二阶常系数线性微分方程，其通解为

$$w = A\sin kx + B\cos kx \tag{10.5}$$

式中：A、B 为待定的积分常数，由挠曲线的边界条件确定。

当 $x=0$ 时，$w=0$，代入式（10.5），得 $B=0$，则式（10.5）可写成

$$w = A\sin kx \tag{10.6}$$

当 $x=l$ 时，$w=0$，代入式（10.6），得

$$A\sin kl = 0 \tag{10.7}$$

式（10.7）要求 $A=0$ 或者 $\sin kl = 0$。如果 $A=0$，则由式（10.6）知 $w \equiv 0$，这表示压杆各截面的挠度皆为零，即压杆的轴线仍为直线，这显然与压杆处于微弯曲线平衡状态的前提相矛盾。因此，只能 $\sin kl = 0$，于是有

$$kl = n\pi \quad (n=0,\ 1,\ 2,\ \cdots)$$

由此求得

$$k = \frac{n\pi}{l} \tag{10.8}$$

将式（10.8）代入式（10.3），求出

$$F = \frac{n^2\pi^2 EI}{l^2} \quad (n=0,\ 1,\ 2,\ \cdots)$$

如上所述，使压杆在微弯状态下保持平衡的最小轴向压力即压杆的临界压力 F_{cr}。因此，由上式并取 $n=1$，得临界压力为

$$F_{cr} = \frac{\pi^2 EI}{l^2} \tag{10.9}$$

这就是两端球形铰支（简称“两端铰支”）等截面细长压杆临界力 F_{cr} 的计算公式。由于上式最早由欧拉导出，故又称为欧拉公式。

10.2.2 其他支座条件下细长压杆的临界力

不同杆端约束下细长压杆的临界力的表达式，可通过类似的方法推导。表 10.1 给出了几种典型的理想支承约束条件下，等截面细长压杆的欧拉公式的表达式。

表 10.1

约束条件	两端铰支	两端固定	一端固定 另一端自由	一端固定 另一端铰支
失稳时挠曲线形状	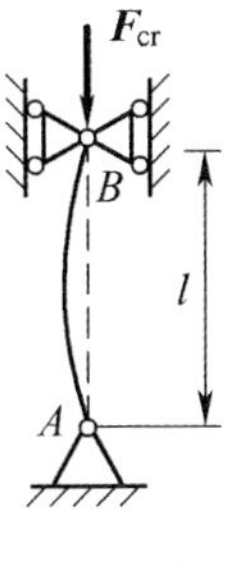	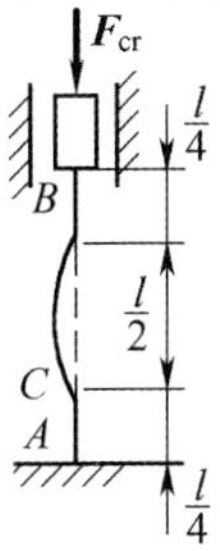	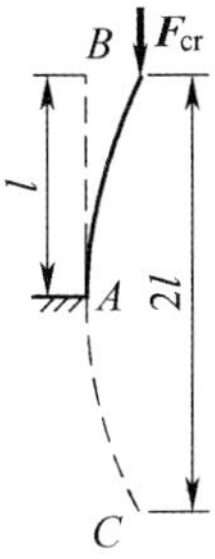	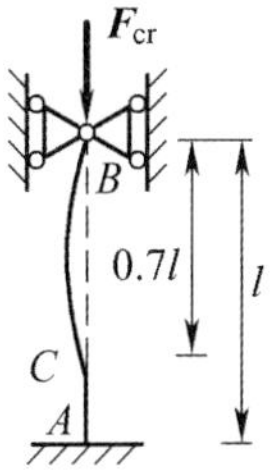
临界力 F_{cr} 欧拉公式	$F_{cr}=\dfrac{\pi^2EI}{l^2}$	$F_{cr}=\dfrac{\pi^2EI}{(0.5l)^2}$	$F_{cr}=\dfrac{\pi^2EI}{(2l)^2}$	$F_{cr}=\dfrac{\pi^2EI}{(0.7l)^2}$
长度因数 μ	$\mu=1$	$\mu=0.5$	$\mu=2$	$\mu=0.7$

由表 10.1 给出的结果可以看出，对于各种杆端约束情况，细长压杆临界力的欧拉公式可写成统一的形式，即

$$F_{cr}=\frac{\pi^2EI}{(\mu l)^2} \tag{10.10}$$

式中：μ 称为压杆的长度因数，它反映了杆端不同的约束条件对临界力 F_{cr} 的影响。μl 称为压杆的相当长度，表示把压杆折算成临界压力相等的两端铰支压杆时的长度。

应当注意，当杆端在各个方向的约束情况相同（如球形铰等）时，压杆总是在它的抗弯能力最小的纵向平面内失稳，所以，式（10.10）中的 EI 是压杆的最小抗弯刚度，即式（10.10）中的惯性矩 I 应取压杆横截面的最小惯性矩；当杆端在不同方向的约束情况不同（如柱形铰）时，则 I 应取挠曲时横截面对其中性轴的惯性矩。在工程实际问题中，实际约束与理想约束总有差异，要根据实际约束的性质和相关设计规范，以表 10.1 作为参考来选取长度因数 μ 的大小。

10.3　欧拉公式的适用范围和临界应力的经验公式

理想细长压杆临界力的欧拉公式，是由挠曲线的近似微分方程 $EIw''=-M(x)$ 推导出的，而材料服从胡克定律是导出上述微分方程的前提条件，所以，压杆在临界力 F_{cr} 作用下的应力不得超过材料的比例极限 σ_p。因此，压杆临界力的欧拉

公式有一定的适用范围。

10.3.1 欧拉公式的适用范围

用临界压力除以压杆的横截面面积，得到临界状态时横截面上的压应力，称为临界应力，各种支承情况下压杆横截面上的临界应力为

$$\sigma_{cr}=\frac{F_{cr}}{A}=\frac{\pi^2 E}{(\mu l)^2}\cdot\frac{I}{A} \tag{10.11}$$

式中：σ_{cr}为临界应力。把横截面的惯性矩I写成

$$I=i^2 A$$

式中：$i=\sqrt{\dfrac{I}{A}}$为横截面的惯性半径。式（10.11）可以写成

$$\sigma_{cr}=\frac{F_{cr}}{A}=\frac{\pi^2 E}{(\mu l)^2}\cdot\frac{I}{A}=\frac{\pi^2 E}{\left(\dfrac{\mu l}{i}\right)^2} \tag{10.12}$$

引用记号

$$\lambda=\frac{\mu l}{i} \tag{10.13}$$

则有

$$\sigma_{cr}=\frac{\pi^2 E}{\lambda^2} \tag{10.14}$$

式中：λ为压杆的柔度或长细比，是一个量纲为一的量，它集中反映了压杆的长度、约束条件、横截面尺寸和形状等因素对临界应力σ_{cr}的影响。λ越大，杆越细长，临界应力σ_{cr}越小，压杆就越容易失稳；反之，λ越小，杆越短粗，临界应力σ_{cr}就越大，压杆能承受较大的压力。柔度是压杆稳定计算中一个很重要的参数。如果压杆在两个形心主惯性平面的柔度不同，则压杆总是在柔度较大的那个形心主惯性平面内失稳。

式（10.14）是欧拉公式即式（10.10）的另一种表达形式，两者并无实质性的区别。

由上述分析知，式（10.10）仅适用于$\sigma_{cr}\leqslant\sigma_p$的范围。所以，欧拉公式的适用范围可以表示为

$$\sigma_{cr}=\frac{\pi^2 E}{\lambda^2}\leqslant\sigma_p$$

或写作

$$\lambda \geqslant \pi\sqrt{\frac{E}{\sigma_p}} \tag{10.15}$$

令

$$\lambda_p = \pi\sqrt{\frac{E}{\sigma_p}} \tag{10.16}$$

于是，欧拉公式的适用范围可用柔度表示为

$$\lambda \geqslant \lambda_p \tag{10.17}$$

式中：λ_p 为能应用欧拉公式的压杆柔度的界限值。满足 $\lambda \geqslant \lambda_p$ 的压杆称为大柔度压杆，或细长压杆。而当压杆的柔度 $\lambda < \lambda_p$ 时，就不能应用欧拉公式。从式（10.16）可见，界限值 λ_p 的大小取决于压杆材料的力学性能，材料不同，λ_p 的数值也就不同。以 Q235 钢为例，$E = 206\text{GPa}$，$\sigma_p = 200\text{MPa}$，于是

$$\lambda_p = \pi\sqrt{\frac{E}{\sigma_p}} = \pi\sqrt{\frac{206\times10^9\,\text{Pa}}{200\times10^6\,\text{Pa}}} \approx 100$$

所以，由 Q235 钢制成的压杆，只有当其柔度 $\lambda \geqslant 100$ 时，才能应用欧拉公式计算其临界应力或临界力。

10.3.2　临界应力的经验公式

若压杆的柔度 $\lambda < \lambda_p$，则其临界应力 $\sigma_{cr} > \sigma_p$，这样的压杆为非细长压杆，欧拉公式已不再适用。工程中对这类压杆的计算，一般采用以实验结果为依据的经验公式。下面介绍两种常用的经验公式：机械工程中常用的直线型经验公式和钢结构中常用的抛物线型经验公式。

1. 直线型经验公式

对于由合金钢、铝合金、铸铁与松木等制作的非细长压杆，可采用直线型经验公式计算临界应力，该公式的一般表达式为

$$\sigma_{cr} = a - b\lambda \tag{10.18}$$

式中：a 和 b 为与材料性能有关的常数，单位为 MPa。几种常用材料的 a 和 b 值见表 10.2。

表 10.2

材料（σ_b、σ_s 的单位为 MPa）	a/MPa	b/MPa
Q235 钢（$\sigma_b \geqslant 372$，$\sigma_s = 235$）	304	1.12
优质碳钢（$\sigma_b \geqslant 471$，$\sigma_s = 306$）	461	2.568

续表

材料（σ_b σ_s 的单位为 MPa）	a/MPa	b/MPa
硅钢（$\sigma_b \geqslant 510$，$\sigma_s = 353$）	578	3.744
铬钼钢	9807	5.296
铸铁	332.2	1.454
强铝	373	2.15
松木	28.7	0.19

柔度很小的短粗杆，受压时会因应力达到屈服极限（塑性材料）或强度极限（脆性材料）而失效，不会出现弯曲变形，这是一个强度问题。所以，在使用式（10.18）时，柔度λ存在一个最低界限值。对于塑性材料，按式（10.18）算出的应力最高只能等于σ_s，若此时相应的柔度为λ_0，则

$$\lambda_0 = \frac{a - \sigma_s}{b} \tag{10.19}$$

λ_0就是应用式（10.18）时的最小柔度。显然，式（10.18）的适用范围为柔度介于λ_0和λ_p之间的压杆，这类压杆称为中长压杆或中柔度压杆。

如$\lambda < \lambda_0$，这类压杆称为短粗压杆或小柔度压杆，其“临界应力”就是材料的极限应力σ_s或σ_b。所以，应按压缩的强度计算

$$\sigma_{cr} = \sigma_s \tag{10.20}$$

对于脆性材料，只需把以上两式中的σ_s改为σ_b即可。

综上所述，根据压杆的柔度可将其分为三类，并按不同的公式计算临界应力。$\lambda \geqslant \lambda_p$的压杆属于细长压杆或大柔度压杆，按欧拉公式计算其临界应力；$\lambda_0 \leqslant \lambda < \lambda_p$的压杆，属于中长压杆或中柔度压杆，可按式（10.18）计算其临界应力；$\lambda < \lambda_0$的压杆，属于短粗压杆或小柔度压杆，不会失稳，应按强度问题计算其临界应力。在上述三种情况下，临界应力σ_{cr}随柔度λ变化的曲线如图 10.4 所示，称为压杆的临界应力总图。

2. 抛物线型经验公式

对于由结构钢与低合金结构钢等材料制作的非细长压杆，可采用抛物线型经验公式计算临界应力，该公式的一般表达式为

$$\sigma_{cr} = a_1 - b_1\lambda^2 \tag{10.21}$$

式中：a_1和b_1为与材料性能有关的常数。

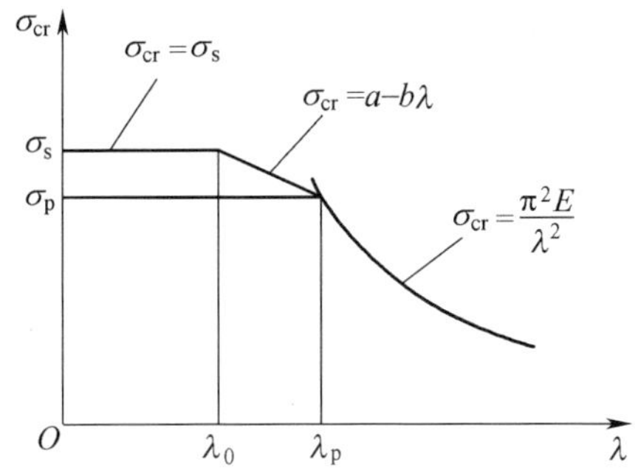

图 10.4

例 10.1　三根圆截面压杆，直径均为 d=160mm，材料为 Q235 钢，其比例极限 $\sigma_p = 200\text{MPa}$，弹性模量 $E = 206\text{GPa}$，屈服极限 $\sigma_s = 235\text{MPa}$，两端均为铰支，长度分别为 l_1、l_2 和 l_3，且 $l_1 = 2l_2 = 4l_3 = 5\text{m}$。试求各杆的临界应力 σ_{cr}。

解： 由式（10.16）求出

$$\lambda_p = \pi\sqrt{\frac{E}{\sigma_p}} = \pi\sqrt{\frac{206\times10^9\,\text{Pa}}{200\times10^6\,\text{Pa}}} \approx 100$$

由式（10.19）求出

$$\lambda_0 = \frac{a-\sigma_s}{b} = \frac{(304-235)\text{MPa}}{1.12\text{MPa}} = 61.61$$

三根压杆两端均为铰支，$\mu = 1$。

因为截面为圆形，所以

$$i = \sqrt{\frac{I}{A}} = \sqrt{\frac{\pi d^4/64}{\pi d^2/4}} = \frac{d}{4} = \frac{160\text{mm}}{4} = 40\text{mm} = 0.04\text{m}$$

对于第 1 根压杆，其长度 $l_1 = 5\text{m}$，由式（10.13），其柔度为

$$\lambda_1 = \frac{\mu l_1}{i} = \frac{1\times5\text{m}}{0.04\text{m}} = 125$$

由于 $\lambda_1 > \lambda_p$，因此第 1 根压杆为大柔度压杆，其临界应力可由式（10.14）求出，即

$$\sigma_{cr1} = \frac{\pi^2 E}{\lambda_1^2} = \frac{\pi^2\times206\times10^9\,\text{Pa}}{125^2} = 130.1\times10^6\,\text{Pa} = 130.1\text{MPa}$$

对于第 2 根压杆，其长度 $l_2 = 2.5\text{m}$，由式（10.13），其柔度为

$$\lambda_2 = \frac{\mu l_2}{i} = \frac{1\times2.5\text{m}}{0.04\text{m}} = 62.5$$

由于 $\lambda_0 < \lambda_2 < \lambda_p$，因此第 2 根压杆为中柔度压杆，其临界应力可由式（10.18）

求出，即

$$\sigma_{cr2} = a - b\lambda_2 = 304\text{MPa} - 1.12\text{MPa} \times 62.5 = 234\text{MPa}$$

对于第 3 根压杆，其长度 $l_3 = 1.25\text{m}$，由式（10.13），其柔度为

$$\lambda_3 = \frac{\mu l_3}{i} = \frac{1 \times 1.25\text{m}}{0.04\text{m}} = 31.25$$

由于 $\lambda_3 < \lambda_0$，因此第 3 根压杆为小柔度压杆，其临界应力为

$$\sigma_{cr3} = \sigma_s = 235\text{MPa}$$

10.4 压杆的稳定校核

10.4.1 稳定安全因数法

为了保证压杆的稳定性，压杆的工作压力 F 不仅必须小于压杆的临界力 F_{cr}，而且还要考虑一定的安全储备，故压杆的稳定条件为

$$F \leqslant \frac{F_{cr}}{n_{st}}$$

或写成

$$n = \frac{F_{cr}}{F} \geqslant n_{st} \tag{10.22}$$

式中：n 为压杆的工作安全因数；n_{st} 为稳定安全因数。

将式（10.22）中的 F 与 F_{cr} 同除以压杆的横截面面积 A，得

$$n = \frac{\sigma_{cr}}{\sigma} \geqslant n_{st} \tag{10.23}$$

以上两式为压杆的稳定性条件，用这两式校核压杆稳定性的方法，称为稳定安全因数法。

对于稳定安全因数 n_{st} 的确定，除应遵循确定强度安全因数的原则外，还应考虑杆件的初曲率、压力偏心、材料不均匀和支座缺陷等因素，这些不利因素都严重地影响了压杆的稳定性，降低了临界压力。而同样的这些因素，对杆件强度的影响就不像对稳定性影响那么大。因此，稳定安全因数 n_{st} 的取值一般大于强度安全因数 n。其值可从有关设计规范和手册中查到。几种常见压杆的稳定安全因数见表 10.3。

表 10.3

机械类型	稳定安全因数 n_{st}
金属结构中的压杆	1.8～3.0
矿山和冶金设备中的压杆	4.0～8.0
机床的丝杆	2.5～4.0
起重螺旋杆	3.5～6.0
低速发动机挺杆	4.0～6.0
高速发动机挺杆	2.0～5.0

10.4.2　折减系数法

在工程实际中，对压杆的稳定计算还采用折减系数法。将稳定许用应力$[\sigma_{st}]$表示为强度许用应力$[\sigma]$与一个小于 1 的系数φ的乘积，即

$$[\sigma_{st}]=\varphi[\sigma] \tag{10.24}$$

式中：φ为一个小于 1 的系数，称为折减系数，其值与压杆的柔度及所用材料有关。

图 10.5 是结构钢（Q215、Q235、Q275）、低合金钢（16Mn）及木质压杆的φ-λ曲线。

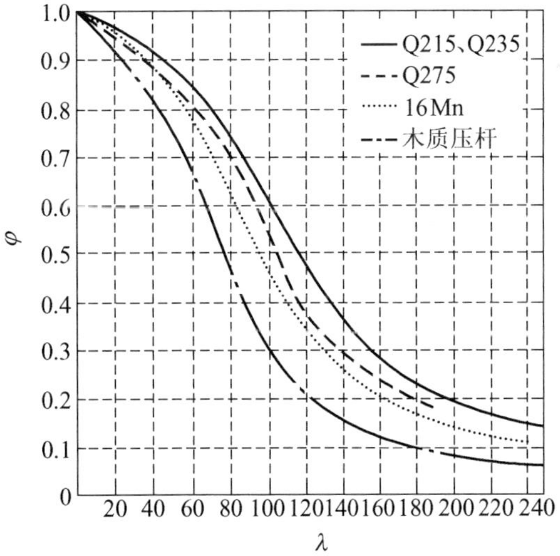

图 10.5

引入折减系数后，压杆的稳定性条件为

$$\sigma = \frac{F}{A} \leqslant \varphi[\sigma] \tag{10.24}$$

根据式（10.24）对压杆进行的稳定计算称为折减系数法。

还应指出，由于压杆的稳定性取决于整根杆件的抗弯刚度，因此，在稳定计算中，无论是由欧拉公式还是由经验公式所确定的临界应力，都是以杆件的整体变形为基础的。局部削弱（如螺钉孔或油孔等）对整体变形影响很小，所以计算临界应力时，可采用未经削弱的横截面面积 A 和惯性矩 I。当进行强度计算时，应该使用削弱后的横截面面积。

例 10.2 空气压缩机的活塞杆由 45 钢制成，其屈服极限 $\sigma_s = 350\text{MPa}$，比例极限 $\sigma_p = 280\text{MPa}$，弹性模量 $E = 210\text{GPa}$。长度 l=703mm，直径 d=45mm。最大压力 $F_{max} = 41.6\,\text{kN}$，规定稳定安全因数 n_{st}=8～10。试校核其稳定性。

解：由式（10.16）求出

$$\lambda_p = \pi\sqrt{\frac{E}{\sigma_p}} = \pi\sqrt{\frac{210\times10^9\,\text{Pa}}{280\times10^6\,\text{Pa}}} = 86$$

活塞杆简化成两端铰支，$\mu = 1$。

因为截面为圆形，所以

$$i = \sqrt{\frac{I}{A}} = \sqrt{\frac{\pi d^4/64}{\pi d^2/4}} = \frac{d}{4} = \frac{45\text{mm}}{4} = 11.25\text{mm}$$

由式（10.13），其柔度为

$$\lambda = \frac{\mu l}{i} = \frac{1\times703\text{mm}}{11.25\text{mm}} = 62.5 \quad < \lambda_p$$

所以不能用欧拉公式计算其临界力。由表 10.2 查得优质碳钢的材料常数 a 和 b 分别为：a=461MPa，b=2.568MPa。由式（10.19）得

$$\lambda_0 = \frac{a-\sigma_s}{b} = \frac{(461-350)\text{MPa}}{2.568\text{MPa}} = 43.2$$

由于 $\lambda_0 < \lambda < \lambda_p$，因此活塞杆为中柔度压杆，其临界应力可由式（10.18）求出，即

$$\sigma_{cr} = a - b\lambda = 461\text{MPa} - 2.568\text{MPa}\times62.5 = 301\text{MPa}$$

临界压力为

$$F_{cr} = \sigma_{cr}A = (301\times10^6\,\text{Pa})\times\frac{\pi}{4}(45\times10^{-3}\,\text{m})^2 = 478\text{kN}$$

活塞杆的工作安全因数为

$$n=\frac{F_{cr}}{F_{max}}=\frac{478\text{kN}}{41.6\text{kN}}=11.5>n_{st}$$

所以活塞杆满足稳定性要求。

10.5　提高压杆稳定性的措施

提高压杆稳定性的措施，可从决定压杆临界力的各种因素去考虑。

1. 选择合理的截面形状

由式（10.10）可以看出，截面的惯性矩 I 越大，临界压力 F_{cr} 就越大，而且由式（10.14）和式（10.18）可见，柔度 λ 越小，临界应力越大。压杆的柔度为

$$\lambda=\frac{\mu l}{i}=\mu l\sqrt{\frac{A}{I}}$$

所以，在截面面积一定的情况下，应尽可能把材料放置到离截面形心较远处，以得到较大的惯性矩 I，从而减小杆的柔度，提高临界压力。例如，空心环形截面就比实心圆截面合理，如图 10.6 所示。同样，由四根角钢组成的立柱，角钢应分散放置在截面的四个角［图 10.7（a）］，而不是集中放置在截面形心的附近［图 10.7（b）］。

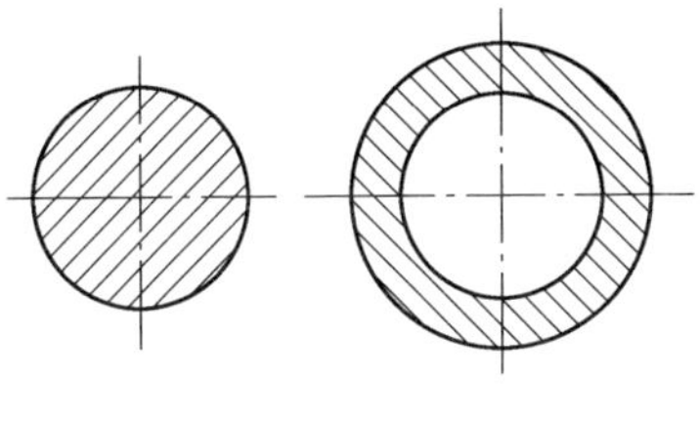

图 10.6

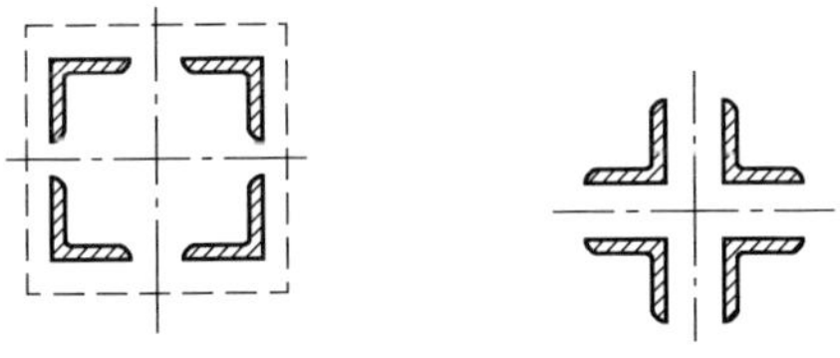

（a）　　　（b）

图 10.7

压杆总是在柔度大的纵向平面内失稳。如果压杆在各个弯曲平面内的约束条件相同，则宜选择对两形心主惯性轴的惯性半径相等的截面，如圆形、圆环形、

正方形等截面。如果压杆在两个弯曲平面内的约束条件不同，应选择对两形心主惯性轴的惯性半径不相等的截面，使压杆在两个弯曲平面内的柔度接近相等，从而在两个平面内有接近相等的稳定性。

2. 改变压杆的约束条件

由 10.2 节可以看出，临界力的大小与压杆的支座约束条件有关。压杆两端固定得越牢固，长度因数 μ 越小，柔度 λ 也就越小，临界应力就越大。因此，采用 μ 值小的支承情况，可以提高压杆的稳定性。

3. 减小压杆的长度

因柔度 λ 与长度 l 成正比，故应尽可能地减小长度 l，或在压杆中间增加一个中间支座（图 10.8），使其计算长度为原来的一半，柔度相应减小一半，而其临界应力则是原来的 4 倍。

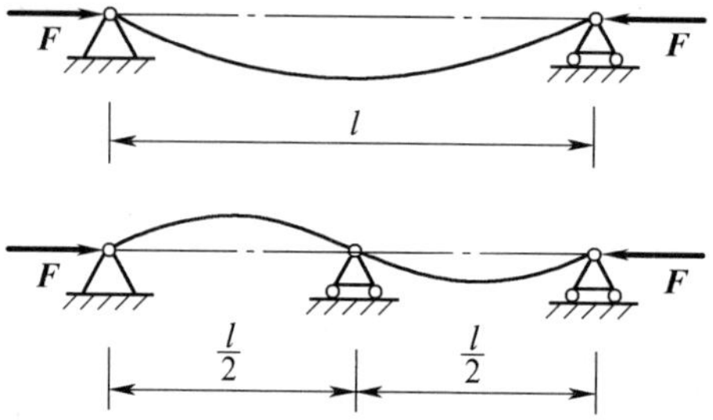

图 10.8

4. 合理选择材料

对于大柔度压杆，由式（10.10）、式（10.14）看出，其临界力和临界应力均与材料的弹性模量 E 成正比。但由于各种钢材的 E 大致相等，因此选用优质钢材与普通钢材其稳定性并无很大差别。对于中柔度压杆，其临界应力与材料的强度有关，强度高的材料，临界应力也相应高，故选用高强度优质钢可以提高中柔度压杆的稳定性。至于柔度很小的短粗杆，本身就是强度问题，选用高强度材料则可相应提高强度，其优越性自然是明显的。

扩展阅读：压杆稳定研究发展历史

压杆在工程实际中随处可见。当压力达到一定值时，细长的受压杆可能突然弯曲而破坏，即产生失稳现象。由于受压杆失稳后将丧失继续承受原设计载荷的能力，而失稳现象又常是突然发生的，因此结构中受压杆件的失稳常造成严重的后果，甚至导致整个结构物的倒塌。工程上出现较大的工程事故中，有相当一部分是因为受压构件失稳所致，因此对受压杆的稳定问题绝不容忽视。

早在文艺复兴时期，伟大的艺术家、科学家和工程师达·芬奇对压杆做了一些开拓性的研究工作。荷兰物理学教授穆申布罗克于 1729 年通过对木杆的受压实验，得出“压曲载荷与杆长的平方成反比”的重要结论。细长压杆临界压力公式是数学家欧拉首先导出的。他在 1744 年出版的《曲线的变分法》专著中，曾得到细长压杆失稳后弹性曲线的精确描述及临界载荷的计算公式。1757 年，他又出版了《关于柱的承载能力》的论著（工程中习惯将压杆称为柱），纠正了在 1744 年关于矩形截面抗弯刚度计算中的错误。而大家熟知的两端铰支压杆载荷公式是拉格朗日在欧拉近似微分方程的基础上于 1770 年左右得到的。1807 年英国自然哲学教授杨、1826 年纳维先后指出欧拉公式只适用于细长压杆。1846 年，拉马尔具体讨论了欧拉公式的适用范围，并提出超出此范围的压杆要通过实验研究解决问题的正确见解。关于大家熟知的非细长杆临界压力经验公式的提出者，则众说纷纭，难于考证。一种说法是瑞士的台特迈尔和俄罗斯的雅辛斯基都曾提出过有关压杆临界力与柔度关系的经验公式，雅辛斯基还用过许可应力折减系数计算稳定许可应力。

第 3 篇　运动学和动力学

引　言

如果作用在物体上的力系不满足平衡条件，物体便失去平衡，其运动状态将发生变化。运动状态的变化涉及两方面的内容：一是物体运动的几何性质（如运动轨迹、速度和加速度等）；二是引起物体运动变化的物理原因（如力、质量等）。

运动学只是从几何的角度来研究物体的运动，而不研究引起物体运动及其变化的原因。动力学是研究物体的运动变化与作用在物体上的力之间的关系。运动学研究问题时把物体抽象为两种力学模型（研究对象）：一是几何点，它既无大小，也不考虑其质量；二是刚体，即由无数的点组成的不变形的物体。动力学中所研究的力学模型有：质点、刚体和质点系。

机械运动的描述是相对的，研究某个物体的机械运动必须要有参考体相对照，要说明该运动是相对于哪个参考体而言，如果选取的参考体不同，则物体相对于不同参考体的运动也不相同。用来确定物体的位置和运动的另一物体，称为参考体；对物体运动的定量描述需要坐标系，固结于参考体上的坐标系称为参考系。一般工程问题中，如不特殊说明，就以固结于地面的坐标系为参考系。

第 11 章　一点的运动分析

11.1　点的运动分析

点的运动学既是研究一般物体运动的基础，又具有独立的应用意义。本节分别用三种方法，即矢量法、直角坐标法、自然法研究点的运动，包括点的运动轨迹、运动方程、速度和加速度。

11.1.1　矢量法

在选定的参考空间中，任选一个固定点 O，称为参考点，点 M 在该参考空间的位置可以由点 M 相对于点 O 的矢量 $\boldsymbol{r}$ 唯一确定，如图 11.1 所示。点 M 的位置与矢量 $\boldsymbol{r}$ 建立起一一对应关系，矢量 $\boldsymbol{r}$ 称为点 M 的矢径，又称向径。当动点 M 运动时，矢径 $\boldsymbol{r}$ 大小和方向随时间的变化而变化。矢径 $\boldsymbol{r}$ 是时间的单值连续函数，即

$$\boldsymbol{r}=\boldsymbol{r}(t) \tag{11.1}$$

上式称为点的矢量形式的运动方程。随着点 M 的运动，矢径 $\boldsymbol{r}$ 的矢端在参考空间画出的曲线即为点 M 的轨迹。

从 t 时刻到 $t+\Delta t$ 时刻，点 M 在参考空间的矢径改变 $\boldsymbol{r}(t+\Delta t)-\boldsymbol{r}(t)$ 称为点 M 在 Δt 时间间隔内的位移，如图 11.2 所示，记作 $\Delta\boldsymbol{r}$，即

$$\Delta\boldsymbol{r}=\boldsymbol{r}(t+\Delta t)-\boldsymbol{r}(t) \tag{11.2}$$

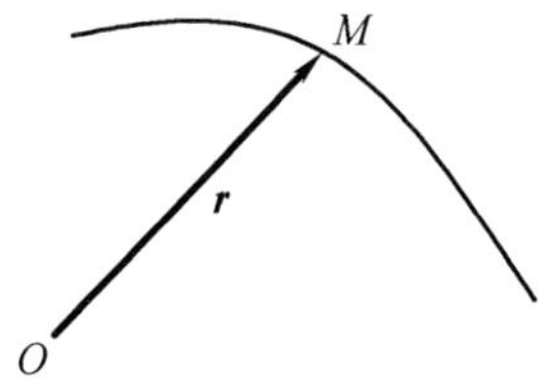

图 11.1

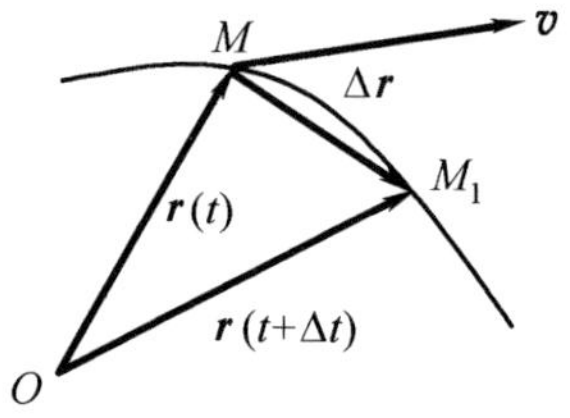

图 11.2

比值 $\Delta\boldsymbol{r}/\Delta t$ 定义为点 M 在 Δt 时间内的平均速度，平均速度为一矢量，其方向

与 $\Delta \boldsymbol{r}$ 相同。令 $\Delta t \to 0$，平均速度取得一极限值，即矢量 $\boldsymbol{v}$，将该矢量定义为点 M 在 t 时刻的瞬时速度，简称速度，即

$$\boldsymbol{v} = \lim_{\Delta t \to 0} \frac{\Delta \boldsymbol{r}}{\Delta t} = \frac{\mathrm{d}\boldsymbol{r}}{\mathrm{d}t} = \boldsymbol{r}' \tag{11.3}$$

点的速度等于动点的矢径 $\boldsymbol{r}$ 对时间的一阶导数。它是矢量，其大小表示动点运动的快慢，方向沿轨迹曲线的切线，并指向前进一侧。速度的国际单位是米/秒（m/s）。

在 t 时刻，动点 M 的速度 $\boldsymbol{v}$（t）随时间的变化率又称为 t 时刻 M 点的瞬时加速度，简称加速度，用 $\boldsymbol{a}$ 表示，即

$$\boldsymbol{a} = \lim_{\Delta t \to 0} \frac{\boldsymbol{v}(t+\Delta t) - \boldsymbol{v}(t)}{\Delta t} = \lim_{\Delta t \to 0} \frac{\Delta \boldsymbol{v}}{\Delta t} = \frac{\mathrm{d}\boldsymbol{v}}{\mathrm{d}t} = \boldsymbol{r}'' \tag{11.4}$$

也就是说，点的加速度等于动点的速度对时间的一阶导数，或等于动点的矢径对时间的二阶导数。加速度是矢量，其大小表示速度的变化快慢，加速度国际单位为米/秒 ^{2}（$\mathrm{m/s^2}$）。

11.1.2　直角坐标法

矢量法描述动点运动的优点是概念清晰，但不便于量化。为了便于数值计算，常用分析的方法研究点的运动，为此必须根据点的运动特点，在参考空间中建立适当的坐标系。常用的坐标系是与参考空间固定连接的直角坐标系。如图 11.3 所示，在固定点 O 建立直角坐标系 $Oxyz$，则动点 M 的位置可用其直角坐标 x、y、z 表示。当动点 M 运动时，坐标 x、y、z 是时间 t 的单值连续函数，即

$$x = x(t),\quad y = y(t),\quad z = z(t) \tag{11.5}$$

称为动点直角坐标形式的运动方程。

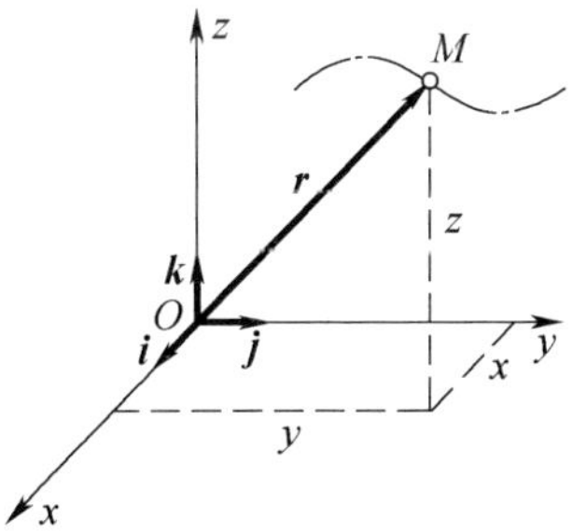

图 11.3

以上的运动方程，形式上是动点在直角坐标系的坐标以时间作为参数的参数方程。若已知该参数方程，则可以求出任一瞬时点的坐标 x、y、z 的值，也就可

以完全确定该瞬时动点的位置。给定时间 t 不同的数值，依次得出点的坐标 x、y、z 的相应数值，根据这些数值就可以描出动点的轨迹，轨迹曲线可由参数方程消去参数 t 得出，即 $f(x,y,z)=0$ 为动点的轨迹。

动点运动方程的矢量形式与直角坐标形式之间的关系是

$$\boldsymbol{r}(t)=x(t)\boldsymbol{i}+y(t)\boldsymbol{j}+z(t)\boldsymbol{k} \tag{11.6}$$

式中：$\boldsymbol{i}$、$\boldsymbol{j}$、$\boldsymbol{k}$ 分别为 x、y、z 轴方向的单位矢量。

由式（11.3）可得动点的速度 $\boldsymbol{v}$ 为

$$\boldsymbol{v}=\frac{\mathrm{d}\boldsymbol{r}}{\mathrm{d}t}=\frac{\mathrm{d}x}{\mathrm{d}t}\boldsymbol{i}+\frac{\mathrm{d}y}{\mathrm{d}t}\boldsymbol{j}+\frac{\mathrm{d}z}{\mathrm{d}t}\boldsymbol{k} \tag{11.7}$$

可得速度 $\boldsymbol{v}$ 在坐标轴的投影 v_x、v_y、v_z 为

$$v_x=\frac{\mathrm{d}x}{\mathrm{d}t}=x'，\ v_y=\frac{\mathrm{d}y}{\mathrm{d}t}=y'，\ v_z=\frac{\mathrm{d}z}{\mathrm{d}t}=z' \tag{11.8}$$

即速度在直角坐标轴上的投影等于动点所对应的坐标对时间的一阶导数。

速度大小和方向为

$$v=\sqrt{v_x^2+v_y^2+v_z^2} \tag{11.9}$$

$$\cos(\boldsymbol{v},\boldsymbol{i})=\frac{v_x}{v}，\ \cos(\boldsymbol{v},\boldsymbol{j})=\frac{v_y}{v}，\ \cos(\boldsymbol{v},\boldsymbol{k})=\frac{v_z}{v} \tag{11.10}$$

进一步，根据式（11.4）可得动点加速度 $\boldsymbol{a}$ 为

$$\boldsymbol{a}=a_x\boldsymbol{i}+a_y\boldsymbol{j}+a_z\boldsymbol{k}=x''\boldsymbol{i}+y''\boldsymbol{j}+z''\boldsymbol{k} \tag{11.11}$$

可得加速度在坐标轴上的投影为

$$a_x=x''(t)，\ a_y=y''(t)，\ a_z=z''(t) \tag{11.12}$$

即加速度在直角坐标轴上的投影等于动点所对应的坐标对时间的二阶导数。

加速度的大小和方向为

$$a=\sqrt{a_x^2+a_y^2+a_z^2} \tag{11.13}$$

$$\cos(\boldsymbol{a},\boldsymbol{i})=\frac{a_x}{a}，\ \cos(\boldsymbol{a},\boldsymbol{j})=\frac{a_y}{a}，\ \cos(\boldsymbol{a},\boldsymbol{k})=\frac{a_z}{a} \tag{11.14}$$

求解点的运动学问题大体可分为两类：第一类是已知动点的运动，求动点的速度和加速度，它是求微分过程；第二类是已知动点的速度或加速度，求动点的运动，它是求积分过程。

11.1.3 自然法

实际工程中，通常会遇到动点沿着某固定曲线运动的情况，如运行的列车是

在已知的轨道上行驶，此时，动点的运动受到曲线的限制，确定动点的位置只需要一个坐标即可。可以在曲线上选择一个确定的点 O 作为参考点，并规定沿着曲线的某一侧为正向，通过确定动点在某侧距离参考点的方向和距离来确定动点的位置。这种确定动点位置的坐标系通常称为曲线坐标系，如图 11.4 所示。

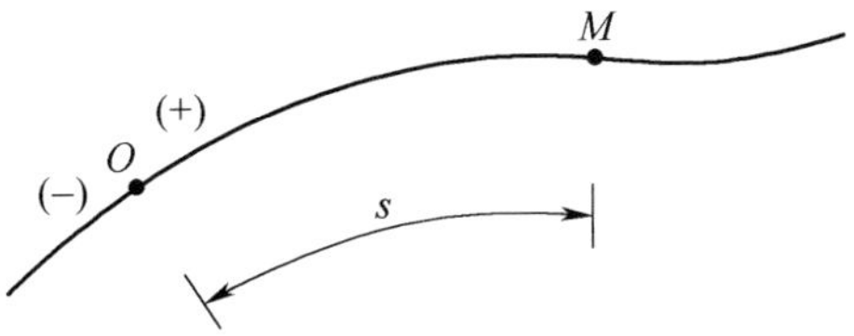

图 11.4

当动点运动时，图示曲线坐标 s 随时间而发生变化，即曲线坐标（也称为弧坐标）s 是时间 t 的单值连续函数，即

$$s = s(t) \tag{11.15}$$

式（11.15）称为弧坐标下动点的运动方程。

由于动点 M 在固定轨线上运动的过程中，其速度和加速度的大小与方向在不断地变化，显然仅仅利用点的弧坐标运动方程即式（11.15）不能描述，因此需要建立如下的自然轴系，这种利用点的运动轨迹建立弧坐标及自然轴系，并用它们来描述和分析点的运动的方法称为自然法。

如图 11.5 所示，在 M 点处作单位矢量 $\boldsymbol{\tau}'$的平行线 MA，单位矢量 $\boldsymbol{\tau}$ 与 MA 构成一个平面 P，当时间间隔 $\Delta t \to 0$ 时，MA 靠近单位矢量 $\boldsymbol{\tau}$，M'趋于 M 点，平面 P 趋于极限平面 P_0，此平面称为密切平面。过 M 点作密切平面的垂直平面 N，N 称为 M 点的法平面。在密切平面与法平面的交线，取其单位矢量 $\boldsymbol{n}$，并恒指向轨迹曲线的曲率中心一侧，$\boldsymbol{n}$ 称为 M 点的主法线。按右手系生成 M 点处的次法线 $\boldsymbol{b}$，使 $\boldsymbol{b} = \boldsymbol{\tau} \times \boldsymbol{n}$，从而得到由 $\boldsymbol{b}$、$\boldsymbol{\tau}$、$\boldsymbol{n}$ 构成的自然轴系。由于动点在运动，$\boldsymbol{b}$、$\boldsymbol{\tau}$、$\boldsymbol{n}$ 的方向随动点的运动而变化，故 $\boldsymbol{b}$、$\boldsymbol{\tau}$、$\boldsymbol{n}$ 为动坐标系。

由矢量法知动点的速度大小为

$$|\boldsymbol{v}| = \left|\frac{\mathrm{d}\boldsymbol{r}}{\mathrm{d}t}\right| = \lim_{\Delta t \to 0}\left|\frac{\Delta \boldsymbol{r}}{\Delta t}\right| = \lim_{\Delta t \to 0}\left|\frac{\Delta \boldsymbol{r}}{\Delta s}\cdot\frac{\Delta s}{\Delta t}\right| = \lim_{\Delta s \to 0}\left|\frac{\Delta \boldsymbol{r}}{\Delta s}\right| \lim_{\Delta t \to 0}\left|\frac{\Delta s}{\Delta t}\right| = |v| \tag{11.16}$$

如图 11.6 所示，$\lim\limits_{\Delta s \to 0}\left|\dfrac{\Delta \boldsymbol{r}}{\Delta s}\right| = 1$，$\lim\limits_{\Delta t \to 0}\dfrac{\Delta s}{\Delta t} = v$，$v$ 定义为速度代数量，当动点沿轨迹曲线的正向运动（$\Delta s > 0$）时，$v>0$；反之（$\Delta s < 0$），$v<0$。

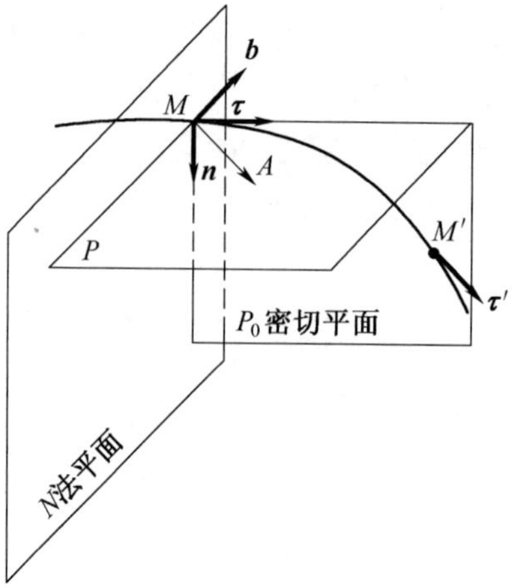

图 11.5

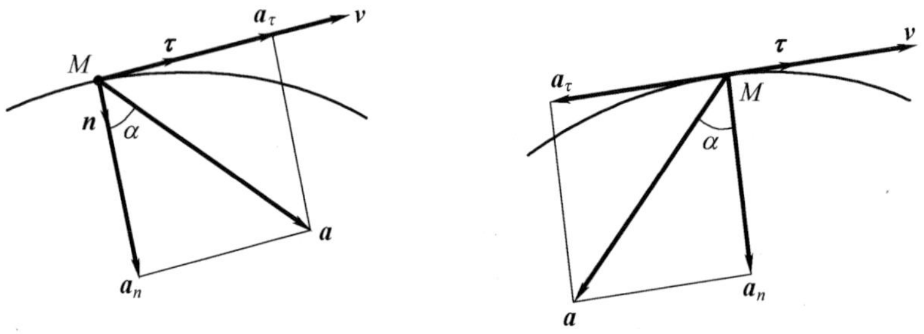

（a） （b）

图 11.6

动点速度方向沿轨迹曲线切线，并指向前进一侧，即点的速度的矢量表示为

$$\boldsymbol{v} = v\boldsymbol{\tau} \tag{11.17}$$

式中：$\boldsymbol{\tau}$ 为沿轨迹曲线切线的单位矢量，恒指向 $\Delta s > 0$ 的方向。

由矢量法知动点的加速度为

$$\boldsymbol{a} = \frac{\mathrm{d}\boldsymbol{v}}{\mathrm{d}t} = \frac{\mathrm{d}}{\mathrm{d}t}(v\boldsymbol{\tau}) = \frac{\mathrm{d}v}{\mathrm{d}t}\boldsymbol{\tau} + v\frac{\mathrm{d}\boldsymbol{\tau}}{\mathrm{d}t} \tag{11.18}$$

式（11.18）表示加速度应分两项，一项表示速度大小对时间的变化率，用 $\boldsymbol{a}_\tau$ 表示，称为切向加速度，其方向沿轨迹曲线切线，当 a_τ 与 v 同号时，动点做加速运动，反之做减速运动；另一项表示速度方向对时间的变化率，用 $\boldsymbol{a}_n$ 表示，称为法向加速度。

切向加速度 a_τ：

$$a_\tau = \frac{\mathrm{d}v}{\mathrm{d}t} = \frac{\mathrm{d}^2 s}{\mathrm{d}t^2} \tag{11.19}$$

下面分析法向加速度 $\boldsymbol{a}_n$ 的大小和方向。

设在 t 时刻动点在轨迹曲线上的 M 点，并在 M 点作其切线，沿其前进的方向给出单位矢量 $\boldsymbol{\tau}$，下一个时刻 t'动点在 M'点处，并沿其前进的方向给出单位矢量 $\boldsymbol{\tau}'$，如图 11.7 所示。为描述曲线 M 处的弯曲程度，引入曲率的概念，即单位矢量 $\boldsymbol{\tau}$ 与 $\boldsymbol{\tau}'$夹角 θ 对弧长 s 的变化率，用 κ 表示：

$$\kappa = \left|\frac{\mathrm{d}\theta}{\mathrm{d}s}\right| \tag{11.20}$$

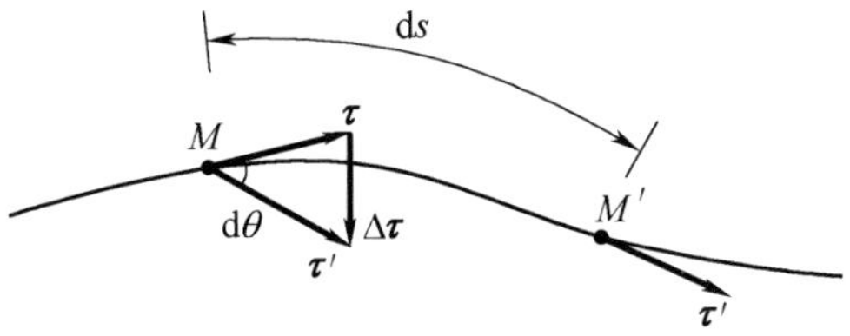

图 11.7

则 M 处的曲率半径为

$$\rho = \frac{1}{\kappa} \tag{11.21}$$

$\dfrac{\mathrm{d}\boldsymbol{\tau}}{\mathrm{d}t}$ 的方向如图 11.7 所示，沿轨迹曲线的主法线恒指向曲率中心一侧，且有

$$\left|\frac{\mathrm{d}\boldsymbol{\tau}}{\mathrm{d}t}\right| = \lim_{\Delta t\to 0}\left|\frac{\Delta\boldsymbol{\tau}}{\Delta t}\right| = \lim_{\Delta t\to 0}\frac{2\times 1\times\sin\dfrac{\Delta\theta}{2}}{\Delta t} = \lim_{\Delta\theta\to 0}\frac{\sin\dfrac{\Delta\theta}{2}}{\dfrac{\Delta\theta}{2}}\lim_{\Delta s\to 0}\frac{\Delta\theta}{\Delta s}\lim_{\Delta t\to 0}\frac{\Delta s}{\Delta t} = \frac{v}{\rho} \tag{11.22}$$

则自然法动点加速度的矢量表达式为

$$\boldsymbol{a} = a_\tau\boldsymbol{\tau} + a_n\boldsymbol{n} \tag{11.23}$$

式中：$a_\tau = \dfrac{\mathrm{d}v}{\mathrm{d}t} = \dfrac{\mathrm{d}^2 s}{\mathrm{d}t^2}$，$a_n = \dfrac{v^2}{\rho}$。由此可得自然坐标下，动点加速度的分量为

$$\left.\begin{aligned} a_\tau &= \frac{\mathrm{d}v}{\mathrm{d}t} = \frac{\mathrm{d}^2 s}{\mathrm{d}t^2} \\ a_n &= \frac{v^2}{\rho} \\ a_b &= 0 \end{aligned}\right\} \tag{11.24}$$

式中，a_b 为副法向加速度。

若已知动点的切向加速度 a_τ 和法向速度 a_n，动点的全加速度大小、全加速度与法线的夹角分别为

$$a=\sqrt{a_\tau^2+a_n^2},\ \tan\alpha=\frac{|a_\tau|}{a_n} \tag{11.25}$$

11.2 简单运动刚体内点的运动分析

刚体是无数质点组成的特殊质点系，研究运动刚体内一点的运动是运动学的一个基本内容，也有现实的工程意义。例如，数控机床就是控制机床切刀点的运动来完成零件加工的。本节主要研究刚体的两种简单运动，以及这两种刚体的简单运动与其内一点的运动之间的关系。

刚体的简单运动主要有平行运动（简称“平动”）和定轴转动，这是工程中最常见的运动，也是研究复杂运动的基础。

11.2.1 刚体的平行运动

工程中某些物体的运动，如气缸内活塞的运动、车床上刀架的运动、送料机构的送料槽的运动［图 11.8（a）］和直线轨道行驶的车厢的运动［图 11.8（b）］等有一个共同的特征：刚体运动时，其上任一直线始终保持与原来位置相平行，刚体的这类运动称为刚体的平行运动，简称刚体的平动。

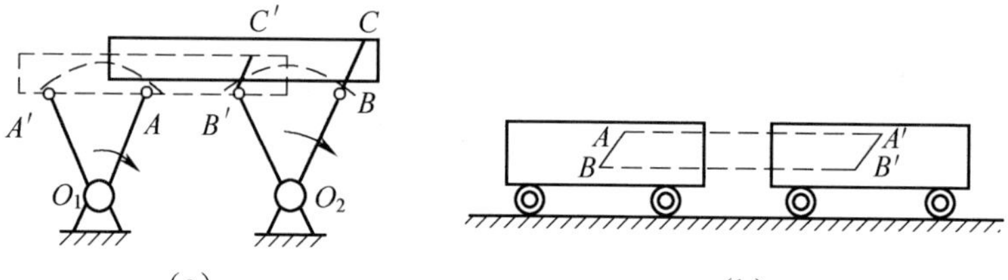

（a）　　　　（b）

图 11.8

应该指出，刚体平动时，体内各点的轨迹可以是直线也可以是曲线，若各点的轨迹为直线，则刚体的运动称为直线平动；若为曲线，则称为曲线平动。如图 11.8 中车厢的运动为直线平动，而筛子 AB 的运动就是曲线平动。

根据刚体平动的特点，可得如下定理：刚体平动时，体内各点的轨迹形状相同；同一瞬时，各点具有相同的速度和加速度。

证明： 在平动刚体内任选两点 A 和 B（图 11.9），以 $\boldsymbol{r}_A$ 和 $\boldsymbol{r}_B$ 分别表示这两点

的矢径，可得

$$\boldsymbol{r}_A = \boldsymbol{r}_B + \overrightarrow{BA} \tag{11.26}$$

由刚体平动的定义可知，矢量 $\overrightarrow{BA}$ 的长度和方向都不改变，故 $\overrightarrow{BA}$ 为常矢量。因此，若将 B 点轨迹沿 $\overrightarrow{BA}$ 方向平行移一段距离 $\overline{BA}$，就与 A 点的轨迹完全重合。这说明刚体平动时，体内任意两点的轨迹完全相同。例如，图 11.9 中筛子 AB 上各点的轨迹是相同的圆弧。将式（11.26）对时间求一阶导数和二阶导数，并注意 $\overrightarrow{BA}$ 为常矢量，其导数为零，可得

$$\left.\begin{aligned} \boldsymbol{r}_A' = \boldsymbol{r}_B',\ \ \boldsymbol{v}_A = \boldsymbol{v}_B \\ \boldsymbol{r}_A'' = \boldsymbol{r}_B'',\ \ \boldsymbol{a}_A = \boldsymbol{a}_B \end{aligned}\right\} \tag{11.27}$$

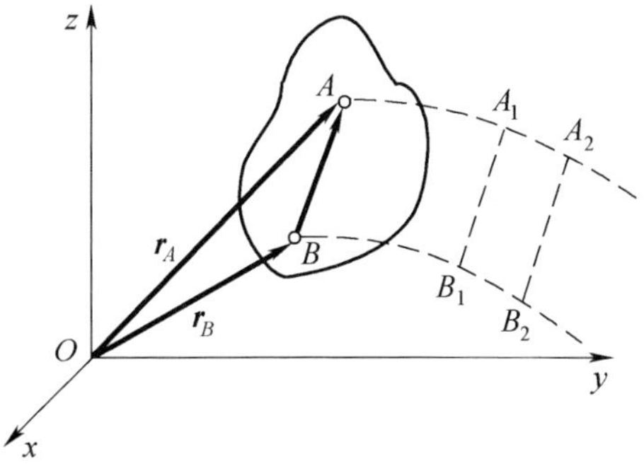

图 11.9

由此可得结论：当刚体平动时，其上各点的轨迹形状相同；在每一瞬时，各点的速度相同，加速度也相同。所以，刚体内任一点（如重心）的运动可以代表整个刚体的运动。

因此，只需要确定平动刚体内一点的运动状态（速度、加速度），则其他任意点的运动状态（速度、加速度）都可由式（11.27）确定。而轨迹之间，如式（11.26）所示，相差一个常矢量 $\overrightarrow{BA}$。

11.2.2　刚体的定轴转动

定轴转动在工程中应用极为广泛，如电动机的转子、机床的转轴、收割机脱粒滚筒等的运动都是定轴转动。这类刚体运动的特征是：刚体运动时，体内或其扩大部分有一直线始终固定不动，则这种运动称为刚体的定轴转动，简称转动。这条固定不动的直线称为转轴。

图 11.10 是一个绕固定轴 Oz 转动的刚体，为确定其任意瞬时的位置，可通过转轴 Oz 作两个平面，平面 A 固定不动，平面 B 固结在刚体上随刚体一起转动，

则刚体在任一瞬时的位置可用两平面的夹角 φ 来表示。角 φ 称为刚体的转角或角位移，以 rad 来计，它是一个代数量，其正负号按右手规则确定，即从 z 轴的正端往负端看，逆时针转动时角 φ 为正，反之为负。当刚体转动时，角 φ 是时间 t 的单值连续函数，即

$$\varphi = \varphi(t) \tag{11.28}$$

上式称为刚体的转动方程。

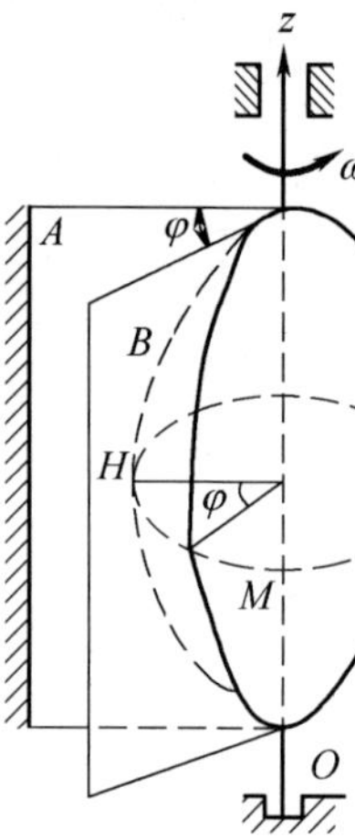

图 11.10

转角 φ 对时间 t 的一阶导数，称为刚体的角速度，用 ω 表示，即

$$\omega = \varphi' \tag{11.29}$$

角速度也是代数量，它的大小表示某瞬时刚体转动的快慢，它的正负号表示某瞬时刚体的转向。当 $\omega > 0$ 时，刚体逆时针转动；当 $\omega < 0$ 时，刚体顺时针转动。

角速度的单位为弧度/秒（rad/s）。工程上习惯用转速 n 即每分钟的转数来表示刚体转动的快慢，其单位为 r/min，角速度 ω 与转速 n 之间的关系是

$$\omega = 2\pi n / 60 = \pi n / 30 \tag{11.30}$$

角速度 ω 对时间 t 的一阶导数，或转角 φ 对时间 t 的二阶导数，称为刚体的角加速度，用 α 表示，即

$$\alpha = \omega' = \varphi'' \tag{11.31}$$

其单位为 $\mathrm{rad/s^2}$。

角加速度描述了角速度变化的快慢。它也是代数量，其正负号的判定同角速度正负号的判定。

若 α 与 ω 同号，则 ω 的绝对值增大，刚体做加速转动；若 α 与 ω 异号，则刚

体做减速转动。

刚体转动时，若角速度 ω 为常量，则称为匀速转动；当角加速度 α 为常量时，则称为匀变速转动。这是刚体转动的两种特殊情况。

刚体做定轴转动时，转轴上的点固定不动，不在转轴上的各点都在垂直于转轴的平面内做圆周运动，圆心是此平面与转轴的交点，圆的半径为该点到转轴的距离。如图 11.11 所示，定轴转动刚体上距离定轴距离为 R 的点 M，在和定轴垂直的面 S 上做以定点 O 为圆心，R 为半径的圆周运动，且动点圆周运动的角速度和角加速度分别等于刚体定轴转动的角速度 ω 和角加速度 α，则动点 M 的速度和加速度如图 11.12 所示。

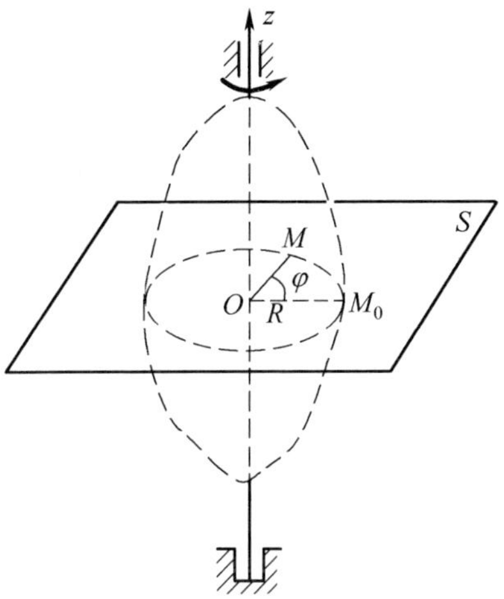

图 11.11

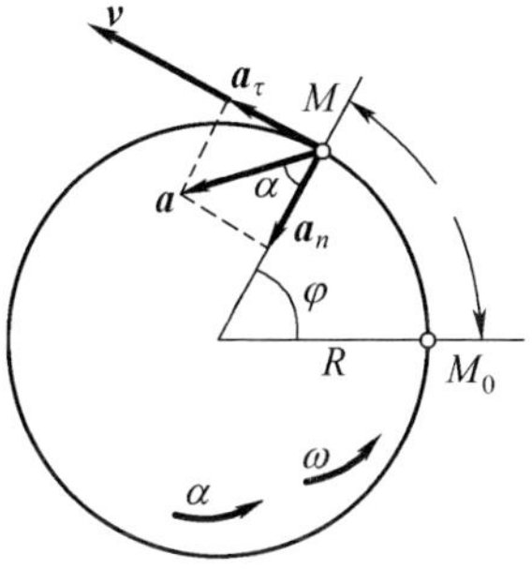

图 11.12

M 点的速度为

$$v = R\omega \tag{11.32}$$

即转动刚体上任一点速度的大小，等于该点到转轴的距离与刚体的角速度的乘积，方向沿圆周的切线，指向与角速度的转向一致。

M 点的切向加速度为

$$a_\tau = v' = R\omega' = R\alpha \tag{11.33}$$

即转动刚体内任一点的切向加速度的大小，等于该点到转轴的距离和刚体的角加速度的乘积，方向沿圆周的切线。指向与 α 的转向一致。

M 点的法向加速度为

$$a_n = v^2 / \rho = (R\omega)^2 / R = R\omega^2 \tag{11.34}$$

即转动刚体内任一点法向加速度的大小等于该点到转轴的距离和刚体角速度

平方的乘积，方向沿该点的法线，指向转轴。

当ω与α同号时，刚体做加速转动，其上各点的速度指向与切加速度指向相同，点做加速运动；反之，当ω与α异号，刚体做减速转动，点亦做减速运动。

11.2.3 点的合成运动

物体的运动具有相对性，对于同一物体，若选择的参考系不同，其运动状态也会不同。例如，观察沿直线轨道前进的拖拉机后轮上一点M的运动（图 11.13），如以地面为参考系，则该点轨迹为旋轮线；如以车厢为参考系，则该点轨迹是一个圆。因此，M点的旋轮线运动可以看成由该点相对于车厢的运动和随同车厢的运动所组成。本小节将介绍同一物体相对不同参考系的运动，并给出这两种运动之间的关系。

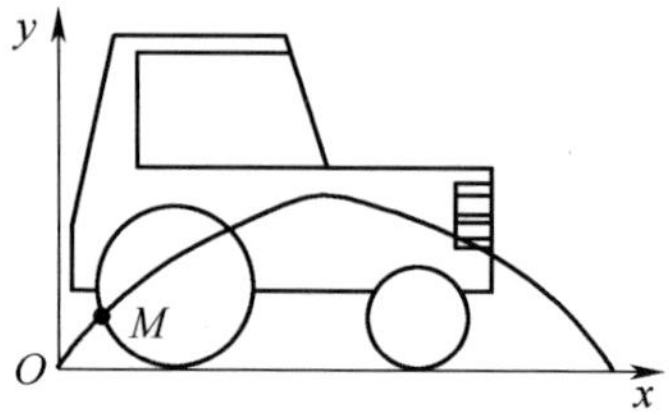

图 11.13

通过观察可以发现，物体对一参考系的运动可以由几个运动组合而成。点的这种由几个运动组合而成的运动称为点的合成运动。

点的运动既然可以合成，那么也就可以分解。我们常把点的比较复杂的运动看成几个简单运动的组合，先研究这些简单运动，然后再把它们合成。这就得到研究点的运动的一种重要方法，即运动的分解与合成。

习惯上把固定在地球上的坐标系称为定坐标系，通常用$Oxyz$表示；固定于其他相对于地球运动的物体的参考系称为动坐标系，通常用$O'x'y'z'$表示。在图 11.13 的例子中，动坐标系可以选择固定在车体上的坐标系。动点相对于定坐标系的运动称为绝对运动；动点相对于动坐标系的运动称为相对运动；动坐标系相对于定坐标系的运动称为牵连运动。例如，图 11.13 中将动坐标系固定在拖拉机车厢上，则轮缘上动点M相对于地面的运动即旋轮线运动是绝对运动，动点M相对于车厢的圆周运动是相对运动，而车厢相对于地面的直线平动是牵连运动。由此可见，动点的绝对运动是它的相对运动和牵连运动的合成运动。

由上述定义可知，动点的绝对运动和相对运动都是指点的运动，它可能作直线运动或曲线运动；而牵连运动则是指动坐标系所在刚体的运动，它可能是平动、转动或其他较复杂的运动。

动点在绝对运动中的轨迹、速度和加速度，分别称为动点的绝对轨迹、绝对速度和绝对加速度。用 $\boldsymbol{v}_a$ 和 $\boldsymbol{a}_a$ 表示绝对速度和绝对加速度。

动点在相对运动中的轨迹、速度和加速度，分别称为动点的相对轨迹、相对速度和相对加速度。用 $\boldsymbol{v}_r$ 和 $\boldsymbol{a}_r$ 表示相对速度和相对加速度。

至于动点的牵连速度和牵连加速度的定义，必须予以充分注意。因为牵连运动指的是与动坐标系固连的刚体的运动，它可能是平动，也可能是定轴转动。转动时，其上各点的速度和加速度是不相同的。而对动点的运动有影响的是我们研究的瞬时，动坐标系上与动点相重合的那一点，称为牵连点。所以，动点的牵连速度和牵连加速度定义如下：某瞬时，动坐标系中与动点相重合的那一点（即牵连点）对定坐标系的速度和加速度，分别称为动点在该瞬时的牵连速度和牵连加速度，用 $\boldsymbol{v}_e$ 和 $\boldsymbol{a}_e$ 表示。

如图 11.13 所示，若动坐标系固定在车厢上，则动坐标系的牵连运动为随车厢的平动，动点 M 的相对运动为圆周运动，而牵连速度和牵连加速度为该时刻与动点 M 重合的车厢上（或者其延展刚体上）的另一点 M'的速度和加速度。因为车厢为平动，所以动点 M 的牵连速度和牵连加速度为车厢的平动速度和平动加速度。

又如图 11.14（a）所示，分析匀速转动的喷水管内某流体质点 M 的运动，设水以匀速 $\boldsymbol{v}$ 喷出，水管转动角速度为 ω。如果设定坐标系固定在水管上面，则动坐标系的运动为定轴转动，则其内动点 M 的牵连速度和牵连加速度，按照定义，为水管上与动点 M 重合的一点 M'的速度和加速度，其运动状态为匀速圆周运动，故其速度和加速度如图 11.14（b）所示，此即为动点 M 的牵连速度和牵连加速度。

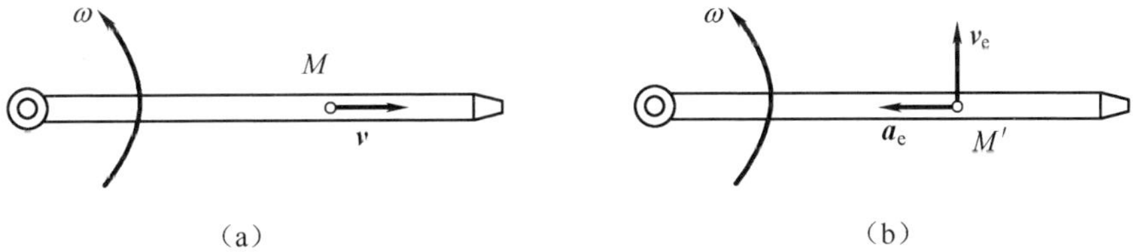

图 11.14

11.2.4　点的速度合成定理

本小节介绍动点的绝对速度 $\boldsymbol{v}_a$、相对速度 $\boldsymbol{v}_r$ 和牵连速度 $\boldsymbol{v}_e$ 之间的关系，这一关系表述为点的速度合成定理。动点在某瞬时的绝对速度等于它在该瞬时的牵连

速度与相对速度的矢量和，即

$$\boldsymbol{v}_a = \boldsymbol{v}_e + \boldsymbol{v}_r \tag{11.35}$$

如图 11.15 所示，设有一动点 M 按一定规律沿着固连于动坐标系的曲线 AB 运动，而曲线 AB 又随同动坐标系相对于定坐标系 $Oxyz$ 运动。

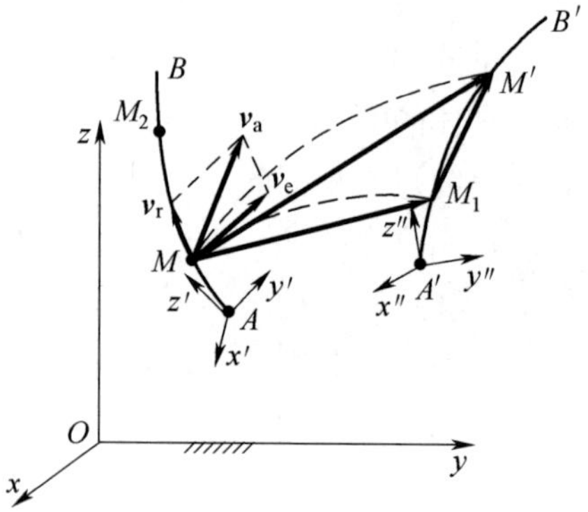

图 11.15

在某瞬时 t，动点 M 与曲线 AB 上的 M_0 点相重合。经过 Δt 时间间隔后，曲线 AB 随同动坐标系一起运动到 $A'B'$ 位置。曲线 AB 上原来与动点 M 相重合的那一点 M_0 则随动坐标系运动到 M_1 点。而动点 M 即随同动系运动，由 M 点到达 $A'B'$ 上的 M_1 点，同时又相对动系运动，由点 M_1 到达 M' 点。显然，曲线 M_1M' 即为动点的相对轨迹，曲线 MM' 即为动点的绝对轨迹。

作矢量 $\overrightarrow{MM'}$、$\overrightarrow{MM_1}$、$\overrightarrow{M_1M'}$。$\overrightarrow{MM'}$ 为动点的绝对位移，$\overrightarrow{MM_1}$ 是在瞬时 t 动坐标系上与动点相重合的一点（点 M_0）在 Δt 时间内的位移，为动点 M 的牵连位移。$\overrightarrow{M_1M'}$ 为动点 M 的相对位移。由矢量合成关系得

$$\overrightarrow{MM'} = \overrightarrow{MM_1} + \overrightarrow{M_1M'} \tag{11.36}$$

将上式除以 Δt，再取极限得

$$\lim_{\Delta t \to 0} \frac{\overrightarrow{MM'}}{\Delta t} = \lim_{\Delta t \to 0} \frac{\overrightarrow{MM_1}}{\Delta t} + \lim_{\Delta t \to 0} \frac{\overrightarrow{M_1M'}}{\Delta t} \tag{11.37}$$

式中：$\lim\limits_{\Delta t \to 0} \dfrac{\overrightarrow{MM'}}{\Delta t} = \boldsymbol{v}_a$，方向沿曲线 MM' 在 M 处的切线方向；$\lim\limits_{\Delta t \to 0} \dfrac{\overrightarrow{MM_1}}{\Delta t} = \boldsymbol{v}_e$，方向沿曲线 MM_1 在 M 处的切线方向。

又因为当 $\Delta t \to 0$ 时，曲线 $A'B'$ 趋近于曲线 AB，故有 $\lim\limits_{\Delta t \to 0} \dfrac{\overrightarrow{M_1M'}}{\Delta t} = \lim\limits_{\Delta t \to 0} \dfrac{\overrightarrow{MM_2}}{\Delta t} = \boldsymbol{v}_r$，方向沿曲线 MM_2 在 M 处的切线方向。

因而可得出

$$\boldsymbol{v}_{\mathrm{a}} = \boldsymbol{v}_{\mathrm{e}} + \boldsymbol{v}_{\mathrm{r}} \tag{11.38}$$

这表明，动点在某瞬时的绝对速度，等于它在该瞬时的牵连速度与相对速度的矢量和。这就是点的速度合成定理。即动点的绝对速度矢量，可以由它的牵连速度矢量与相对速度矢量所构成的平行四边形的对角线来确定。这个平行四边形称为速度平行四边形。

必须指出，在上述推导速度合成定理的过程中，并未限制动坐标系（即与之相固连的刚体）做什么样的运动，因此，这个定理适用于牵连运动为任意运动的情况。

11.2.5　点的加速度合成定理

在证明点的速度合成定理时，我们对牵连运动未加任何限制，因此该定理对任何形式的牵连运动都适用。但加速度合成问题与牵连运动的形式有关，对于不同的牵连运动有不同的结论。下面先研究牵连运动为平动时点的加速度合成定理。

如图 11.16 所示，设动坐标系 $O'x'y'z'$ 相对于定坐标系 $Oxyz$ 做平动，而动点 M 相对于动坐标系做曲线运动，设瞬时 t 动坐标系原点 O' 的速度为 $\boldsymbol{v}'_O$，加速度为 $\boldsymbol{a}'_O$。因为动坐标系作平动，所以在同一瞬时动系上各点的速度、加速度相同。动点的牵连速度也就等于坐标原点的速度，即

$$\boldsymbol{v}_{\mathrm{e}} = \boldsymbol{v}'_O，\quad a_{\mathrm{e}} = \boldsymbol{a}'_O \tag{11.39}$$

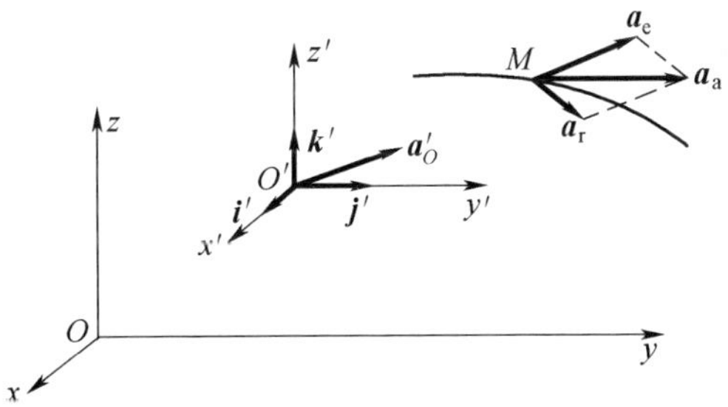

图 11.16

由于 x'、y'、z'各轴方向不变，因此可使之与定坐标轴 x、y、z 分别平行。其中，动点 M 相对于动坐标系的相对坐标为 x'、y'、z'，由于 $\boldsymbol{i}'$、$\boldsymbol{j}'$、$\boldsymbol{k}'$为平移动坐标轴的单位常矢量，则点 M 的相对速度和相对加速度为

$$\boldsymbol{v}_{\mathrm{r}} = \frac{\mathrm{d}x'}{\mathrm{d}t}\boldsymbol{i}' + \frac{\mathrm{d}y'}{\mathrm{d}t}\boldsymbol{j}' + \frac{\mathrm{d}z'}{\mathrm{d}t}\boldsymbol{k}' \tag{11.40}$$

$$\boldsymbol{a}_{\mathrm{r}}=\frac{\mathrm{d}^2x'}{\mathrm{d}t^2}\boldsymbol{i}'+\frac{\mathrm{d}^2y'}{\mathrm{d}t^2}\boldsymbol{j}'+\frac{\mathrm{d}^2z'}{\mathrm{d}t^2}\boldsymbol{k}' \tag{11.41}$$

其中：x'、y'、z'为动点在动坐标系中的坐标，$\boldsymbol{i}'$、$\boldsymbol{j}'$、$\boldsymbol{k}'$为动坐标系各轴$O'x'$、$O'y'$、$O'z'$的单位矢。根据点的速度合成定理有

$$\boldsymbol{v}_{\mathrm{a}}=\boldsymbol{v}_{\mathrm{e}}+\boldsymbol{v}_{\mathrm{r}} \tag{11.42}$$

$$\boldsymbol{v}_{\mathrm{a}}=\boldsymbol{v}_O'+\frac{\mathrm{d}x'}{\mathrm{d}t}\boldsymbol{i}'+\frac{\mathrm{d}y'}{\mathrm{d}t}\boldsymbol{j}'+\frac{\mathrm{d}z'}{\mathrm{d}t}\boldsymbol{k}' \tag{11.43}$$

将上式对时间求导数，即得动点的绝对速度$\boldsymbol{a}_O'$。同时，由于动坐标系做平动，单位矢量$\boldsymbol{i}'$、$\boldsymbol{j}'$、$\boldsymbol{k}'$均为常矢量，故

$$\boldsymbol{a}_{\mathrm{a}}=\frac{\mathrm{d}\boldsymbol{v}_{\mathrm{a}}}{\mathrm{d}t}=\frac{\mathrm{d}\boldsymbol{v}_O'}{\mathrm{d}t}+\frac{\mathrm{d}^2x'}{\mathrm{d}t^2}\boldsymbol{i}'+\frac{\mathrm{d}^2y'}{\mathrm{d}t^2}\boldsymbol{j}'+\frac{\mathrm{d}^2z'}{\mathrm{d}t}\boldsymbol{k}' \tag{11.44}$$

$$\frac{\mathrm{d}\boldsymbol{v}_O'}{\mathrm{d}t}=\boldsymbol{a}_{\mathrm{e}}=\boldsymbol{a}_O' \tag{11.45}$$

$$\boldsymbol{a}_{\mathrm{a}}=\boldsymbol{a}_{\mathrm{e}}+\boldsymbol{a}_{\mathrm{r}} \tag{11.46}$$

这就是牵连运动为平移时点的加速度合成定理：当牵连运动为平移时，动点在某瞬时的绝对加速度等于该瞬时它的牵连加速度与相对加速度的矢量和。

扩展阅读：伽利略

伽利略·伽利雷（1564—1642）是意大利天文学家、物理学家和工程师，欧洲近代自然科学的创始人。伽利略被称为“观测天文学之父”“现代物理学之父”“科学方法之父”“现代科学之父”。

伽利略是第一个把实验引进力学的科学家，他利用实验和数学相结合的方法确定了一些重要的力学定律。1582年前后，他经过长久的实验观察和数学推算，得到了摆的等时性定律，不久又写了论文《论重力》，第一次揭示了重力和重心的实质并给出准确的数学表达式。在历史上，伽利略是最早对动力学进行定量研究的人。伽利略对运动基本概念，包括重心、速度、加速度等都进行了详尽研究并给出了严格的数学表达式。尤其是加速度概念的提出，在力学史上是一个里程碑。伽利略还提出过合力矩定理、抛射体运动规律。

伽利略在力学方面的贡献是多方面的。这在他晚年写出的力学著作《关于力学和位置运动的两门新科学的对话》中有详细的描述。在这本不朽著作中，除动力学外，还有不少关于材料力学的内容。例如，他阐述了梁的弯曲实验和理论分析，正确地断定梁的抗弯能力和几何尺寸的力学相似关系。

第 12 章　刚体的平面运动

在第 11 章中，我们讨论了刚体的两种基本运动，介绍了关于运动合成与分解的概念。但工程实际中刚体的运动还有其他更为复杂的形式，本章将以刚体的两种基本运动为基础，运用运动合成与分解的方法，研究刚体的一种较为复杂的运动——平面运动。

首先研究刚体平面运动的整体运动及其性质，然后以此为基础，研究其上一点的运动情况。

12.1　刚体平面运动的概述和运动分解

12.1.1　刚体平面运动的概念

平动与转动是工程中最常见的、简单的刚体运动，但工程机械中有很多零件的运动，既不是平动，也不是转动。例如，曲柄连杆机构中连杆 AB 的运动（图 12.1）、行星齿轮机构中齿轮 A 的运动（图 12.2）、沿直线行驶时车轮的运动（图 12.3）及擦黑板时黑板擦在黑板面内的运动等。观察这些刚体的运动可以发现，刚体内任意一条直线的方向不能始终与它的最初位置平行，而且也找不到一条始终不动的直线，即这些刚体的运动既不是平动，也不是转动。但这些刚体的运动有一个共同的特点，即在刚体运动过程中，其上任意一点与某一固定平面始终保持相等的距离，这种运动称为刚体的平面运动。显然，做平面运动的刚体上的任意一点都在与某一固定平面平行的平面内运动。

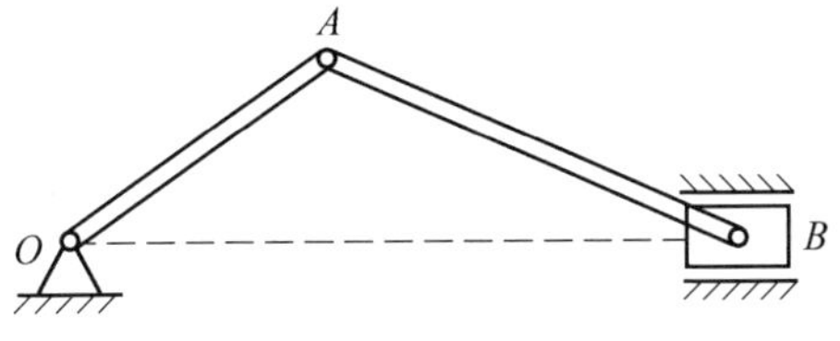

图 12.1

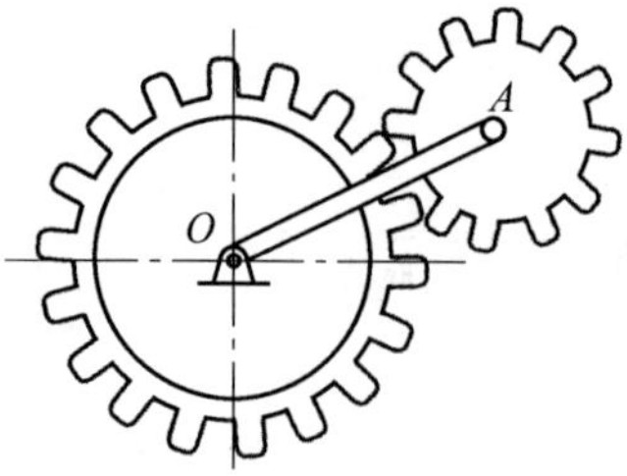

图 12.2

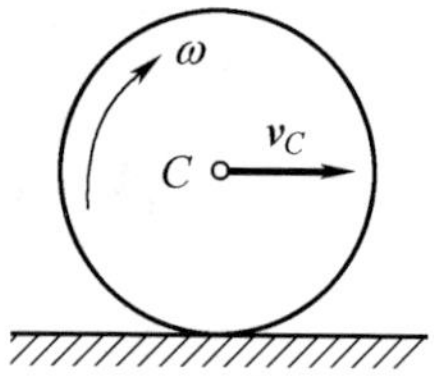

图 12.3

12.1.2 刚体平面运动力学模型的简化

为了使问题简化，得到正确结果，需要将做平面运动的一般刚体模型进一步简化。

如图 12.4 所示为做平面运动的一般刚体，刚体上任意一点到固定平面 S_1 的距离保持不变，过刚体上任意点 A 作平面 S_2 平行于 S_1，与刚体相交得截面 S，该截面称为平面运动刚体的平面图形。刚体运动时，平面图形 S 始终在平面 S_2 内运动，且刚体上过点 A 并垂直于平面 S_1 和 S_2 的直线做平动，因此，直线上 A_1，A_2，A_3，… 各点的运动与点 A 的运动完全相同，所以 A 点的运动可以代表此直线上所有点的运动。这样，平面图形 S 的运动就能完全代表该刚体的运动。于是，做平面运动的一般刚体模型便简化为平面图形 S 在它自身平面内的运动。

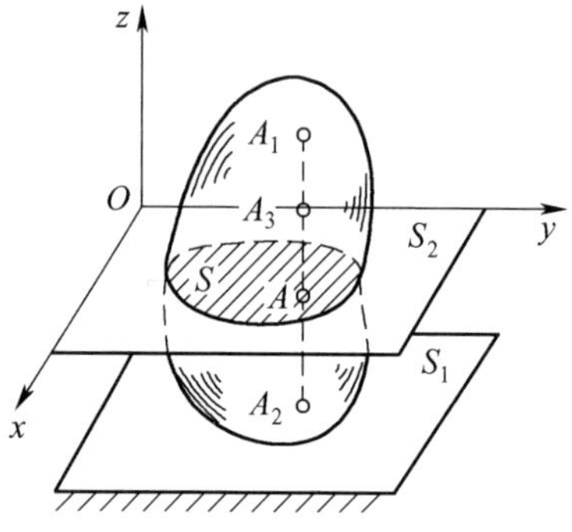

图 12.4

12.1.3 刚体平面运动的分解

平面图形 S 在其平面上的位置完全可由图形内任意直线 $O'M$ 的位置来确定（图 12.5），而要确定此直线在平面内的位置，就要确定点 O' 的位置(x'_O, y'_O)及直

线 $O'M$ 在该平面的方位（直线与水平线夹角为 φ ）。

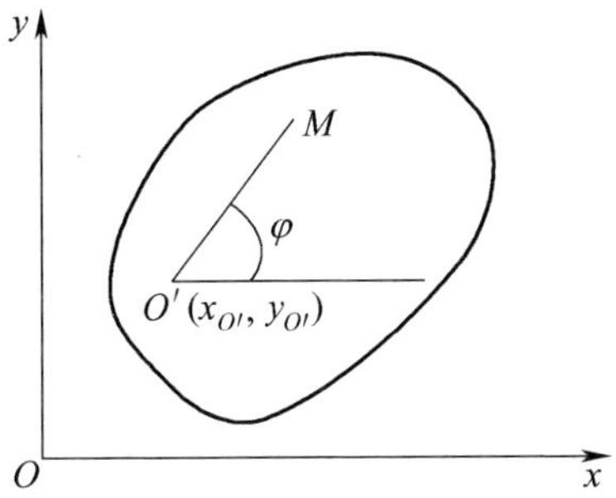

图 12.5

点 O' 的坐标 $(x_{O'}, y_{O'})$ 和角度 φ 都是时间 t 的单值连续函数，即

$$\left.\begin{aligned} x_{O'} &= f_1(t) \\ y_{O'} &= f_2(t) \\ \varphi &= f_3(t) \end{aligned}\right\} \tag{12.1}$$

式（12.1）表示了平面图形运动过程中随时间变化的位置，也就是平面运动刚体的运动方程。

由图 12.5 及式（12.1）可以看出，平面图形 S 在运动过程中，若角度 φ 保持不变，只是 O' 点的坐标 $(x_{O'}, y_{O'})$ 随时间变化，则图形 S 上任一直线 $O'M$ 在运动过程中始终与其最初位置平行，即图形按点 O' 的运动方程 $x_{O'} = f_1(t)$， $y_{O'} = f_2(t)$ 平动；若 O' 点的坐标 $(x_{O'}, y_{O'})$ 保持不变，只是角度 φ 随时间变化，则图形 S 绕点 O' 按转角为 $\varphi = f_3(t)$ 转动。由此可见，刚体平面运动可看作平动和转动的合成运动，或者说刚体平面运动可分解为平动和转动，故可用第 11 章合成运动的观点来研究刚体的平面运动。

以沿直线行驶的车轮为例（图 12.6）来研究刚体平面运动的分解。以地面为定坐标系 Oxy ，车轮的绝对运动是平面运动。取车厢为动参考体，在轮心上固连动坐标系 $O'x'y'$ ，则车厢的平动是牵连运动，车轮绕动坐标系原点即轮心 O' 的转动是相对运动。因此，车轮的平面运动可看作跟随动坐标系的平动与相对于动坐标系的转动的合成。

为了实现平面运动的分解，可在平面图形上任取一点 O' ，称为基点，在基点上假想地安上一个平移的动坐标系 $O'x'y'$ ，当平面图形运动时，动坐标系 $O'x'y'$ 随同基点 O' 一起平移。于是，平面图形的平面运动（绝对运动）可看成为随同基点的平动（牵连运动）和绕基点的转动（相对运动）这两部分运动的合成。

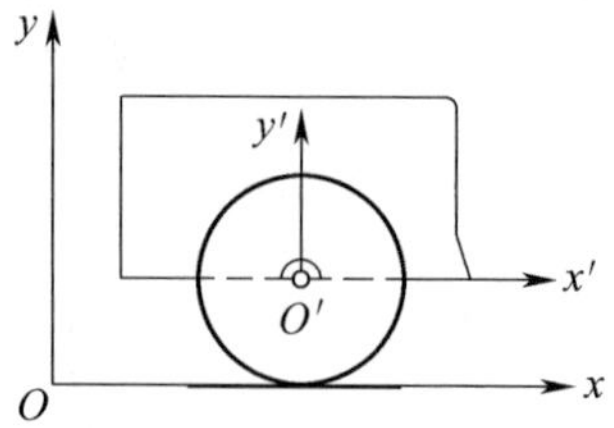

图 12.6

设有平面图形 S 在定坐标系 Oxy 平面中运动，如图 12.7 所示。平面图形 S 从 t 时刻的位置 I，运动到 $t+\Delta t$ 时刻的位置 II，图中两条曲线分别是点 A、B 的运动轨迹。分别以 A 为基点，建立动坐标系 $Ax'y'$，以 B 为基点，建立动坐标系 $Bx''y''$。分析平面图形 S 从位置 I 到位置 II 的运动过程，可以得出以下结论：

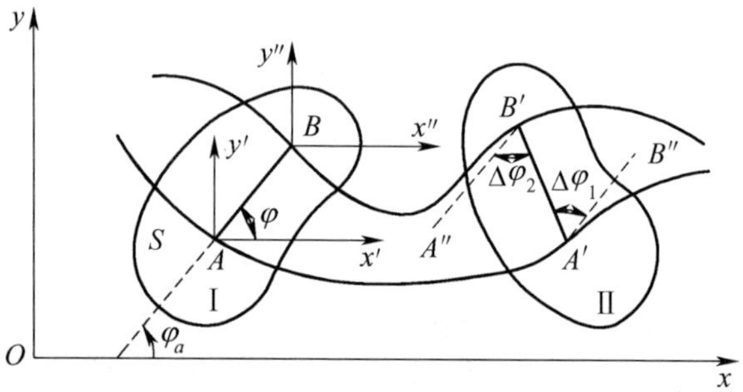

图 12.7

（1）平面图形运动（绝对运动）可以分解为跟随在任选基点上建立的动坐标系的平移（牵连运动）和相对此动坐标系的转动（相对运动）。从图 12.7 可以看出，S 上的直线 AB 从位置 I 运动到位置 II 的 $A'B'$，可以先跟随动坐标系 $Ax'y'$ 平动到 $A'B''$（$AB \parallel A'B''$），然后再相对 A' 转过角度 $\Delta\varphi_1$。或者，直线 AB 先跟随动坐标系 $Bx''y''$ 平动到 $A''B'$（$AB \parallel A''B'$），然后再相对 B' 转过角度 $\Delta\varphi_2$。

（2）将平面图形运动分解为平动和转动时，平动规律与基点的选择有关，转动规律却与基点的选择无关。在图 12.7 中，当选 A 点和 B 点为基点时，由于 A 点与 B 点是平面运动图形上的两点，它们的轨迹、速度和加速度均不相同，牵连运动不同，因此随基点平移的规律自然不同，例如，图 12.1 所示连杆上的 B 点做直线运动，A 点做圆周运动。因为图 12.7 中 $A''B' \parallel A'B''$，所以相对不同基点转过的角度大小和方向都是相同的，即

$$\Delta\varphi_1 = \Delta\varphi_2 = \Delta\varphi$$

（3）平面图形相对在任选基点上所建立的动坐标系转过的角度对时间的变

化率称为平面图形的角速度，角速度对时间的变化率称为平面图形的角加速度，则有

$$\omega_1=\lim_{\Delta t\to 0}\frac{\Delta\varphi_1}{\Delta t}=\lim_{\Delta t\to 0}\frac{\Delta\varphi}{\Delta t}=\frac{\mathrm{d}\varphi}{\mathrm{d}t}，\quad \omega_2=\lim_{\Delta t\to 0}\frac{\Delta\varphi_2}{\Delta t}=\lim_{\Delta t\to 0}\frac{\Delta\varphi}{\Delta t}=\frac{\mathrm{d}\varphi}{\mathrm{d}t}$$

即

$$\omega_1=\omega_2$$

由

$$\alpha_1=\omega_1'，\quad \alpha_2=\omega_2'$$

得

$$\alpha_1=\alpha_2$$

于是可得结论：平面图形的角速度和角加速度与基点的选择无关，无论选择哪一点作为基点，平面图形绕基点转动的角速度和角加速度都相同。因此，以后凡讲到平面图形相对于某动坐标系的角速度和角加速度时，无须标明绕哪一点转动或选哪一点为基点，而直接称为平面图形的角速度和角加速度。

综上所述，平面运动可分解为随基点的平动和绕基点的转动，其中随基点平动的速度和加速度与基点的选择有关，而绕基点转动的角速度和角加速度与基点的选择无关。

12.2　平面图形上各点的速度分析

12.2.1　基点法

依据运动合成的概念，假如将一坐标系固定在基点上，则刚体的平面运动可分解为随同基点的平动（牵连运动）和绕基点的转动（相对运动）。于是，所研究的平面图形内任意一点的运动也可用点的合成运动的概念分析，继而利用速度合成定理求出平面图形上任一点的速度。

在做平面运动的刚体上任选一基点，固定于基点的动坐标系始终做平动，在此基础上先分解刚体的运动，再分析刚体上点的运动的方法称为基点法。

如图 12.8 所示的平面图形 S 做平面运动，假设某瞬时平面图形上 A 点的速度为 $\boldsymbol{v}_A$，平面图形的角速度为 ω，欲求图形 S 上任意一点 B 在该瞬时的速度。

选取 A 为基点，建立动坐标系 $Ax'y'$，将平面图形 S 的运动分解为跟随基点 A 的平动和绕基点 A 的转动。于是，B 点的绝对运动（平面曲线运动）也就被分解成牵连运动为随基点的平动和相对运动为以基点 A 为圆心的圆周运动。因为牵连

运动为平动，所以 B 点的牵连速度等于基点 A 的速度，即 $\boldsymbol{v}_e = \boldsymbol{v}_A$；又因为相对运动是以基点 A 为圆心的圆周运动，所以 $\boldsymbol{v}_r = \boldsymbol{v}_{BA}$。对平面图形上任意一点 B，由点的速度合成定理，有

$$\boldsymbol{v}_B = \boldsymbol{v}_A + \boldsymbol{v}_{BA} \tag{12.2}$$

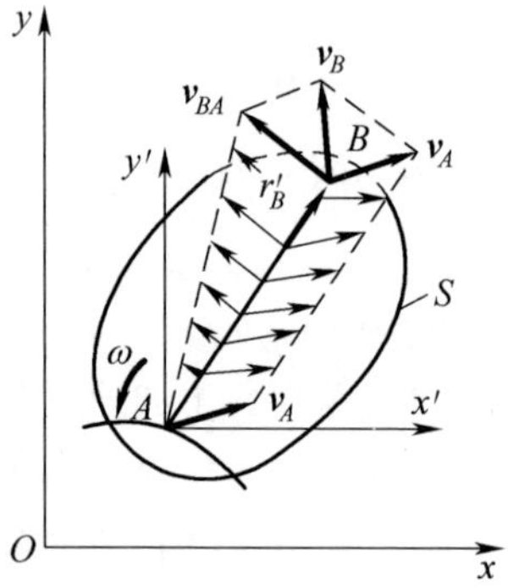

图 12.8

式中：$\boldsymbol{v}_{BA}$ 表示 B 点相对 A 点的速度。其大小为

$$v_{BA} = \overline{AB} \cdot \omega$$

它的方向垂直于 AB，且朝向图形转动的一方。

式（12.2）表明，平面图形内任一点的速度等于基点的速度与该点绕基点转动速度的矢量和。

图 12.8 中，还画出了平面图形 S 上任一线段 AB 上各点的牵连速度与相对速度的分布。AB 上各点的牵连速度均相同，呈均匀分布，而相对速度则依该点到基点 A 的距离呈线性分布。

式（12.2）中包含了三个速度矢量 $\boldsymbol{v}_A$、$\boldsymbol{v}_B$ 和 $\boldsymbol{v}_{BA}$，大小和方向共计六个要素，要使问题可解，一般需要已知其中的四个要素。由于相对速度 $\boldsymbol{v}_{BA}$ 的方向总是已知的（它垂直于 AB 连线），因此只需再知道任何其他三个要素，便可作出速度平行四边形，求解剩余的两个要素。总之，用基点法求平面图形上点的速度，只是速度合成定理的具体应用而已。

例 12.1 椭圆规机构如图 12.9 所示。已知连杆 AB 的长度 $l = 20\text{cm}$，滑块 A 的速度 $v_A = 10\text{cm/s}$，求连杆与水平方向夹角为 $30°$ 时，滑块 B 的速度。

解： AB 做平面运动，以 A 为基点，则 B 点的速度为

$$\boldsymbol{v}_B = \boldsymbol{v}_A + \boldsymbol{v}_{BA}$$

B 点的速度合成矢量图如图 12.9 所示，建立投影坐标，由速度合成矢量式，

将各矢量投影到轴上得

$$0=-\boldsymbol{v}_A+\boldsymbol{v}_{BA}\sin 30°\text{，}\quad \boldsymbol{v}_B=\boldsymbol{v}_{BA}\cos 30°$$

于是 $v_B=v_A\cot 30°=10\sqrt{3}\ \text{cm/s}$，$\omega=\dfrac{v_{BA}}{l}=1\text{rad/s}$，方向如图 12.9 所示。

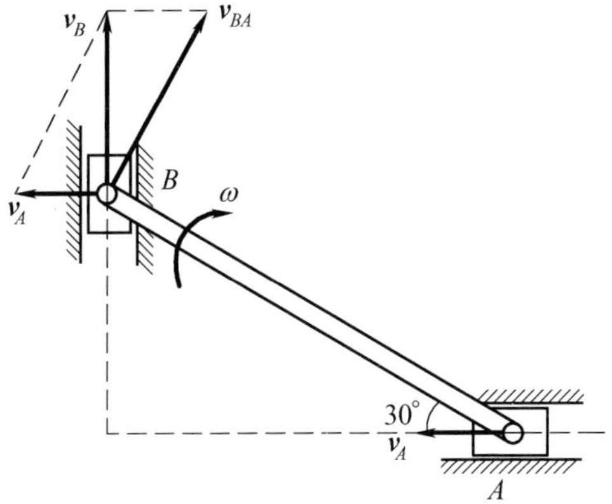

图 12.9

例 12.2　如图 12.10（a）所示，一个带有凸缘的轮子沿直线轨道纯滚动。已知轮心速度为 $\boldsymbol{v}_O$，轮凸缘半径为 R，轮半径为 r，求其上 A、B、C、D 各点的速度。

解：轮子做平面运动，以轮心 O 为基点，则 A、B、C、D 各点的速度为

$$\boldsymbol{v}_A=\boldsymbol{v}_O+\boldsymbol{v}_{AO}$$
$$\boldsymbol{v}_B=\boldsymbol{v}_O+\boldsymbol{v}_{BO}$$
$$\boldsymbol{v}_C=\boldsymbol{v}_O+\boldsymbol{v}_{CO}$$
$$\boldsymbol{v}_D=\boldsymbol{v}_O+\boldsymbol{v}_{DO}$$

速度合成矢量图如图 12.10（b）所示。

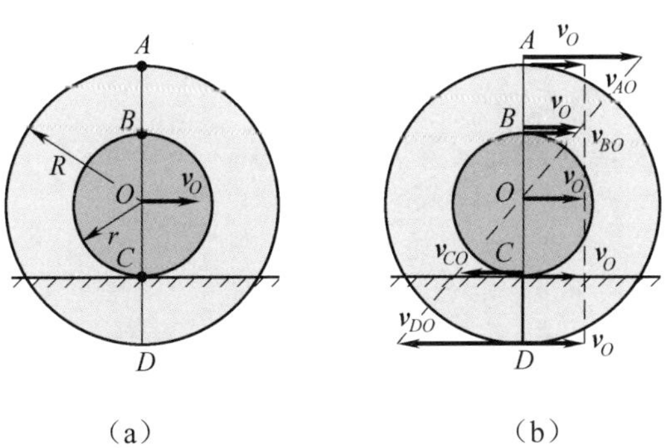

图 12.10

12.2.2 速度投影定理法

将式（12.2）两边各速度矢量分别向 AB 连线上投影，并注意到 $\boldsymbol{v}_{BA}$ 的方向总是垂直于 AB 连线，如图 12.11 所示，则有

$$(\boldsymbol{v}_B)_{AB} = (\boldsymbol{v}_A)_{AB} \tag{12.3}$$

式中：$(\boldsymbol{v}_B)_{AB}$、$(\boldsymbol{v}_A)_{AB}$ 分别为 $\boldsymbol{v}_B$、$\boldsymbol{v}_A$ 在 AB 连线上的投影。

式（12.3）表明，同一平面图形上任意两点的速度在这两点连线上的投影相等，这称为速度投影定理。利用速度投影定理求平面图形上任一点速度的方法称为速度投影定理法。

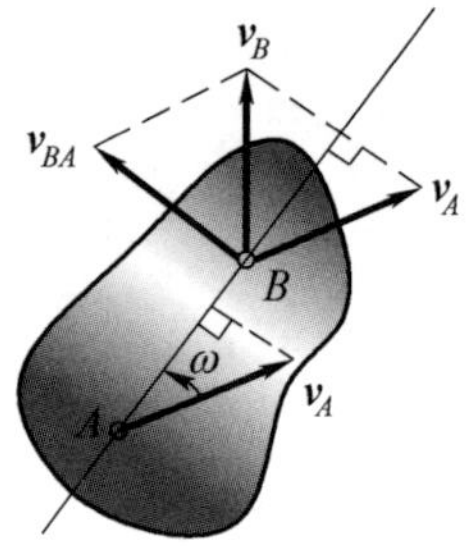

图 12.11

此定理也可按如下理由说明：如图 12.11 所示，平面图形是从刚体上截取的，A、B 两点间的距离应保持不变，所以这两点的速度在 AB 方向的分量必须相同。否则，线段 AB 不是伸长，就是缩短。因此，速度投影定理不仅适用于刚体做平面运动，也适合于刚体做其他任意的运动，它反映了刚体的基本特性。运用速度投影定理法求解平面图形上点的速度，有时是很方便的。但由于其中没有涉及相对速度 $\boldsymbol{v}_{BA}$，故此定理不能求解平面图形的角速度。

例 12.3 用速度投影定理求例 12.1 中 B 点的速度。

解：研究 AB（平面运动），如图 12.12 所示，则有

$$(\boldsymbol{v}_B)_{AB} = (\boldsymbol{v}_A)_{AB}$$

$$v_B \cos 60° = v_A \cos 30°$$

$$v_B = 10\sqrt{3}\text{cm/s}$$

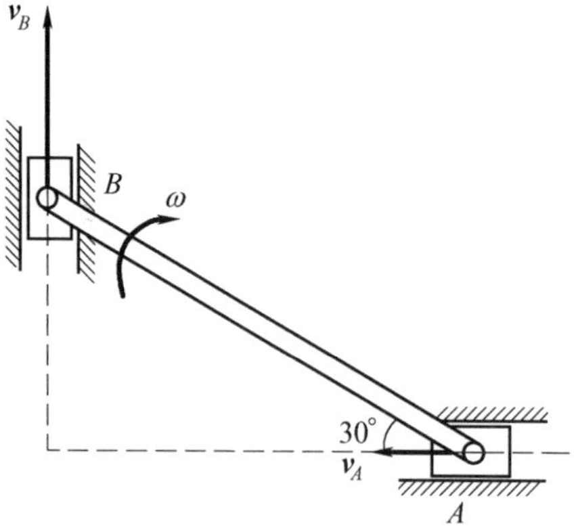

图 12.12

12.2.3　瞬时速度中心法

1. 瞬时速度中心的概念

一般情况下，在每一瞬时，平面运动图形上都唯一存在一个速度为零的点。该点称为瞬时速度中心，简称速度瞬心。

证明：如图 12.13 所示，设有一平面图形 S，已知某瞬时 A 点的速度为 $\boldsymbol{v}_A$，平面图形的角速度为 ω。选 A 为基点，由基点法，图形上任一点 M 的速度为

$$\boldsymbol{v}_M = \boldsymbol{v}_A + \boldsymbol{v}_{MA}$$

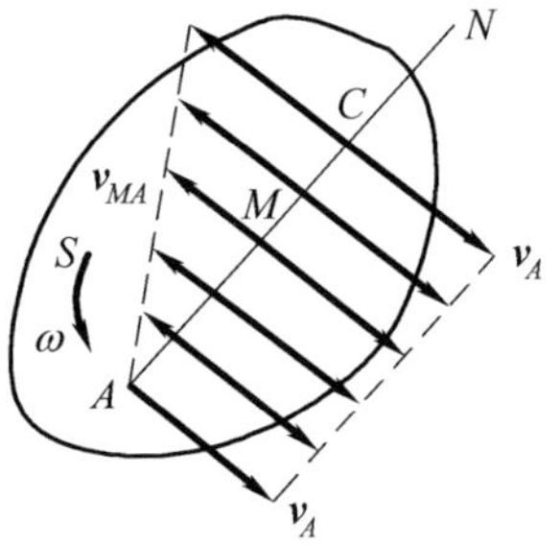

图 12.13

若 M 点位于 $\boldsymbol{v}_A$ 的垂线 AN 上，由图 12.13 可以看出，$\boldsymbol{v}_{MA}$ 与 $\boldsymbol{v}_A$ 共线、反向，故有

$$v_M = v_A - \omega \cdot \overline{AM}$$

又因为各点的相对速度呈线性分布，牵连速度均匀分布，所以，随着 M 点在垂线 AN 上的位置不同，$\boldsymbol{v}_M$ 的大小也不同，只要角速度不等于零，必唯一存在一点 C，使

$$v_C = v_A - \omega \cdot \overline{AC} = 0$$

于是定理得证。

C 点的位置可由下式求出，即

$$\overline{AC} = \frac{v_A}{\omega}$$

速度瞬心既可能位于图形之内，也可能位于图形之外的延拓部分上。

2. 瞬时速度中心的意义

若已知平面图形在某瞬时的速度瞬心 C，以速度瞬心 C 作为基点，则图 12.14 中 A、B、D 各点的速度为

$$\boldsymbol{v}_A = \boldsymbol{v}_C + \boldsymbol{v}_{AC} = \boldsymbol{v}_{AC}$$
$$\boldsymbol{v}_B = \boldsymbol{v}_C + \boldsymbol{v}_{BC} = \boldsymbol{v}_{BC}$$
$$\boldsymbol{v}_D = \boldsymbol{v}_C + \boldsymbol{v}_{DC} = \boldsymbol{v}_{DC}$$

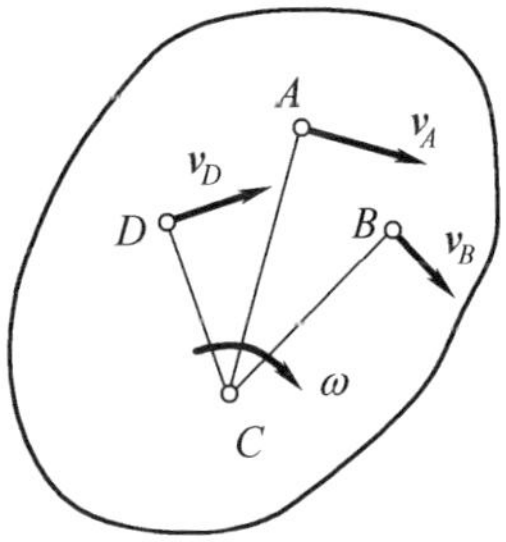

图 12.14

由上式可知，平面图形内任一点的速度等于该点随图形绕瞬时速度中心转动的速度。

若平面图形的角速度为 ω，则各点速度的大小为

$$v_A = v_{AC} = \omega \cdot \overline{AC}，\quad v_B = v_{BC} = \omega \cdot \overline{BC}，\quad v_D = v_{DC} = \omega \cdot \overline{DC}$$

由此可见，平面图形内各点速度的大小与各点到速度瞬心的距离成正比，速度的方向垂直于该点到速度瞬心的连线，且指向图形转动的一方。这一规律与图形绕定轴转动时其上各点的速度分布情况相同。因此，平面图形的运动可看成为绕速度瞬心的瞬时转动，只要在平面图形上找到速度瞬心，就可以按照求定轴转动刚体上任意一点的速度的方法，求出平面运动刚体上任一点的速度。

需要注意的是，由于速度瞬心的位置是随时间的变化而变化的，在不同瞬时，速度瞬心在图形内的位置是不同的，因此平面图形相对速度瞬心的转动具有瞬时性。

3. 瞬时速度中心的确定

利用速度瞬心求解平面图形上任意一点的速度的关键是确定速度瞬心的位置，下面介绍几种确定速度瞬心位置的方法。

（1）平面图形沿一固定表面做无滑动的滚动（即纯滚动）。

平面图形与固定面的接触点 C 就是图形的速度瞬心，如图 12.15 所示。因为在该瞬时，C 点相对于固定面的速度为零，故其绝对速度等于零。车轮在纯滚动过程中，轮缘上各点相继与固定表面接触而成为车轮在不同瞬时的速度瞬心。

（2）某一瞬时，已知平面图形上 A、B 两点的速度 $\boldsymbol{v}_A$、$\boldsymbol{v}_B$ 的方向，且 $\boldsymbol{v}_A$ 和 $\boldsymbol{v}_B$ 互不平行。

由于速度瞬心必在任一点速度的垂线上，因此，分别过 A、B 两点作 $\boldsymbol{v}_A$、$\boldsymbol{v}_B$ 的垂线，其交点即为图形在该瞬时的速度瞬心 C，如图 12.16 所示。

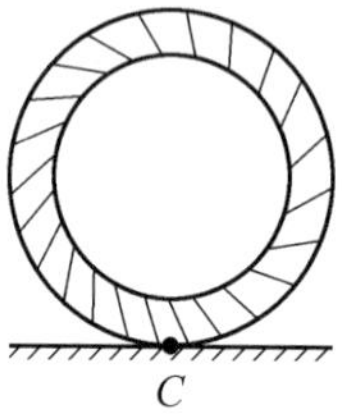

图 12.15

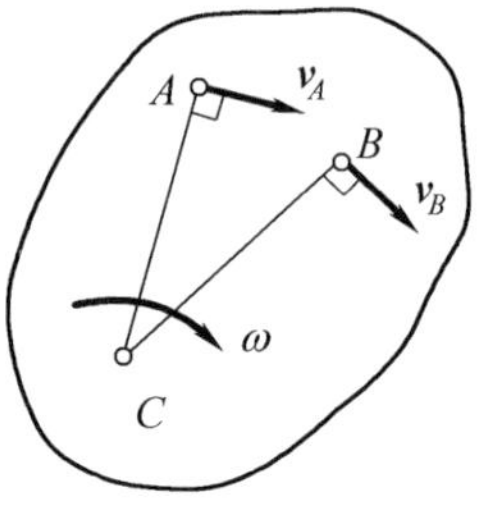

图 12.16

（3）某一瞬时，已知平面图形上 A、B 两点的速度 $\boldsymbol{v}_A$、$\boldsymbol{v}_B$ 的大小和方向，且 $\boldsymbol{v}_A$ 和 $\boldsymbol{v}_B$ 相互平行，均垂直于 A、B 两点的连线。

由于速度瞬心必在任一点速度的垂线上，且平面图形上各点速度的大小与该点到速度瞬心的距离成正比，因此速度 $\boldsymbol{v}_A$、$\boldsymbol{v}_B$ 矢端的连线与 A、B 两点连线的交点即为图形在该瞬时的速度瞬心 C。当 $\boldsymbol{v}_A$ 和 $\boldsymbol{v}_B$ 同向时，图形的速度瞬心在 AB 的延长线上，如图 12.17（a）所示；当 $\boldsymbol{v}_A$ 和 $\boldsymbol{v}_B$ 反向时，图形的速度瞬心在 A、B 两点之间，如图 12.17（b）所示。

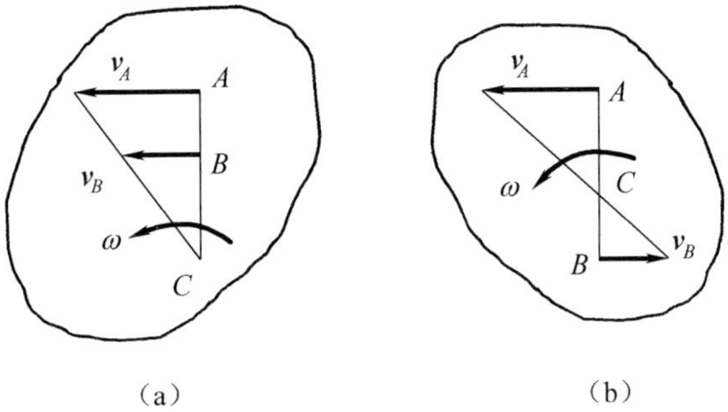

图 12.17

（4）某一瞬时，已知平面图形上 A、B 两点的速度 $\boldsymbol{v}_A$、$\boldsymbol{v}_B$ 的方向相互平行，但不垂直于 A、B 两点的连线，如图 12.18（a）所示；或 $\boldsymbol{v}_A$ 与 $\boldsymbol{v}_B$ 大小方向均相同，且垂直于 A、B 两点的连线，如图 12.18（b）所示。

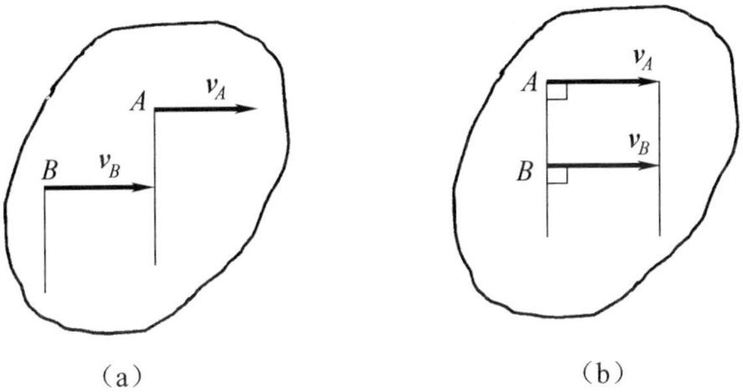

图 12.18

此瞬时平面图形的速度瞬心均在无限远处，平面图形的角速度为零，平面图形上各点速度均相同，其速度分布如同图形做平动的情况，称为瞬时平动。注意，此瞬时各点的速度虽然相同，但加速度不同。

必须指出，瞬时平动属于平面运动，它与平移是两个完全不同的概念。瞬时平动时，平面图形仅仅在该瞬时各点的速度相等、角速度为零，而在其他瞬时，各点的速度不再相等，其角速度也不为零。另外，瞬时平动时，其上各点的加速度一般也不相等。而刚体做平动时，其上各点的速度、加速度均相等。

例 12.4　用瞬心法求例 12.2 中 A、B、C、D 各点的速度。

解：轮子做平面运动，其瞬心 C^* 和 C 点重合，如图 12.19 所示。

则有
$$\omega = \frac{v_O}{r}$$
$$v_A = \overline{AC^*} \cdot \omega = (R + r)\frac{v_O}{r} = v_O\left(1 + \frac{R}{r}\right)$$
$$v_B = \overline{BC^*} \cdot \omega = 2r\frac{v_O}{r} = 2v_O$$
$$v_D = \overline{DC^*} \cdot \omega = (R - r)\frac{v_O}{r} = v_O\left(\frac{R}{r} - 1\right)$$

方向如图 12.19 所示。

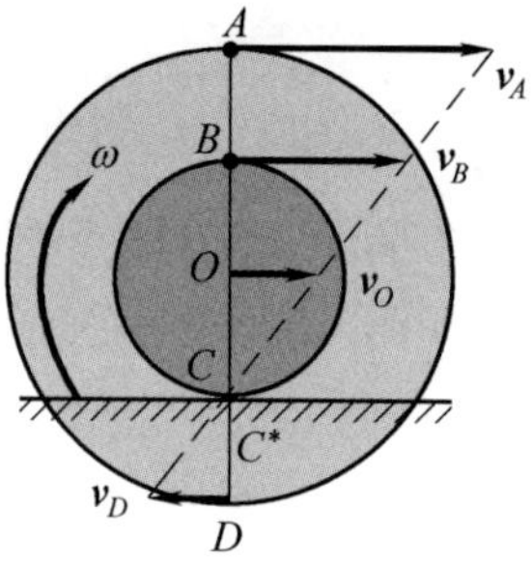

图 12.19

例 12.5 平面机构如图 12.20 所示，已知 $OA = O'B = AB/2$， $\omega_{OA} = 3\text{rad/s}$，求图示瞬时 ω_{AB} 和 $\omega_{O'B}$。

解：研究 AB，C' 为其速度瞬心，则有

$$\left.\begin{aligned} v_A &= \overline{OA} \cdot \omega \\ v_A &= \overline{AC'} \cdot \omega_{AB} \end{aligned}\right\}$$
$$\omega_{AB} = \frac{v_A}{\overline{AC'}} = \omega$$
$$v_B = \overline{BC'} \cdot \omega_{AB}$$
$$v_B = \omega_{O'B} \cdot \overline{O'B}$$
$$\omega_{O'B} = \frac{v_B}{\overline{O'B}} = 5.2\text{rad/s}$$

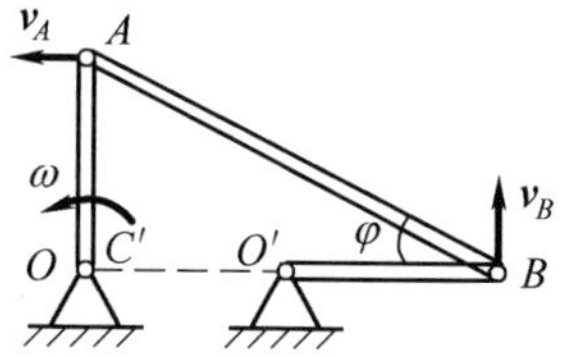

图 12.20

方向如图 12.20 所示。

例 12.6 直杆 AB 长 $l = 200\text{mm}$，在铅垂平面内运动，杆的两端分别沿铅直墙及水平面滑动，如图 12.21(a)所示。已知在某瞬时，$\alpha = 60°$，$v_B = 20\text{mm/s}$（↓）。试求此瞬时杆 AB 的角速度 ω 及 A 端的速度 v_A 和 C 点的速度 v_C。

解：研究杆 AB 知，它做平面运动。已知 v_B 的方向和 v_A 的方向，过点 A、B 分别作 v_A 和 v_B 的垂线，它们的交点 P 即为杆 AB 的瞬心。于是，杆 AB 的角速度 ω 及其上两点 A、C 的速度 v_A 和 v_C 分别为

$$\omega=\frac{v_B}{\overline{PB}}=\frac{20}{200\times\cos60^\circ}\text{rad/s}=0.2\text{rad/s}\quad（逆时针）$$

$$v_A=\overline{PA}\times\omega=200\sin60^\circ\times0.2\text{mm/s}=34.6\text{mm/s}\ (\rightarrow)$$

$$v_C=\overline{PC}\cdot\omega=\frac{AB}{2}\omega=100\times0.2\text{mm/s}=20\text{mm/s}$$

$\boldsymbol{v}_C$ 的方向垂直于 PC，指向顺着 ω 的转向，如图 12.21（b）所示。

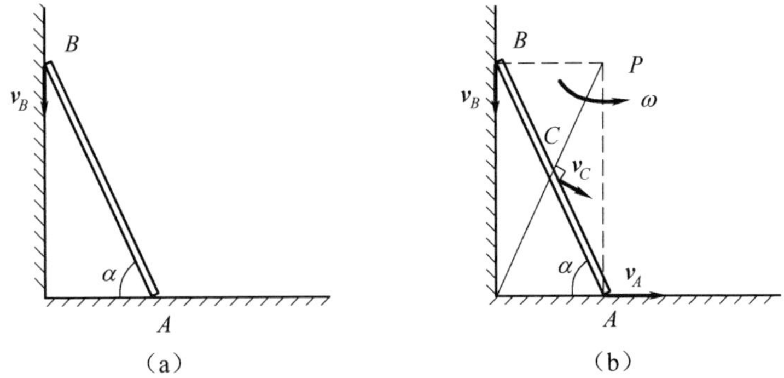

图 12.21

由上述各例可见，在运用速度瞬心法解题时，一般应首先根据已知条件确定平面图形的速度瞬心，然后求出平面图形的角速度，最后再计算平面图形上各点的速度。如果需要研究由几个平面图形组成的机构，则可依次对每一平面图形按上述步骤进行，直到求出所需的全部未知量为止。应该注意，每一个平面图形有它自己的速度瞬心和角速度，因此，每求出一个瞬心和角速度，应明确标出它是哪一个平面图形的瞬心和角速度，要加以区分，切不可混淆。

12.3　平面图形上各点的加速度分析

本节只介绍用基点法求平面图形上点的加速度。

如前所述，平面图形的运动可以看成随同基点的平动（牵连运动）与绕基点的转动（相对运动）的合成，因此，可以运用牵连运动为平动时点的加速度合成定理来分析平面图形上点的加速度。

如图 12.22 所示，已知某瞬时平面图形上 A 点的加速度为 $\boldsymbol{a}_A$，平面图形的角

速度为ω，角加速度为α。选 A 为基点，由于牵连运动为平动，因此 B 点的牵连加速度$\boldsymbol{a}_e$等于基点 A 的加速度$\boldsymbol{a}_A$，B 点的相对加速度$\boldsymbol{a}_r$为 B 点绕基点 A 转动的加速度$\boldsymbol{a}_{BA}$，可分解为绕基点 A 转动的切向加速$\boldsymbol{a}_{BA}^{\tau}$和法向加速度$\boldsymbol{a}_{BA}^{n}$。于是，根据牵连运动为平动时点的加速度合成定理，得平面图形上任一点 B 的加速度为

$$\boldsymbol{a}_B = \boldsymbol{a}_A + \boldsymbol{a}_{BA}^{\tau} + \boldsymbol{a}_{BA}^{n} \tag{12.4}$$

式（12.4）表明，平面图形内任一点的加速度等于基点的加速度与该点绕基点转动的切向加速度和法向加速度的矢量和。

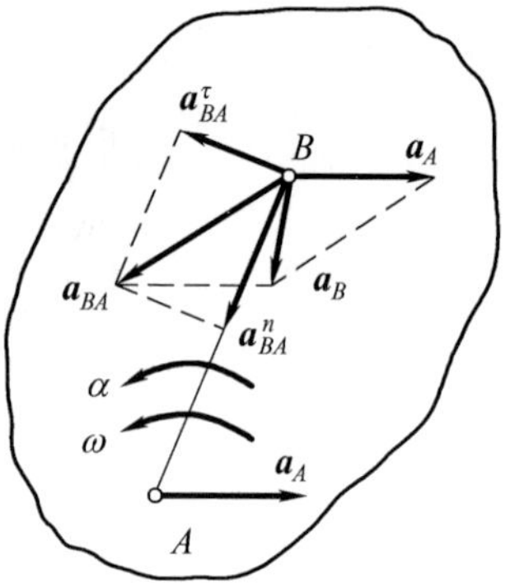

图 12.22

图 12.22 中，$\boldsymbol{a}_{BA}^{\tau}$为 B 点绕基点 A 转动的切向加速度，方向与 AB 垂直，大小为

$$a_{BA}^{\tau} = \overline{AB} \cdot \alpha$$

α 为平面图形的角加速度。

$\boldsymbol{a}_{BA}^{n}$为 B 点绕基点 A 转动的法向加速度，指向基点 A，大小为

$$a_{BA}^{n} = \overline{AB} \cdot \omega^2$$

ω 为平面图形的角速度。

式（12.4）为平面内的矢量等式，包含了四个加速度矢量，大小和方向共计八个要素，要使问题可解，一般需要已知其中的六个要素。由于$\boldsymbol{a}_{BA}^{\tau}$与$\boldsymbol{a}_{BA}^{n}$的方向总是已知的，故只需再知道其他四个要素，即可解得剩余的两个要素。在运用式（12.4）求解未知量时，通常采用其投影形式，向两个相交的坐标轴投影，得到两个代数方程，用以求解两个未知量。

例 12.7 如图 12.23 所示，车轮在地面上纯滚动，已知轮心 O 在图示瞬时的速度为$\boldsymbol{v}_O$，加速度为$\boldsymbol{a}_O$，车轮半径为r。试求轮缘与地面接触点 C 的加速度。

解：车轮做平面运动，取 O 为基点，则 C 点的加速度为

$$\boldsymbol{a}_C = \boldsymbol{a}_O + \boldsymbol{a}_{CO}^{\tau} + \boldsymbol{a}_{CO}^{n}$$

由 $\omega=\dfrac{v_O}{r}$， $\varepsilon=\dfrac{a_O}{r}$，可得

$$a_{CO}^{\tau}=r\varepsilon=r\frac{a_O}{r}=a_O$$

$$a_{CO}^{n}=r\omega^2=r\left(\frac{v_O}{r}\right)^2=\frac{v_O^2}{r}$$

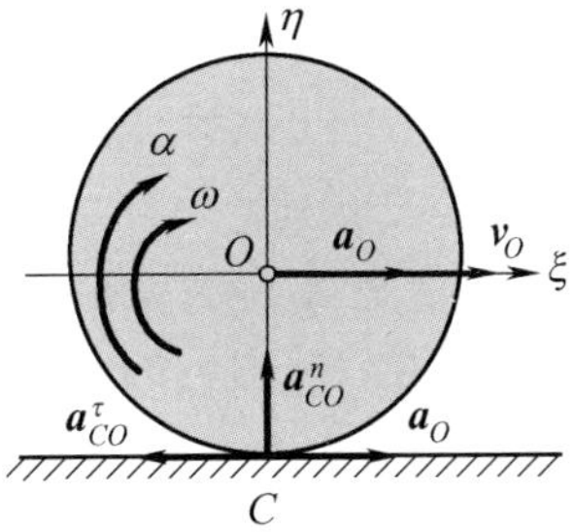

图 12.23

取如图 12.23 所示的投影轴，由以上的加速度合成矢量式，将各矢量投影到投影轴上得

$$a_{C\xi}=a_O-a_{CO}^{\tau}=a_O-a_O=0$$

$$a_{C\eta}=a_{CO}^{n}$$

$$a_{CO}^{n}=\frac{v_O^2}{r}$$

于是， $a_C=\sqrt{a_{C\xi}^2+a_{C\eta}^2}=\dfrac{v_O^2}{r}$，方向由 C 点指向 O 点。

第 13 章　质点动力学

当物体受到非平衡力作用时，其运动状态将发生变化。研究作用在物体上的力与物体的机械运动之间的关系，建立物体机械运动的普遍规律，这就是动力学问题。由此产生两类问题：①已知物体的运动规律，求作用在物体上的力；②已知作用在物体上的力，求物体的运动规律。

动力学问题的研究对象（即由物体简化而来的力学模型）有两种，即质点和质点系。质点是可以忽略大小、形状，只将物体视为具有一定质量的几何点。例如，刚体平动时，刚体内各点的运动情况完全相同，可以不考虑刚体的大小和形状，而将它抽象为一个质点来研究。但是，如果物体的大小和形状在所研究的问题中不可忽略，则物体应抽象为质点系。质点系是由几个或无限个相互联系的质点组成的系统。例如，固体、流体或由几个物体组成的机构等都视为质点系。刚体为质点系的一种特殊情形，由于两质点之间的距离保持不变，因此称为不变质点系。

动力学可分为质点动力学和质点系动力学，质点动力学是质点系动力学的基础。

13.1　动力学基本定律

1. 牛顿三定律

动力学基本定律是牛顿在总结前人，特别是伽利略研究的基础上概括和归纳出来的，通常称为牛顿运动定律，是全部动力学理论的基础。它描述了动力学最基本的规律，是古典力学体系的核心。从牛顿第二定律可以推导出质点的运动微分方程，从而可以解决质点动力学的两类问题。

第一定律（惯性定律）：任何物体，若不受外力作用，将永远保持静止或者匀速直线运动状态。这一定律说明：任何质点都有保持静止或匀速直线运动状态的属性，这种属性称为惯性。

在生活和生产实践中，经常遇到物体惯性的表现。例如：汽车刚开动时，车上的乘客会突然往后仰，急刹车时又会朝前扑；手锤柄松动时，人们常常握住手柄，在地面上冲几下就可以套紧。第一定律还说明力是改变质点运动状态的原因。

第二定律（力与加速度之间的关系定律）：质点的质量与加速度的乘积，等于

作用于质点的力的大小，加速度的方向与力的方向相同。即

$$m\boldsymbol{a} = \boldsymbol{F} \tag{13.1}$$

式中：m 为质点的质量；$\boldsymbol{a}$ 为质点的加速度；$\boldsymbol{F}$ 为质点所受到的力。

式（13.1）是第二定律的数学表达式，它是质点动力学的基本方程，建立了质点的加速度、质量与作用力之间的关系。当质点上受 n 个力作用时，式（13.1）中的 $\boldsymbol{F}$ 应为这 n 个力的合力，即

$$m\boldsymbol{a} = \sum_{i=1}^{n} \boldsymbol{F}_i \tag{13.2}$$

由第二定律可知：质点在力的作用下必有确定的加速度，使质点的运动状态发生改变。并且在相同的力作用下，质点的质量越大，加速度越小，或者说质点的质量越大，其保持惯性运动的能力越强。因此，质量是质点惯性的度量。

在地球表面，任何物体都受重力 $\boldsymbol{P}$ 的作用。在重力的作用下的加速度称为重力加速度，用 $\boldsymbol{g}$ 表示。根据第二定律有

$$\boldsymbol{P} = m\boldsymbol{g} \quad \text{或} \quad m = \frac{\boldsymbol{P}}{\boldsymbol{g}}$$

注意，质量和重量是两个不同的概念。质量是物体惯性的度量，重量是地球对物体作用的重力的大小。一般取 g=9.80 m/s^2 。

第三定律（作用与反作用定律）：两个物体间的作用力与反作用力总是大小相等，方向相反，沿着同一直线，且同时分别作用在这两个物体上。这一定律就是静力学的公理 4，它不仅适用于平衡的物体，而且适用于任何运动的物体。因为第二定律针对单个质点，综合应用第二定律和第三定律，就可以将质点动力学理论推广到质点系，所以，第三定律对研究质点系动力学问题具有特别重要的意义，它给出了质点系中各质点间相互作用力的关系，提供了从质点动力学过渡到质点系动力学的桥梁。

以牛顿三定律为基础的力学，称为古典力学。古典力学认为，质量不变，力的测定不因坐标系选择的不同而改变，但是质点的加速度却随着坐标系选择的不同而不同。显然，牛顿第二定律并不是对任何的坐标系都适用，它只适用于特定的坐标系，这种坐标系称为惯性坐标系。对一般的工程实际问题，把与地球固连的坐标系或相对于地球做匀速直线运动的坐标系作为惯性坐标系，可以得到相当精确的结果。在本书中，如无特别说明，均取固定在地球表面的坐标系为惯性坐标系。必须指明，当研究电子、核子等质量很小的微观粒子，或所研究物体的速度接近光速时，古典力学已不再适用。

2. 单位制和量纲

力学中有许多物理量，每个物理量都需要用合适的单位来度量。由于物理量之间具有一定的关系，因此并不是每个物理量的单位都可以任意规定。在许多物理量中，以某些量作为基本量，它们的单位作为基本单位，其他量的单位都可以由基本单位导出，称为导出单位。

在国际单位制中，长度、质量和时间的单位是基本单位，分别取为m（米）、kg（千克）和 s（秒）；力的单位为导出单位。质量为 1kg 的质点，获得 1m/s^2 的加速度时，作用于该质点上的力为1N（牛顿），即

$$1\text{N}=1\text{kg}\times 1\text{m/s}^2$$

13.2 质点的运动微分方程

设质量为m的质点M受n个力$\boldsymbol{F}_1$，$\boldsymbol{F}_2$，…，$\boldsymbol{F}_n$作用，如图 13.1 所示。

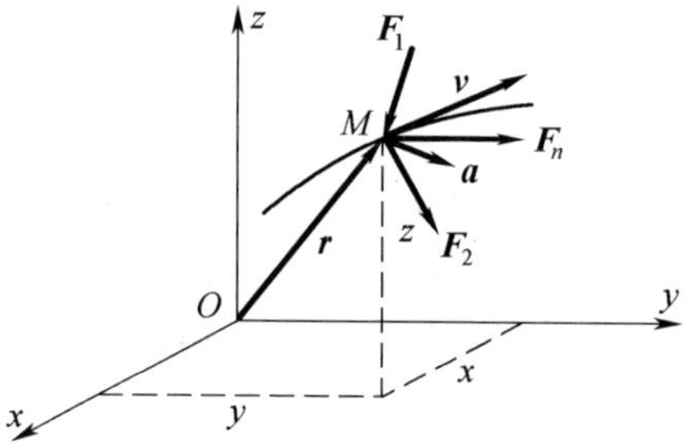

图 13.1

由运动学的知识，若用矢径$\boldsymbol{r}$表示质点M在惯性坐标系$Oxyz$中的空间位置，则质点的加速度为

$$\boldsymbol{a}=\frac{\mathrm{d}^2\boldsymbol{r}}{\mathrm{d}t^2}$$

将上式代入式（13.2），得

$$m\frac{\mathrm{d}^2\boldsymbol{r}}{\mathrm{d}t^2}=\sum_{i=1}^{n}\boldsymbol{F}_i \tag{13.3}$$

式（13.3）就是矢量形式的质点运动微分方程，为方便运算，常用它的投影式。

1. 质点运动微分方程在直角坐标轴上投影

设质点M的矢径$\boldsymbol{r}$在直角坐标系$Oxyz$上的投影分别为x、y、z，如图 13.1 所示，力$\boldsymbol{F}_i$在x、y、z轴上的投影分别为F_{ix}、F_{iy}、F_{iz}，则式（13.3）在直角坐标轴上的投影为

$$\left.\begin{aligned} m\frac{\mathrm{d}^2x}{\mathrm{d}t^2} &= \sum_{i=1}^{n} F_{ix} \\ m\frac{\mathrm{d}^2y}{\mathrm{d}t^2} &= \sum_{i=1}^{n} F_{iy} \\ m\frac{\mathrm{d}^2z}{\mathrm{d}t^2} &= \sum_{i=1}^{n} F_{iz} \end{aligned}\right\} \tag{13.4}$$

如果质点做平面曲线运动，则根据质点运动所在的平面，式（13.4）中仅有两式。如果质点做直线运动，则在这种情况下，质点的运动微分方程显然只有一个。

2. 质点运动微分方程在自然轴上投影

由点的运动学可知，点的全加速度 $\boldsymbol{a}$ 在切线和主法线构成的密切面内，点的加速度在副法线上的投影等于零，即

$$\boldsymbol{a} = a_\tau \boldsymbol{\tau} + a_n \boldsymbol{n}\,,\quad a_b = 0$$

式中：$\boldsymbol{\tau}$ 和 $\boldsymbol{n}$ 为沿轨迹切线和主法线的单位矢量，如图 13.2 所示。

式（13.3）在自然轴系上的投影式为

$$\left.\begin{aligned} m\frac{\mathrm{d}v}{\mathrm{d}t} &= \sum_{i=1}^{n} F_{i\tau} \\ m\frac{v^2}{\rho} &= \sum_{i=1}^{n} F_{in} \\ 0 &= \sum_{i=1}^{n} F_{ib} \end{aligned}\right\} \tag{13.5}$$

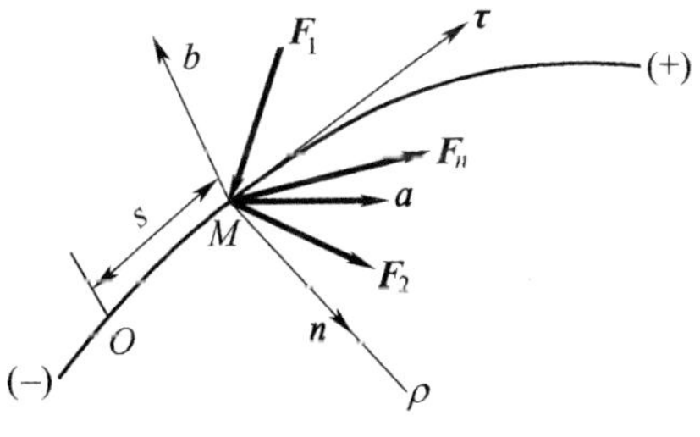

图 13.2

式中：$F_{i\tau}$、F_{in} 和 F_{ib} 分别为作用于质点的各力在切线、主法线及副法线上的投影；ρ 为运动轨迹在该点处的曲率半径；v 是质点的运动速度。

除了直角坐标和自然坐标的两种形式外，依据所研究问题的特点，质点运动微分方程还可以写成球坐标、柱坐标、极坐标等形式。这里不再一一叙述了。

3. 质点动力学的两类基本问题

应用质点运动微分方程即式（13.3）可求解质点动力学的两类基本问题。

（1）第一类基本问题：已知质点的运动，求作用于质点的力。对于第一类基本问题，只需对质点已知的运动方程求两次导数，得到质点的加速度，代入质点的运动微分方程即可，从数学的角度可视为微分问题。

（2）第二类基本问题：已知作用于质点的力，求质点的运动。对于第二类基本问题，是解微分方程，即按作用力的函数规律进行积分，并根据问题的具体运动条件确定积分常数，从数学角度可视为积分问题。

例 13.1 曲柄连杆机构如图 13.3 所示。曲柄 OA 以匀角速度 ω 转动，$OA=r$，$AB=l$，当 $\lambda=r/l$ 比较小时，以 O 点为坐标原点，滑块 B 的运动方程可近似写为

$$x=l\left(1-\frac{\lambda^2}{4}\right)+r\left(\cos\omega t+\frac{\lambda}{4}\cos 2\omega t\right)$$

如滑块的质量为 m，忽略摩擦及连杆 AB 的质量，求当 $\varphi=\omega t$ 为 0 和 $\frac{\pi}{2}$ 时，连杆 AB 所受的力。

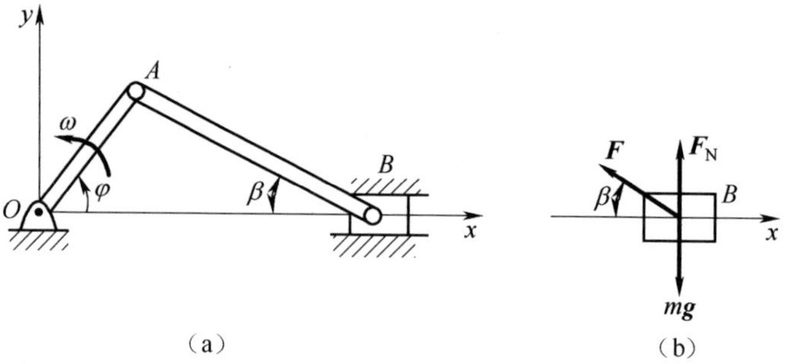

图 13.3

解： 该问题为已知滑块的运动方程，求作用于滑块上的力，故属于动力学第一类基本问题。由于不计连杆 AB 的质量，则连杆 AB 为二力杆。取 O 点为坐标原点建立直角坐标系，如图 13.3（a）所示；以滑块 B 为研究对象，其受重力 $m\boldsymbol{g}$、光滑接触面约束力 $\boldsymbol{F}_N$ 及连杆 AB 对滑块 B 的作用力 $\boldsymbol{F}$，受力分析如图 13.3（b）所示。滑块 B 沿 x 轴的运动微分方程为

$$ma_x=-F\cos\beta$$

由滑块 B 的运动方程，通过微分求得

$$a_x=\frac{\mathrm{d}^2x}{\mathrm{d}t^2}=-r\omega^2(\cos\omega t+\lambda\cos 2\omega t)$$

（1）当 $\varphi=\omega t=0$ 时，$\beta=0$，且 $a_x=-r\omega^2(1+\lambda)$，由滑块的运动微分方程得

$$F=mr\omega^2(1+\lambda)$$

连杆 AB 受拉力。

（2）当 $\varphi=\frac{\pi}{2}$ 时，$\cos\beta=\sqrt{l^2-r^2}/l$，且 $a_x=r\omega^2\lambda$，由滑块的运动微分方程得

$$F=-\frac{mr^2\omega^2}{\sqrt{l^2-r^2}}$$

连杆 AB 受压力。

例 13.2　如图 13.4 所示，桥式起重机跑车用钢丝绳吊挂一质量为 m 的重物沿横向做匀速运动，速度为 $\boldsymbol{v}_0$，重物中心至悬挂点的距离为 l。突然刹车，重物因惯性绕悬挂点 O 向前摆动，求钢丝绳的最大拉力。

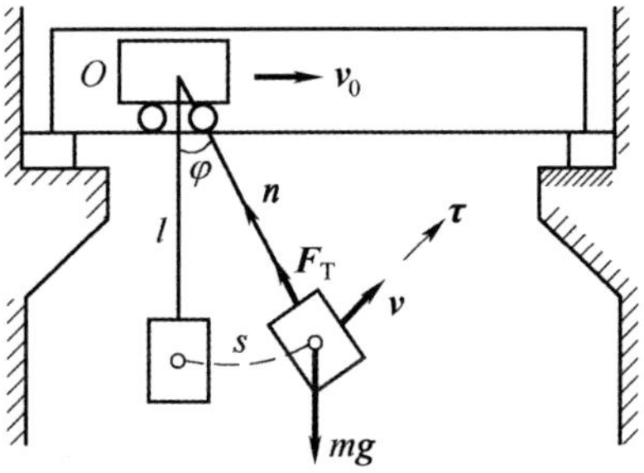

图 13.4

解： 以重物（抽象为质点）为研究对象，由于其运动轨迹为以悬挂点 O 为圆心，以绳长 l 为半径的圆弧，故该题适合用自然法求解。重物受重力 $m\boldsymbol{g}$ 和钢丝绳的拉力 $\boldsymbol{F}_T$ 共同作用，在一般位置时受力如图 13.4 所示。设钢丝绳与铅垂线成角 φ 时，重物的速度为 $\boldsymbol{v}$。

应用自然形式的质点运动微分方程

$$ma_\tau=m\frac{\mathrm{d}v}{\mathrm{d}t}=-mg\sin\varphi \tag{13.6}$$

$$ma_n=m\frac{v^2}{l}=F_T-mg\cos\varphi \tag{13.7}$$

由式（13.7）可知，$F_T=mg\cos\varphi+m\frac{v^2}{l}$，其中 v 和 φ 是变量；由式（13.6）可知，重物做减速运动，因此，$\varphi=0$ 时，钢丝绳的拉力最大。即

$$F_{\mathrm{T\,max}} = m\left(g + \frac{v_0^2}{l}\right)$$

从式（a）来看，待求的是质点的运动规律，故属于质点动力学的第二类基本问题；从式（b）来看，在求出质点的运动规律后，利用它可以求钢丝绳的拉力，这是质点动力学的第一类基本问题。故该问题是第一类基本问题与第二类基本问题综合在一起的动力学问题，称为混合问题。

扩展阅读：牛顿

艾萨克·牛顿（1643—1727），伟大的英国物理学家、数学家、天文学家，百科全书式的“全才”。他在 1687 年发表的论文《自然哲学的数学原理》里，对万有引力和三大运动定律进行了描述，奠定了此后三个世纪里物理世界的科学观点，并成为了现代工程学的基础。他通过论证开普勒行星运动定律与他的引力理论间的一致性，展示了地面物体与天体的运动都遵循着相同的自然定律，为太阳中心说提供了强有力的理论支持，并推动了科学革命。

在力学方面，牛顿阐明了动量和角动量守恒的原理，提出牛顿运动定律。在光学上，他发明了反射望远镜，并基于对三棱镜将白光发散成可见光谱的观察，发展出了颜色理论。他还系统地表述了冷却定律，并研究了音速。

在数学方面，牛顿与戈特弗里德·威廉·莱布尼茨分享了发展出微积分学的荣誉。他也证明了广义二项式定理，提出了“牛顿法”以趋近函数的零点，并为幂级数的研究做出了贡献。

第 14 章　动力学普遍定理

人们在长期的科学实践中推导出以研究质点系整体运动特征为基础的若干定理，并运用这些定理求解质点系动力学问题。在这些定理中，与运动有关的物理量（动量、动量矩、动能）和与力有关的物理量（冲量、力矩、功）相互对应，建立起了数学上的对应关系。这些关系总称为动力学普遍定理，包括动量定理、动量矩定理和动能定理。

本章所用坐标系是惯性坐标系。研究顺序是由质点运动微分方程推导出质点动力学普遍方程，继而推广到质点系和刚体。

14.1　动量和冲量

14.1.1　动量和冲量的概念

1．动量

质点的质量与其速度矢的乘积称为质点的**动量**，记为 $m\boldsymbol{v}$ 。质点的动量是矢量，与速度矢的方向一致。在国际单位制中，动量的单位为 $\mathrm{kg \cdot m/s}$ 。

质点系中所有质点动量的矢量和，称为质点系的动量。用 $\boldsymbol{p}$ 表示，即

$$\boldsymbol{p} = \sum m_i \boldsymbol{v}_i \tag{14.1}$$

设质点系由 n 个质点 M_1，$M_2,\cdots$，M_n 组成，各质点的质量分别为 m_1，$m_2,\cdots$，m_n 。总质量 $m = \sum m_i$ ，并用 $\boldsymbol{r}_1$，$\boldsymbol{r}_2,\cdots$，$\boldsymbol{r}_n$ 表示各质点对任选的参考点 O 的矢径，如图 14.1 所示。

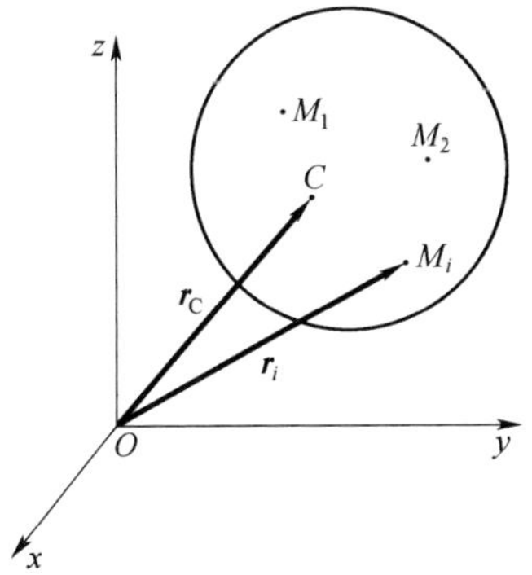

图 14.1

由重心坐标公式，可知在均匀重力场情况下，有

$$x_C = \frac{\sum mx_i}{\sum m_i},\ y_C = \frac{\sum m_i y_i}{\sum m_i},\ z_C = \frac{\sum m_i z_i}{\sum m_i}$$

设质点系质量中心（简称“质心”）的矢径为$\boldsymbol{r}_C$，质点系任意质点i的矢径为$\boldsymbol{r}_i$，则上式可以写为矢量式，即

$$\boldsymbol{r}_C = x_C\boldsymbol{i} + y_C\boldsymbol{j} + z_C\boldsymbol{k} = \frac{\sum m_i\boldsymbol{r}_i}{\sum m_i} = \frac{\sum m_i\boldsymbol{r}_i}{m} \tag{14.2}$$

或

$$m\boldsymbol{r}_C = \sum m_i\boldsymbol{r}_i$$

两边对时间t求导，则有$m\boldsymbol{v}_C = \sum m_i\boldsymbol{v}_i$，因此，质点系的动量又可以表示为

$$\boldsymbol{p} = \sum m_i\boldsymbol{v}_i = m\boldsymbol{v}_C \tag{14.3}$$

即质点系的动量等于质心速度与其全部质量的乘积。

对于刚体系统，设第i个刚体的质心C_i的速度为$\boldsymbol{v}_{Ci}$，则整个刚体系统的动量为

$$\boldsymbol{p} = \sum m_i\boldsymbol{v}_{Ci} \tag{14.4}$$

动量是矢量，具体计算过程中，可利用投影形式，以p_x、p_y和p_z分别表示质点系的动量在固定直角坐标轴x、y和z轴上的投影，则有

$$p_x = \sum m_i v_{ix},\qquad p_y = \sum m_i v_{iy},\qquad p_z = \sum m_i v_{iz} \tag{14.5}$$

若已知在三个轴上投影分别为p_x、p_y和p_z，则动量的大小和方向余弦为

$$\left.\begin{aligned} &p = \sqrt{p_x^2 + p_y^2 + p_z^2} \\ &\cos(\boldsymbol{p},\boldsymbol{i}) = \frac{p_x}{p} \\ &\cos(\boldsymbol{p},\boldsymbol{j}) = \frac{p_y}{p} \\ &\cos(\boldsymbol{p},\boldsymbol{k}) = \frac{p_z}{p} \end{aligned}\right\} \tag{14.6}$$

2. 冲量

物体在力的作用下引起的运动变化，不仅与力的大小和方向有关，还与力作用时间的长短有关。例如，人力推动汽车，经过一段时间，可以使汽车获得一定速度；如果改用另外一辆汽车牵引，则只需很短时间就可以达到相同的速度。若作用力是常量，我们用力与作用时间的乘积来衡量力在这段时间内积累的作用。作用力与其作用时间的乘积称为常力的冲量。冲量是矢量，与力的方向一致。用$\boldsymbol{F}$表示常力，作用时间为t，则此力的冲量为

$$\boldsymbol{I} = \boldsymbol{F}t \tag{14.7}$$

如果 $\boldsymbol{F}$ 是变量，在微小时间 dt 内，力 $\boldsymbol{F}$ 的冲量称为元冲量，即

$$\mathrm{d}\boldsymbol{I} = \boldsymbol{F}\mathrm{d}t \tag{14.8}$$

力 $\boldsymbol{F}$ 在作用时间 t_1～t_2 的冲量为矢量积分

$$\boldsymbol{I} = \int_{t_1}^{t_2} \boldsymbol{F}\mathrm{d}t \tag{14.9}$$

上式为一矢量积分，具体计算时，可投影于固定坐标 x、y和z 轴上，即

$$I_x = \int_{t_1}^{t_2} F_x \mathrm{d}t\ ,\quad I_y = \int_{t_1}^{t_2} F_y \mathrm{d}t\ ,\quad I_z = \int_{t_1}^{t_2} F_z \mathrm{d}t \tag{14.10}$$

冲量的单位在国际单位制中为 $\mathrm{N \cdot s}$，因此冲量与动量的量纲是相同的。

14.1.2 动量定理

1. 质点的动量定理

由质点动力学微分方程，有

$$\frac{\mathrm{d}(m\boldsymbol{v})}{\mathrm{d}t} = \boldsymbol{F}$$

或

$$\mathrm{d}(m\boldsymbol{v}) = \boldsymbol{F}\mathrm{d}t \tag{14.11}$$

式（14.11）为质点动量定理的微分形式，即质点动量的增量等于作用于质点上作用力的元冲量。

对上式两边积分（时间 t_1～t_2，速度 $\boldsymbol{v}_1$～$\boldsymbol{v}_2$），得

$$m\boldsymbol{v}_2 - m\boldsymbol{v}_1 = \int_{t_1}^{t_2} \boldsymbol{F}\mathrm{d}t = \boldsymbol{I} \tag{14.12}$$

式（14.12）为质点动量定理的积分形式，即质点动量的变化等于作用于质点的力在此段时间内的冲量。

2. 质点系的动量定理

考察 n 个质点组成的质点系，第 i 个质点质量为 m_i，速度为 $\boldsymbol{v}_i$，质点系外部物体对该质点作用力的合力为 $\boldsymbol{F}_i^{(\mathrm{e})}$，称为外力，质点系内部其他质点对该质点作用的力为 $\boldsymbol{F}_i^{(\mathrm{i})}$，称为内力。对每个质点应用质点动量定理，有

$$\mathrm{d}(m_1\boldsymbol{v}_1) = (\boldsymbol{F}_1^{(\mathrm{e})} + \boldsymbol{F}_1^{(\mathrm{i})})\mathrm{d}t = \boldsymbol{F}_1^{(\mathrm{e})}\mathrm{d}t + \boldsymbol{F}_1^{(\mathrm{i})}\mathrm{d}t$$

$$\cdots$$

$$\mathrm{d}(m_i\boldsymbol{v}_i) = (\boldsymbol{F}_i^{(\mathrm{e})} + \boldsymbol{F}_i^{(\mathrm{i})})\mathrm{d}t = \boldsymbol{F}_i^{(\mathrm{e})}\mathrm{d}t + \boldsymbol{F}_i^{(\mathrm{i})}\mathrm{d}t$$

$$\cdots$$

$$\mathrm{d}(m_n\boldsymbol{v}_n) = (\boldsymbol{F}_n^{(\mathrm{e})} + \boldsymbol{F}_n^{(\mathrm{i})})\mathrm{d}t = \boldsymbol{F}_n^{(\mathrm{e})}\mathrm{d}t + \boldsymbol{F}_n^{(\mathrm{i})}\mathrm{d}t$$

上式总共有 n 个。将 n 个方程式两端分别相加，得

$$\sum \mathrm{d}(m_i \boldsymbol{v}_i) = \sum \boldsymbol{F}_i^{(\mathrm{e})}\mathrm{d}t + \sum \boldsymbol{F}_i^{(\mathrm{i})}\mathrm{d}t$$

因质点系内各个质点相互作用的内力总是大小相等、方向相反且成对出现，故冲量相互抵消，内力冲量的矢量和为零，即

$$\sum \boldsymbol{F}_i^{(\mathrm{i})}\mathrm{d}t = 0$$

因$\sum \mathrm{d}(m_i \boldsymbol{v}_i) = \mathrm{d}\sum (m_i \boldsymbol{v}_i) = \mathrm{d}\boldsymbol{p}$，表示质点系动量的增量，故得到质点系动量定理的微分形式

$$\mathrm{d}\boldsymbol{p} = \sum \boldsymbol{F}_i^{(\mathrm{e})}\mathrm{d}t = \sum \mathrm{d}\boldsymbol{I}_i^{(\mathrm{e})} \tag{14.13}$$

即质点系动量的增量等于作用于质点系的外力元冲量的矢量和。

式（14.13）也可以表示为

$$\frac{\mathrm{d}\boldsymbol{p}}{\mathrm{d}t} = \sum \boldsymbol{F}_i^{(\mathrm{e})} \tag{14.14}$$

即质点系的动量对时间的导数等于作用于质点系的外力的矢量和，称为**质点系动量定理的微分形式。**

对式（14.14）积分，得

$$\boldsymbol{p}_2 - \boldsymbol{p}_1 = \sum \boldsymbol{I}_i^{(\mathrm{e})} \tag{14.15}$$

即在某一时间间隔内质点系动量的改变量等于在这段时间内作用于质点系外力冲量的矢量和，称为**质点系动量定理的积分形式**。

动量定理是矢量式，在应用中经常使用其投影式，如式（14.14）和式（14.15）在直角坐标系上的投影分别为

$$\frac{\mathrm{d}p_x}{\mathrm{d}t} = \sum F_x^{(\mathrm{e})}，\quad \frac{\mathrm{d}p_y}{\mathrm{d}t} = \sum F_y^{(\mathrm{e})}，\quad \frac{\mathrm{d}p_z}{\mathrm{d}t} = \sum F_z^{(\mathrm{e})} \tag{14.16}$$

$$p_{2x} - p_{1x} = \sum I_x^{(\mathrm{e})}，\quad p_{2y} - p_{1y} = \sum I_y^{(\mathrm{e})}，\quad p_{2z} - p_{1z} = \sum I_z^{(\mathrm{e})} \tag{14.17}$$

例 14.1 质量为m_1的平台AB，放于水平面上，平台与水平面间的动滑动摩擦因数为f；质量为m_2的小车D由绞车拖动，相对于平台的运动规律为$s = \frac{1}{2}bt^2$，其中b为已知常数，如图 14.2 所示。不计绞车的质量，求平台的加速度。

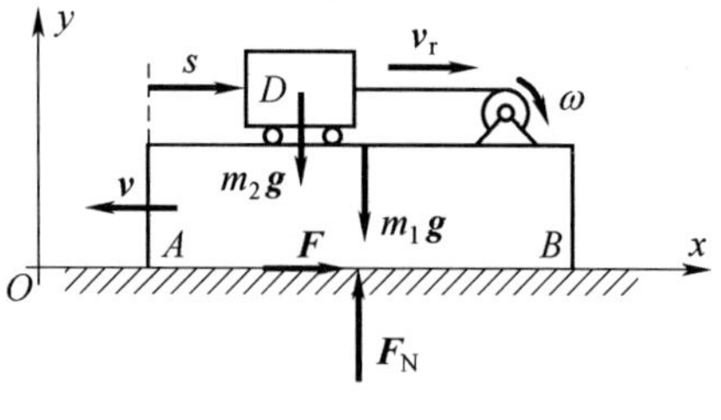

图 14.2

解： 首先分析受力。选取整体作为质点系，作用在水平方向的外力有摩擦力 $\boldsymbol{F}$ ，竖直方向有小车和平台的重力及地面对整体的法向约束力 $\boldsymbol{F}_{\mathrm{N}}$ 。

再分析运动。动量定理中的速度为绝对速度，平台水平方向动量为 $-m_1\boldsymbol{v}$ 。由速度合成定理可知，小车的绝对速度为 $\boldsymbol{v}_{\mathrm{r}}-\boldsymbol{v}$ ，因此小车水平方向动量为 $m_2(\boldsymbol{v}_{\mathrm{r}}-\boldsymbol{v})$ 。质点系水平方向动量为

$$\boldsymbol{p}_x=-m_1\boldsymbol{v}+m_2(\boldsymbol{v}_{\mathrm{r}}-\boldsymbol{v})$$

竖直方向动量

$$\boldsymbol{p}_y=0$$

由动量定理微分形式的投影式，得 $\dfrac{\mathrm{d}p_x}{\mathrm{d}t}=\sum F_x^{(\mathrm{e})}$ ， $\dfrac{\mathrm{d}p_y}{\mathrm{d}t}=\sum F_y^{(\mathrm{e})}$ ，分别有

$$\frac{\mathrm{d}}{\mathrm{d}t}[-m_1v+m_2(v_{\mathrm{r}}-v)]=F$$

$$0=F_{\mathrm{N}}-(m_1+m_2)g$$

式中， $v_{\mathrm{r}}=s'$ ， $F=fF_{\mathrm{N}}$ 。

解得
$$a=\frac{\mathrm{d}v}{\mathrm{d}t}=\frac{m_2b-f(m_1+m_2)g}{m_1+m_2}$$

注意： 取质点系为研究对象，运用动量定理时不考虑质点系内力。

3. 质点系的动量守恒定律

由质点系的动量定理可以推导出动量守恒定律。

（1）如果作用在质点系上的外力系的主矢等于零，由式（14.14）知，该质点系的动量保持不变，即

$$\boldsymbol{p}_1=\boldsymbol{p}_2=\text{恒矢量}$$

（2）如果作用在质点系上的外力系的主矢在某轴上的投影等于零，由式（14.16）知，该质点系的动量在该轴上的投影保持不变，即若 $\sum F_x^{(\mathrm{e})}=0$ ，则

$$p_{1x}=p_{2x}=\text{常量}$$

14.1.3　质心运动定理和质心运动守恒定理

1. 质心运动定理

质点系质心的位置可以由各质点的质量及相互的位置确定。当质点系运动时，各质点的位置在改变，质点系质心的位置也在变化。由式（14.3）知，质点系动量等于质点系的质量与质心速度的乘积，即

$$\boldsymbol{p}=\sum m_i\boldsymbol{v}_i=m\boldsymbol{v}_C$$

质点系动量定理的微分形式为

$$\frac{\mathrm{d}\boldsymbol{p}}{\mathrm{d}t}=\frac{\mathrm{d}m\boldsymbol{v}_C}{\mathrm{d}t}=\sum\boldsymbol{F}_i^{(\mathrm{e})}$$

若质点系质量不变，则上式也可以写成

$$m\boldsymbol{a}_C=\sum\boldsymbol{F}_i^{(\mathrm{e})} \tag{14.18}$$

式中：$\boldsymbol{a}_C$ 为质点系质心的加速度。

式（14.18）表明，质点系的质量与质心加速度的乘积等于作用于质点系外力的矢量和，即等于外力系的主矢。此结论称为质心运动定理。

由式（14.18）可知，质点系的内力不会改变质心的运动，只有外力才能影响质心的运动。比如，在汽车发动机中气体的压力是内力，因此即便这个力是汽车行驶的原动力，但是它不能使汽车的质心运动。那么汽车是如何启动的呢？原来，汽车发动机中的气体压力推动气缸内的活塞，经过一系列传动，主动轮可以转动，如果车轮与地面的接触面足够粗糙，那么地面对主动轮作用的静滑动摩擦力就是改变汽车质心运动状态的外力。但是，如果地面光滑或者不足以克服汽车前进的阻力，那么将无法改变质心运动状态，主动轮将会在原地打转，汽车不能前进。

式（14.18）与质点的动力学基本方程，即牛顿第二定律 $m\boldsymbol{a}=\sum\boldsymbol{F}$ 在形式上相似，因此可表达如下：质点系质心的运动，可以视为一个质点的运动，设想此质点集中了整个质点系的质量及其所受外力。例如，打出的炮弹，如果忽略空气阻力，则炮弹的质心运动就是只受重力作用的抛物线运动；若中途爆炸为很多碎片，则碎片的运动各不相同，但全部碎片的质心仍然做抛物线运动，直到有碎片着地。

但是，质心运动定理和牛顿第二定律又有不同。$m\boldsymbol{a}_C=\sum\boldsymbol{F}_i^{(\mathrm{e})}$ 是导出的定理，它描述的对象是质点系的质心，而 $m\boldsymbol{a}=\sum\boldsymbol{F}$ 是公理，它描述的对象是质点。

质心运动定理是矢量，实际计算时一般用投影形式，质心运动定理在直角坐标轴上的投影式为

$$ma_{Cx}=\sum F_x^{(\mathrm{e})}\ ,\quad ma_{Cy}=\sum F_y^{(\mathrm{e})}\ ,\quad ma_{Cz}=\sum F_z^{(\mathrm{e})} \tag{14.19}$$

质心运动定理在自然轴上的投影式为

$$ma_C^{\tau}=\sum F_{\tau}^{(\mathrm{e})}\ ,\quad ma_C^{n}=\sum F_n^{(\mathrm{e})}\ ,\quad 0=\sum F_b^{(\mathrm{e})} \tag{14.20}$$

例 14.2 如图 14.3 所示，曲柄滑槽机构中，长为 l 的曲柄以匀角速度 ω 绕 O 轴转动，运动开始时 $\varphi=0$ 。已知均质曲柄的质量为 m_1，滑块 A 的质量为 m_2，导杆 BD 的质量为 m_3，G 点为其质心，且 $\overline{BG}=\frac{1}{2}$ 。求：

（1）机构质量中心的运动方程；

（2）作用在 O 轴的最大水平力。

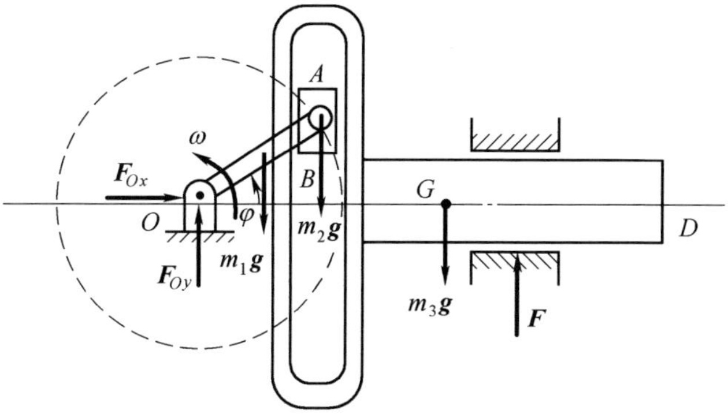

图 14.3

解：选取整个机构为研究的质点系。作用在水平方向的外力有 $\boldsymbol{F}_{Ox}$，由质心坐标公式

$$x_C = \frac{\sum mx_i}{\sum m_i}，\ y_C = \frac{\sum m_i y_i}{\sum m_i}$$

得到质心的运动方程为

$$x_C = \frac{m_3 l}{2(m_1+m_2+m_3)} + \frac{m_1 + 2m_2 + 2m_3}{2(m_1+m_2+m_3)} l\cos\omega t$$

$$y_C = \frac{m_1+2m_2}{2(m_1+m_2+m_3)} l\sin\omega t$$

机构的受力如图 14.3 所示。

由质心运动定理在 x 轴上的投影式 $ma_{Cx} = \sum F_x^{(e)}$ 得

$$(m_1+m_2+m_3)x_C'' = F_{Ox}$$

解得

$$F_{Ox} = -\frac{1}{2}(m_1+2m_2+2m_3)l\omega^2\cos\omega t$$

显然，最大水平约束力

$$F_{Ox\max} = \frac{1}{2}(m_1+2m_2+2m_3)l\omega^2$$

2. 质心运动守恒定律

（1）如果外力主矢 $\sum \boldsymbol{F}_i^{(e)} = 0$，由式（14.18）可知

$$\boldsymbol{v}_C = 恒矢量$$

此时，质心做惯性运动。若开始静止，则仍保持静止。

（2）如果外力系的主矢在某轴上的投影等于零，由式（14.19）可知，如果 $\sum F_x^{(e)} = 0$，则

$$v_{Cx} = 常量$$

即质心速度在该轴上的投影保持不变。若开始时速度投影等于零，则质心沿该轴的坐标保持不变。

以上称为质心运动守恒定律。

例 14.3 如图 14.4 所示，单摆 B（长为 l）的支点固定在一可沿光滑的水平直线轨道平移的滑块 A 上，设 A、B 的质量分别为 m_A、m_B。运动开始时，$x = x_0$，$x' = 0$，$\varphi = \varphi_0$，$\varphi' = 0$。试求单摆 B 的轨迹方程。

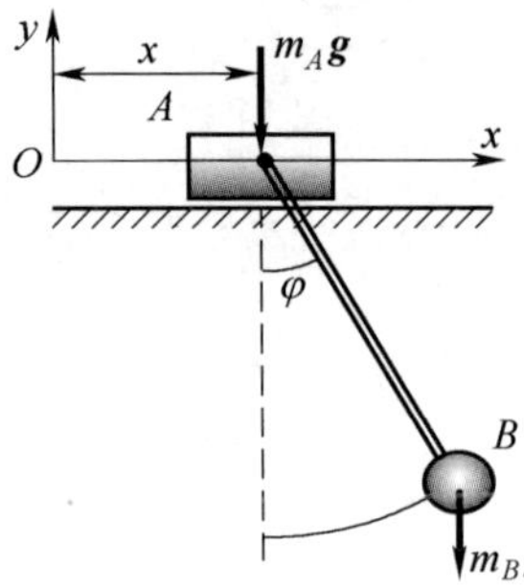

图 14.4

解：以系统为对象，其运动可用滑块 A 的横坐标 x 和单摆摆动的角度 φ 两个广义坐标确定。

由于沿 x 方向无外力作用，且初始静止，因此系统沿 x 轴的动量守恒，质心坐标 x_C 保持常值 x_{C0}，则

$$x_C = \frac{m_A x + m_B(x + l\sin\varphi)}{m_A + m_B} = \frac{m_A x_0 + m_B(x_0 + l\sin\varphi_0)}{m_A + m_B} = x_{C0}$$

解得

$$x = x_{C0} - \frac{m_B}{m_A + m_B} l\sin\varphi$$

单摆 B 的坐标为

$$x_B = x + l\sin\varphi = x_{C0} + \frac{m_A}{m_A + m_B} l\sin\varphi$$

$$y_B = -l\cos\varphi$$

消去 φ，即得到单摆 B 的轨迹方程

$$\left(1 + \frac{m_B}{m_A}\right)^2 (x_B - x_{C0})^2 + y_B^2 = l^2$$

$$x = x_{C0}$$

是以 $x = x_{C0}$， $y = 0$ 为中心的椭圆方程，因此悬挂在滑块上的单摆也称为椭圆摆。

14.2　动量矩定理

14.2.1　刚体对轴的转动惯量

1. 转动惯量的定义及一般公式

物体的转动惯量是物体转动时惯性的量度，它等于刚体内各质点的质量与质点到轴的垂直距离平方的乘积之和，即

$$J_z = \sum m_i r_i^2 \tag{14.21}$$

假如物体的质量是连续分布的（刚体），则上式可用积分表示，即

$$J_z = \int_m r^2 \mathrm{d}m \tag{14.22}$$

由上述可见，转动惯量的大小不仅和刚体的质量有关，而且和刚体的质量分布有关。质量相同的质点，离转轴越远，对转轴的转动惯量越大。

在工程实际中，对于频繁启动和制动的机械，如装卸货物的载重机构、龙门刨床的主电动机等，将要求它们的转动惯量小一些。与此相反，对于要求稳定运转的机构，如内燃机、冲床等，则要求机械的转动惯量较大，以使在外力矩变化时，可以减少转速的波动。机械设备上安装飞轮，就是为了达到这个目的。为了使飞轮的材料充分发挥作用，除必要的轮辐外，把材料的绝大部分配置在离轴较远的轮缘上，如图 14.5 所示。转动惯量的单位是千克·米^2（$\mathrm{kg \cdot m^2}$）。

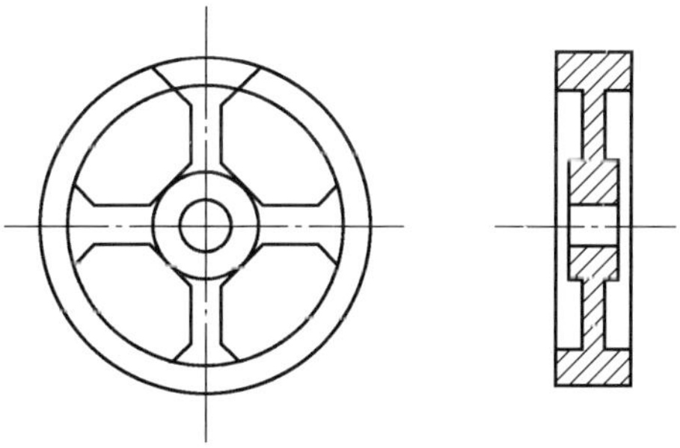

图 14.5

在实际应用中，物体的转动惯量常用它的总质量与某一长度 ρ 的平方的乘积来计算。即

$$J_z = M\rho^2 \tag{14.23}$$

这个长度 $\rho=\sqrt{J_z/M}$ 称为物体对 z 轴的惯性半径或回转半径。在机械工程手册中列出了简单几何形状或几何形状已经标准化的零件的惯性半径，供工程技术人员查阅。均质物体的转动惯量见表 14.1。

表 14.1

物体形状	简图	转动惯量 J_z	回转半径 ρ_z
细直杆	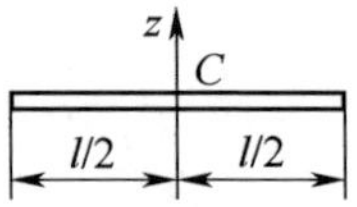	$\frac{1}{12}Ml^2$	$\frac{l}{2\sqrt{3}}=0.289l$
薄圆板	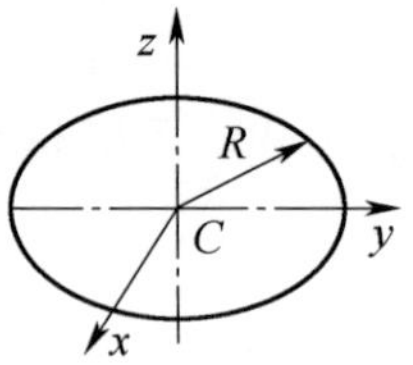	$\frac{1}{2}MR^2$	$\frac{R}{\sqrt{2}}=0.707R$
圆柱	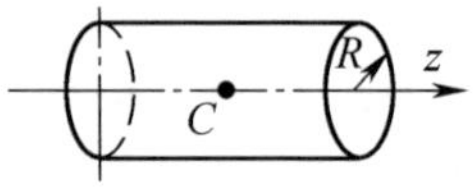	$\frac{1}{2}MR^2$	$\frac{R}{\sqrt{2}}=0.707R$
空心圆柱	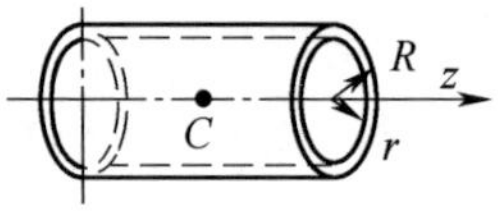	$\frac{1}{2}M(R^2-r^2)$	$\sqrt{\frac{R^2-r^2}{2}}=0.707\sqrt{R^2-r^2}$
球	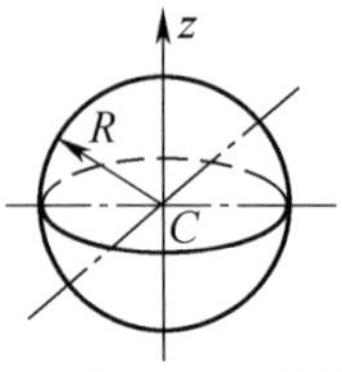	$\frac{2}{5}MR^2$	$0.632R$
薄壁空心球	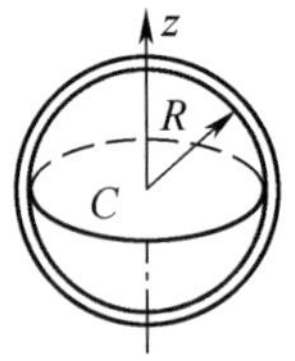	$\frac{2}{3}MR^2$	$\sqrt{\frac{2}{3}}R=0.816R$
细圆环	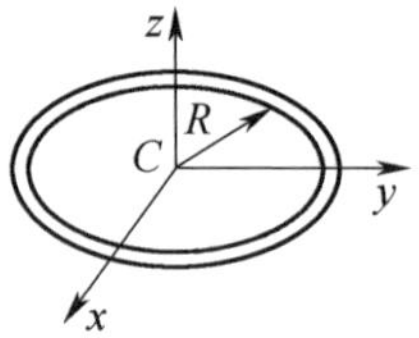	MR^2	R

续表

物体形状	简图	转动惯量 J_z	回转半径 ρ_z
矩形六面体	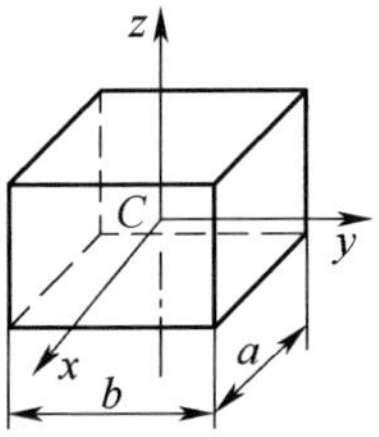	$\frac{1}{12}M(a^2+b^2)$	$\sqrt{\frac{a^2-b^2}{12}}=0.289\sqrt{a^2-b^2}$

2. 均质简单形状物体转动惯量的计算

对形状简单而规则的物体，用积分求它们的转动惯量。

（1）均质细直杆（图 14.6）对 z 轴的转动惯量。设杆长为 l，单位长度的质量为 ρ，取杆上一微段 $\mathrm{d}x$，其质量为 $m=\rho\mathrm{d}x$，则此杆对 z 轴的转动惯量为

$$J_z=\int_0^l(\rho\mathrm{d}x\cdot x^2)=\rho\frac{l^3}{3}$$

由于杆的质量 $M=\rho l$，因此 $J_z=\frac{1}{3}Ml^2$。

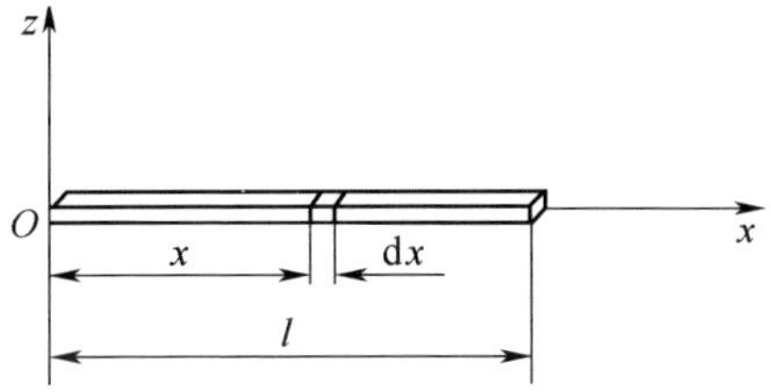

图 14.6

（2）均质薄圆环（图 14.7）对中心轴的转动惯量。

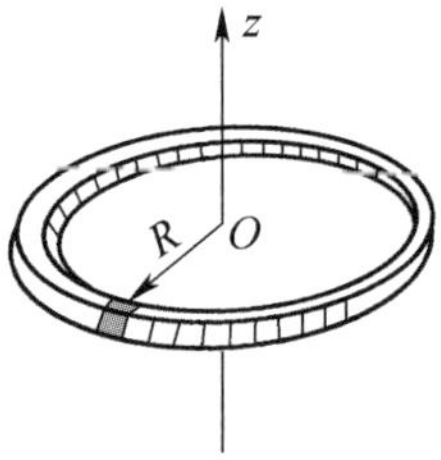

图 14.7

设圆环质量为 M，半径为 R，将圆环沿圆周分成许多微段，设每段的质量为 m_i。由于这些微段到 z 轴的距离都等于 R，因此圆环对 z 轴的转动惯量为

$$J_z = \sum m_i R_i^2 = \left(\sum m_i\right) R^2 = MR^2$$

（3）均质圆盘（图 14.8）对中心轴的转动惯量。

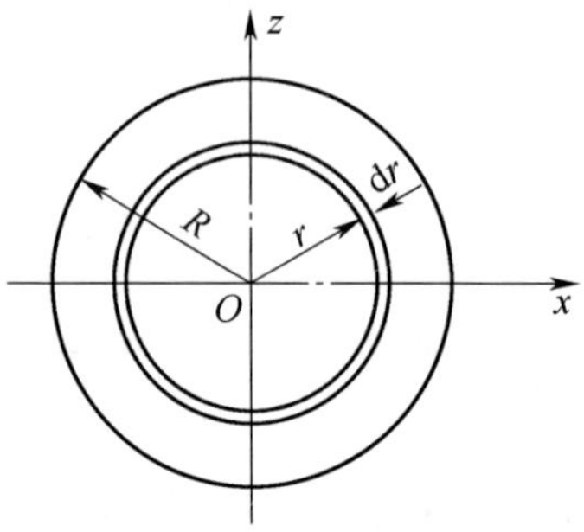

图 14.8

设圆盘半径为 R，质量为 M。将圆盘分成无数细圆环，其中任一半径为 r，宽度为 dr 的圆环，质量为

$$m_i = 2\pi r_i \mathrm{d}r_i \cdot \rho$$

式中：$\rho = M/(\pi R^2)$，为均质圆盘的单位面积质量。于是

$$J_z = \int_0^R r^2 2\pi r \rho \mathrm{d}r = 2\pi\rho \int_0^R r^3 \mathrm{d}r = \frac{\rho\pi}{2} R^4$$

因为 $\rho\pi R^2 = M$，故 $J_z = \frac{1}{2} MR^2$。

一些常见的均质物体转动惯量的计算公式已在手册中列成表格，本节表 14.1 就是从中摘出的一部分。同一物体对不同转轴的转动惯量往往是不同的，表 14.1 中为了注明转轴，在符号 J 后加了下标。

3. 平行轴定理

从转动惯量的定义不难看出，同一刚体对不同轴的转动惯量是不相等的。转动惯量的平行轴定理说明了刚体对相对平行的两轴的转动惯量之间的关系，定理叙述如下：刚体对某一轴 z 的转动惯量，等于它对通过质心 C 并与 z 轴平行的轴的转动惯量，加上刚体质量 M 与两轴距离 d 的平方的乘积。即

$$J_z = J_{zC} + Md^2 \tag{14.24}$$

例如，均质细直杆对通过端点并与杆垂直的 z 轴的转动惯量为 $J_z = Ml^2/3$。则此杆对通过质心 C 并与 z 轴平行的轴的转动惯量为

$$J_{zC} = J_z - Md^2 = \frac{Ml^2}{3} - M\left(\frac{l}{2}\right)^2 = \frac{1}{12} Ml^2$$

通常，求简单形状物体的转动惯量可直接查表。对形状、结构比较复杂的物体，可先把它分成几个简单形体，求得这些简单形体的转动惯量后再进行适当加减，即可求得原物体的转动惯量。

例 14.4　将钟摆简化，如图 14.9 所示。已知均质细杆和均质圆盘的质量分别为 m_1 和 m_2，杆长为 l，圆盘直径为 d。求摆对通过悬挂点 O 的水平轴的转动惯量。

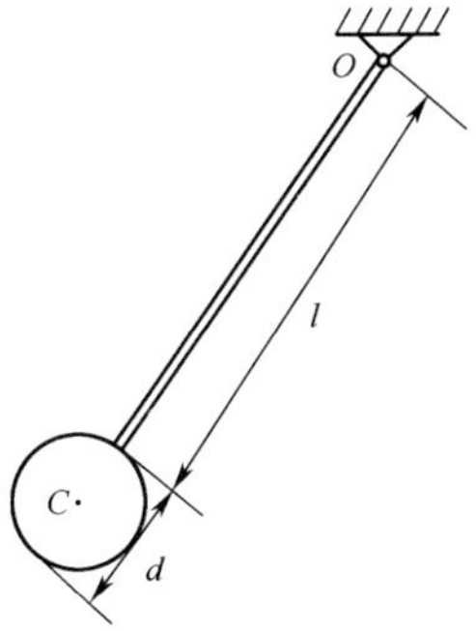

图 14.9

解：摆对于水平轴 O 的转动惯量为

$$J_O = J_{O杆} + J_{O盘}$$

式中，$J_{O杆} = \frac{1}{3}m_1 l^2$。

设 J_C 为圆盘对中心 C 的转动惯量，则

$$J_{O盘} = J_C + m_2\left(l + \frac{d}{2}\right)^2$$

$$= \frac{1}{2}m_2\left(\frac{d}{2}\right)^2 + m_2\left(l + \frac{d}{2}\right)^2$$

$$= m_2\left(\frac{3}{8}d^2 + l^2 + ld\right)$$

于是得

$$J_O = \frac{1}{3}m_1 l^2 + m_2\left(\frac{3}{8}d^2 + l^2 + ld\right)$$

14.2.2　动量矩

1．质点的动量矩

与力对点的矩相对应，质点的动量 $m\boldsymbol{v}$ 对点也有矩。如图 14.10 所示，由静力学知，力 $\boldsymbol{F}$ 对 O 点的矩定义为矢径 $\boldsymbol{r}$ 与力 $\boldsymbol{F}$ 的矢积，用 $\boldsymbol{M}_O(\boldsymbol{F})$ 表示，即

$$\boldsymbol{M}_O(\boldsymbol{F})=\boldsymbol{r}\times\boldsymbol{F}$$

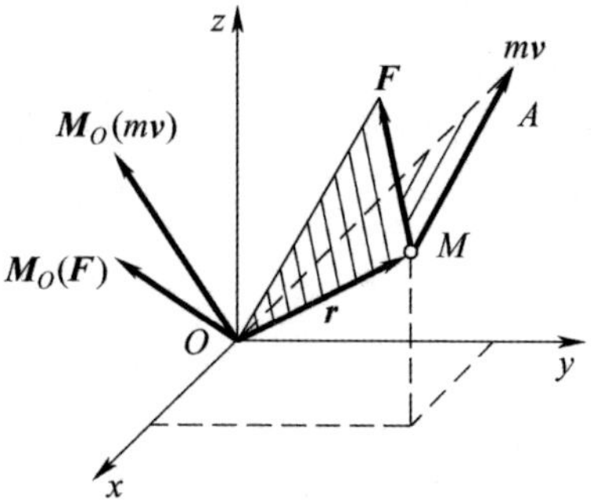

图 14.10

仿照力对点的矩，也可以定义质点的动量$m\boldsymbol{v}$对 O 点的矩，等于矢径$\boldsymbol{r}$与动量$m\boldsymbol{v}$的矢积，以符号$\boldsymbol{M}_O(m\boldsymbol{v})$表示，即

$$\boldsymbol{M}_O(m\boldsymbol{v})=\boldsymbol{r}\times m\boldsymbol{v} \tag{14.25}$$

质点对 O 点的动量矩是矢量，它垂直于矢径$\boldsymbol{r}$与 $m\boldsymbol{v}$ 所组成的平面，矢量的指向由右手法则确定（图 14.11），它的大小为

$$|\boldsymbol{M}_O(m\boldsymbol{v})|=mvr\sin\alpha=2S_{\triangle OMA}$$

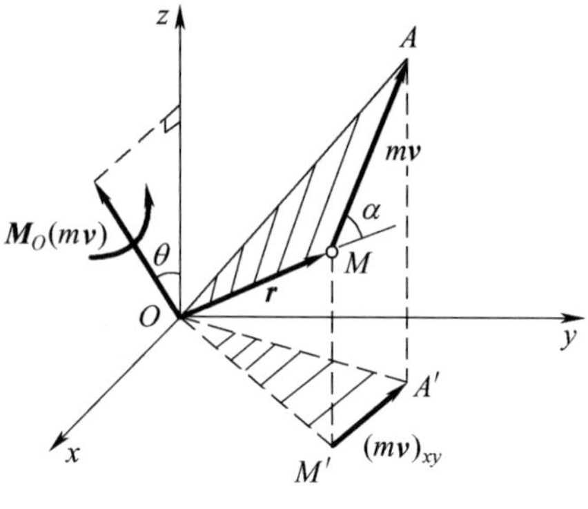

图 14.11

与力对轴的矩相对应，质点的动量 $m\boldsymbol{v}$ 对轴也有矩。质点的动量在 Oxy 平面内的投影$(m\boldsymbol{v})_{xy}$对 O 点的矩，定义为质点动量对 z 轴的矩，简称为对 z 轴的动量矩。对轴的动量矩是代数量（图 14.10），即

$$M_z(mv)=M_O(m\boldsymbol{v}_{xy})=\pm2S_{\triangle OMA'}=x(mv_y)-y(mv_x)$$

同样，质点对 O 点的动量矩与对 z 轴的动量矩的关系，和力对点的矩与力对轴的矩关系相似。动量 $m\boldsymbol{v}$ 对通过 O 点的任一轴的矩，等于动量对 O 点的矩矢在

轴上的投影。即

$$\left[\boldsymbol{M}_O(m\boldsymbol{v})\right]_z = M_z(m\boldsymbol{v})$$

故

$$\boldsymbol{M}_O(m\boldsymbol{v}) = M_z(m\boldsymbol{v})\boldsymbol{i} + M_z(m\boldsymbol{v})\boldsymbol{j} + M_z(m\boldsymbol{v})\boldsymbol{k} \tag{14.26}$$

$$\left.\begin{aligned} M_x(m\boldsymbol{v}) &= \left[\boldsymbol{M}_O(m\boldsymbol{v})\right]_x = y(mv_z) - z(mv_y) \\ M_y(m\boldsymbol{v}) &= \left[\boldsymbol{M}_O(m\boldsymbol{v})\right]_y = z(mv_x) - x(mv_z) \\ M_z(m\boldsymbol{v}) &= \left[\boldsymbol{M}_O(m\boldsymbol{v})\right]_z = x(mv_y) - y(mv_x) \end{aligned}\right\} \tag{14.27}$$

在国际单位制中，动力矩的单位用 $\mathrm{kg \cdot m^2}$ 或 $\mathrm{N \cdot m \cdot s}$ 表示。

2. *质点系的动量矩*

质点系对某点 O 的动量矩等于质点系内各质点的动量对该点的矩的矢量和，用 $\boldsymbol{L}_O$ 表示。即

$$\boldsymbol{L}_O = \sum \boldsymbol{M}_O(m_i\boldsymbol{v}_i) = \sum \boldsymbol{r}_i \times m_i\boldsymbol{v}_i \tag{14.28}$$

质点系对 z 轴的动量矩等于各质点对同一 z 轴动量矩的代数和，即

$$L_z = \sum M_z(m_i\boldsymbol{v}_i) \tag{14.29}$$

将式（14.28）投影到 z 轴上得

$$[\boldsymbol{L}_O]_z = \sum\left[\boldsymbol{M}_O\left(m_i\boldsymbol{v}_i\right)\right]_z$$

由式（14.27）得 $M_z(m_i\boldsymbol{v}_i) = \left[\boldsymbol{M}_O(m_i\boldsymbol{v}_i)\right]_z$，并注意到式（14.29），得

$$[\boldsymbol{L}_O]_z = L_z \tag{14.30}$$

即质点系对某点 O 的动量矩矢在通过该点的 z 轴上的投影等于质点系对该轴的动量矩。刚体平动时，可将全部质量集中于质心，作为一个质点计算其动量矩。

刚体绕定轴转动是工程中最常见的一种运动情况。设刚体以角速度 ω 绕固定轴 z 轴转动（图 14.12），刚体内任一点 M_i 的质量为 m_i，转动半径为 r_i，则有

$$\begin{aligned} L_z &= \sum M_z(m_i\boldsymbol{v}_i) = \sum m_i v_i r_i \\ &= \sum m_i(\omega\, r_i)r_i = \omega \sum m_i r_i^2 \end{aligned}$$

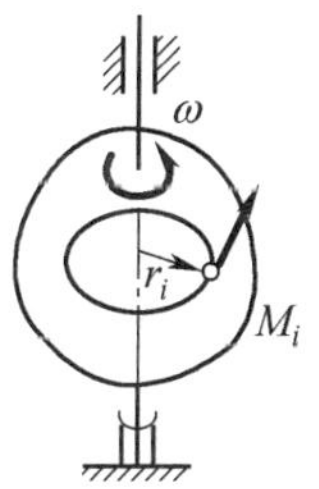

图 14.12

式中，$\sum m_i r_i^2 = J_z$，为刚体对 z 轴的转动惯量。则得

$$L_z = J_z\omega \tag{14.31}$$

即绕定轴转动的刚体对转轴的动量矩等于其对转轴的转动惯量与转动角速度的乘积。

14.2.3 动量矩定理概述

1. 质点的动量矩定理

将质点对固定点 O 的动量矩即式（14.25）对时间求导数有

$$\frac{\mathrm{d}}{\mathrm{d}t}[\boldsymbol{M}_O(m\boldsymbol{v})]=\frac{\mathrm{d}}{\mathrm{d}t}(\boldsymbol{r}\times m\boldsymbol{v})=\boldsymbol{r}\times\frac{\mathrm{d}}{\mathrm{d}t}(m\boldsymbol{v})+\frac{\mathrm{d}\boldsymbol{r}}{\mathrm{d}t}\times m\boldsymbol{v}$$

上式右端第二项

$$\frac{\mathrm{d}\boldsymbol{r}}{\mathrm{d}t}\times m\boldsymbol{v}=\boldsymbol{v}\times m\boldsymbol{v}=0$$

根据质点动量定理 $\frac{\mathrm{d}}{\mathrm{d}t}(m\boldsymbol{v})=\boldsymbol{F}$，上式改写为

$$\frac{\mathrm{d}}{\mathrm{d}t}[\boldsymbol{M}_O(m\boldsymbol{v})]=\boldsymbol{r}\times\boldsymbol{F}$$

即

$$\frac{\mathrm{d}}{\mathrm{d}t}[\boldsymbol{M}_O(m\boldsymbol{v})]=\boldsymbol{M}_O(\boldsymbol{F}) \tag{14.32}$$

上式即为质点的动量矩定理：质点对某定点的动量矩对时间的导数，等于作用于质点的力对该点的矩。

将式（14.32）在各固定坐标轴上投影，考虑矢量对点的矩与通过该点轴的矩的关系，可得

$$\left.\begin{aligned}\frac{\mathrm{d}}{\mathrm{d}t}M_x(m\boldsymbol{v})=M_x(\boldsymbol{F})\\ \frac{\mathrm{d}}{\mathrm{d}t}M_y(m\boldsymbol{v})=M_y(\boldsymbol{F})\\ \frac{\mathrm{d}}{\mathrm{d}t}M_z(m\boldsymbol{v})=M_z(\boldsymbol{F})\end{aligned}\right\} \tag{14.33}$$

这就是质点对固定轴的动量矩定理：质点对某固定轴的动量矩对时间的导数，等于作用在质点上的力对同一轴的矩。

2. 质点动量矩守恒定律

（1）若 $\boldsymbol{M}_O(\boldsymbol{F})=0$，则由式（14.32）知，$\boldsymbol{L}_O$=常矢量。

即若作用于质点的力对某点的矩始终等于零，则质点对此点动量矩的大小和方向都不变。这称为质点动量矩守恒定律。

（2）若 $M_z(\boldsymbol{F})=0$，则由式（14.33）知，$L_z=$常量。

即若作用于质点的力对某轴的矩始终等于零，则质点对此轴动量矩的大小和方向都不变。这称为质点对轴的动量矩守恒定律。

如果作用在质点上的力的作用线始终通过某固定点 O，则这种力称为有心力，

O 点称为力心。例如，太阳对行星的引力和地球对人造卫星的引力就是有心力。若质点 M 在力心为 O 的有心力 $\boldsymbol{F}$ 作用下运动，则显然有 $M_z(\boldsymbol{F})=0$（图 14.13），根据动量矩守恒定律得

$$\boldsymbol{M}_O(m\boldsymbol{v})=\boldsymbol{r}\times m\boldsymbol{v}=\text{常矢量}$$

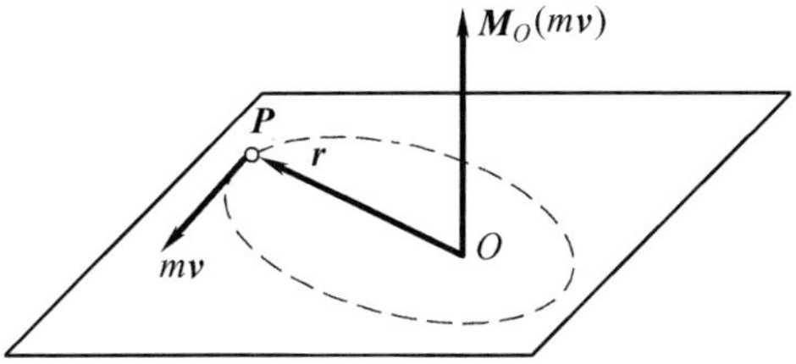

图 14.13

由此可得在有心力作用下质点运动的两个特点：

- $\boldsymbol{M}_O(m\boldsymbol{v})$ 垂直于 $\boldsymbol{r}$ 与 $m\boldsymbol{v}$ 所在的平面。显然，$\boldsymbol{M}_O(m\boldsymbol{v})$ 是恒矢量，方向始终不变，那么 $\boldsymbol{r}$ 和 $m\boldsymbol{v}$ 始终在一个平面内，因此，质点在有心力作用下运动的轨迹是平面曲线。
- O 点的动量矩的大小不变，即

$$|\boldsymbol{M}_O(m\boldsymbol{v})|=mvh=\text{常矢量}$$

式中：h 为 O 点到动量矢 $m\boldsymbol{v}$ 的垂直距离。

例 14.5　如图 14.14 所示，重为 $\boldsymbol{P}$ 的摆锤，系在不可伸长的软绳上。设绳长为 l，试求单摆的运动规律。

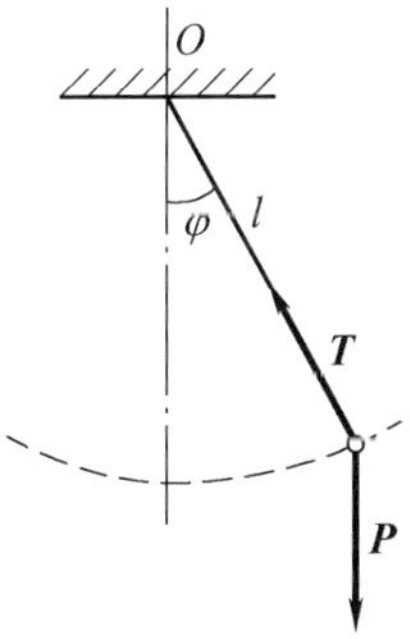

图 14.14

解： 取摆锤为研究的质点，它受的力有：重力 $\boldsymbol{P}$、绳子的拉力 $\boldsymbol{T}$。

取通过 O 点垂直于图面的轴，并取 φ 角逆时针方向为正，则重力对 O 点的矩为负。

应用质点对该轴动量矩定理得

$$\frac{\mathrm{d}}{\mathrm{d}t}M_O(m\boldsymbol{v})=M_O(\boldsymbol{F}) \tag{14.34}$$

因
$$M_O(m\boldsymbol{v})=\frac{P}{g}vl=\frac{P}{g}l^2\frac{\mathrm{d}\varphi}{\mathrm{d}t}$$

$$M_O(\boldsymbol{F})=-Pl\sin\varphi$$

代入式（14.34）得

$$\frac{\mathrm{d}^2\varphi}{\mathrm{d}t^2}+\frac{g}{l}\sin\varphi=0$$

当单摆做微小摆动时，$\sin\varphi\approx\varphi$，因此上式写为

$$\frac{\mathrm{d}^2\varphi}{\mathrm{d}t^2}+\frac{g}{l}\varphi=0$$

解此微分方程，得单摆做微小摆动时的运动方程为

$$\varphi=\varphi_0\sin\left(\sqrt{\frac{g}{l}}\cdot t+\alpha\right)$$

式中：φ_0为角振幅；α为初位相，由初始条件确定，其周期为

$$T=2\pi\sqrt{\frac{l}{g}}$$

这种周期与初始条件无关的性质，称为等时性。

3. 质点系的动量矩定理

设质点系由 n 个质点组成，作用于每个质点的力分为内力 $\boldsymbol{F}_i^{(\mathrm{i})}$ 和外力 $\boldsymbol{F}_i^{(\mathrm{e})}$，则对其中任一质点 m_i 应用质点动量矩定理有

$$\frac{\mathrm{d}}{\mathrm{d}t}\boldsymbol{M}_O(m_i\boldsymbol{v}_i)=\boldsymbol{M}_O(\boldsymbol{F}_i^{(\mathrm{i})})+\boldsymbol{M}_O(\boldsymbol{F}_i^{(\mathrm{e})})\quad（i=1，2，\cdots，n）$$

将所有的 n 个方程相加得

$$\sum\frac{\mathrm{d}}{\mathrm{d}t}\boldsymbol{M}_O(m_i\boldsymbol{v}_i)=\sum\boldsymbol{M}_O(\boldsymbol{F}_i^{(\mathrm{i})})+\sum\boldsymbol{M}_O(\boldsymbol{F}_i^{(\mathrm{e})})\quad（i=1，2，\cdots，n）$$

由于内力有等值、反向、共线的性质，因此内力的主矩为

$$\sum\boldsymbol{M}_O(\boldsymbol{F}_i^{(\mathrm{i})})=0$$

上式左端

$$\sum\frac{\mathrm{d}}{\mathrm{d}t}\boldsymbol{M}_O(m_i\boldsymbol{v}_i)=\frac{\mathrm{d}}{\mathrm{d}t}\sum\boldsymbol{M}_O(m_i\boldsymbol{v}_i)=\frac{\mathrm{d}\boldsymbol{L}_O}{\mathrm{d}t}$$

故得
$$\frac{\mathrm{d}\boldsymbol{L}_O}{\mathrm{d}t}=\sum\boldsymbol{M}_O(\boldsymbol{F}_i^{(\mathrm{e})})=\boldsymbol{M}_O^{(\mathrm{e})} \tag{14.35}$$

此式为质点系动量矩定理：质点系对某固定点的动量矩对时间的导数，等于作用于质点系的外力对同一点的矩。

将式（14.35）投影到固定坐标轴上，可得质点系对轴的动量矩定理，即式（14.36）。质点系对某固定轴的动量矩对时间的导数，等于作用于该质点系所有外力对同一轴的矩的代数和。

质点系动量矩定理不包含内力，说明内力不能改变其动量矩，只有外力才能改变质点系的动量矩，但内力可以改变质点系内各质点的动量矩，起着传递的作用。

$$\left.\begin{aligned}\frac{\mathrm{d}L_x}{\mathrm{d}t}=\sum M_x(\boldsymbol{F}^{(\mathrm{e})})\\ \frac{\mathrm{d}L_y}{\mathrm{d}t}=\sum M_y(\boldsymbol{F}^{(\mathrm{e})})\\ \frac{\mathrm{d}L_z}{\mathrm{d}t}=\sum M_z(\boldsymbol{F}^{(\mathrm{e})})\end{aligned}\right\}\tag{14.36}$$

4. 质点系动量矩守恒定律

（1）若 $\sum M_O(\boldsymbol{F}^{(\mathrm{e})})=0$，则由式（14.35）得，$\boldsymbol{L}_O$=常矢量。

即若作用于质点系的外力对某固定点的主矩始终等于零，则质点系对该点的动量矩矢的大小和方向都保持不变。这就是质点系对固定点的动量矩守恒定律。

（2）若 $\sum M_z(\boldsymbol{F}^{(\mathrm{e})})=0$，则由式（14.36）得，$L_z$=常量。

即若作用于质点系的外力对某固定轴的矩的代数和始终等于零，则质点系对该轴的动量矩保持不变。这就是质点系对固定轴的动量矩守恒定律。

在动量矩守恒情况下，通过调整身体姿态以改变转动惯量，进而改变身体旋转的角速度，是运动员及杂技演员常用的方法。例如，花样滑冰运动员双臂和腿时而展开，时而收拢。当 $\sum M_z=0$ 时，展开双臂和腿会使运动员的转动惯量增大，其绕过重心的铅垂轴转动的速度降低。如果将双臂和腿收拢，则转动惯量减小，转速将会增大。

必须指出，上述动量矩定理的表达式只适用于固定点或固定轴。对于一般的动点或动轴来说，其动量矩定理有更复杂的表达式，本书不讨论这类问题。

例 14.6　如图 14.15 所示，手柄 AB 上施加转矩 M_0，并通过鼓轮 D 来使物体 C 移动。已知鼓轮可看成均质圆柱，半径为 r，所受重力为 $\boldsymbol{P}_1$；物体 C 受到的重力为 $\boldsymbol{P}_2$，它与水平面间的动摩擦因数是 f'。手柄、转轴和绳索的质量，以及轴承摩擦都可忽略不计，试求物体 C 的加速度。

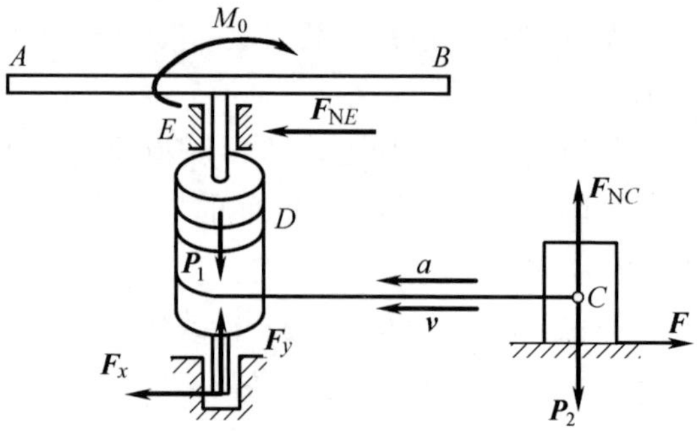

图 14.15

解：选取整个系统为研究的质点系。质点系对通过 z 轴的动量矩为

$$L_z = \left(\frac{1}{2}\cdot\frac{P_1}{g}r^2\right)\omega + \frac{P_2}{g}r^2\omega = \frac{r^2\omega}{2g}(P_1 + 2P_2)$$

作用于质点系的外力除力偶 M_0，重力 $\boldsymbol{P}_1$ 和 $\boldsymbol{P}_2$ 外，还有 E、F 处的约束反力 $\boldsymbol{F}_{NE}$ 和 $\boldsymbol{F}_x$、$\boldsymbol{F}_y$，以及支承面对物体 C 的反力 $\boldsymbol{F}_{NC}$ 和摩擦力 $\boldsymbol{F}$。这些力对 z 轴的动量矩为

$$M_z^{(e)} = M_0 - Fr = M_0 - f'P_2 r$$

应用动量矩定理有

$$\frac{\mathrm{d}L_z}{\mathrm{d}t} = M_z^{(e)}$$

即
$$\frac{r^2\alpha}{2g}(P_1 + 2P_2) = M_0 - f'P_2 r$$

所以
$$a = r\alpha = \frac{2(M_0 - f'P_2 r)}{(P_1 + 2P_2)r}g$$

14.2.4 刚体绕定轴转动的微分方程

设刚体在外力 $\boldsymbol{F}_1$, $\boldsymbol{F}_2$, …, $\boldsymbol{F}_n$ 和轴承反力 $\boldsymbol{F}_{N1}$、$\boldsymbol{F}_{N2}$ 作用下绕定轴 z 转动，如图 14.16 所示。刚体对转轴 z 的转动惯量是 J_z，角速度为 ω，于是刚体对 z 轴的动量矩 $L_z = J_z\omega$。

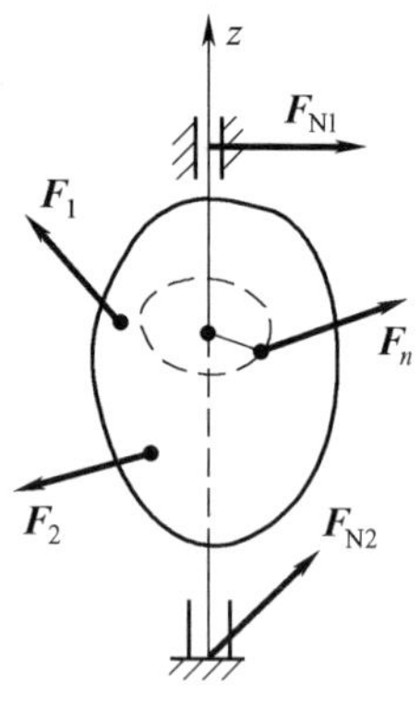

图 14.16

根据质点系对 z 轴的动量矩定理有

$$\frac{\mathrm{d}L_z}{\mathrm{d}t} = \sum M_z(\boldsymbol{F}_i^{(e)}) + \sum M_z(\boldsymbol{F}_{Ni})$$

因为轴承反力 $\boldsymbol{F}_{N1}$、$\boldsymbol{F}_{N2}$ 对 z 轴的力矩等于零，故

$$\frac{\mathrm{d}}{\mathrm{d}t}(J_z\omega)=\sum M_z(\boldsymbol{F}^{(\mathrm{e})})$$

或
$$J_z\frac{\mathrm{d}\omega}{\mathrm{d}t}=\sum M_z(\boldsymbol{F}^{(\mathrm{e})}) \tag{14.37a}$$

由于 $\frac{\mathrm{d}\omega}{\mathrm{d}t}=\alpha$，因此上式又可改写为

$$J_z\alpha=\sum M_z(\boldsymbol{F}^{(\mathrm{e})}) \tag{14.37b}$$

或
$$J_z\frac{\mathrm{d}^2\varphi}{\mathrm{d}t^2}=\sum M_z(\boldsymbol{F}^{(\mathrm{e})}) \tag{14.37c}$$

以上各式均称为刚体绕定轴转动的微分方程，即刚体对转轴的转动惯量与角加速度的乘积，等于作用于刚体的外力对该轴矩的代数和。

从式（14.37）可以看出：

（1）当刚体绕一轴 z 转动时，外力主矩 M_z 越大，则角加速度 α 越大。这表示外力主矩是使刚体转动状态改变的原因。当外力主矩 $M_z=0$ 时，角加速度 $\alpha=0$，因而刚体做匀速转动或保持静止（转动状态不变）。

（2）在同样外力主矩 M_z 作用下，刚体的转动惯量 J_z 越大，则获得的角加速度 α 越小，这说明刚体的转动状态变化得慢。可见，转动惯量是刚体转动时的惯性量度。这可以和平动时刚体（或质点）惯性度量相比拟。转动惯量和质量都是力学中表示物体在做不同运动时惯性大小的物理量。

（3）刚体定轴转动微分方程和质点以直线运动的微分方程在形式上相似，求解问题的方法与步骤也相似。

例 14.7　求复摆的运动规律。一个刚体，由于重力作用而自由地绕一水平轴转动，如图 14.17 所示，称为复摆（或物理摆）。设摆的质量为 m，质心 C 到转轴 O 的距离为 a，摆对轴的转动惯量为 J_O。

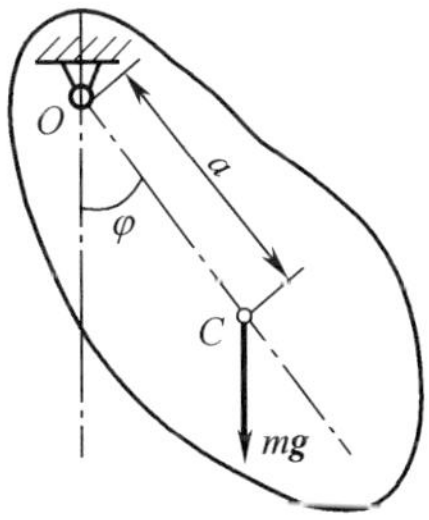

图 14.17

解：以复摆为研究的质点系。复摆受的外力有重力 $m\boldsymbol{g}$ 和轴承的约束反力。设 φ 角以逆时针方向为正，则重力对 O 点的矩为负。应用刚体绕定轴转动微分方程即式（14.37c）得

$$J_O\frac{\mathrm{d}^2\varphi}{\mathrm{d}t^2}=-mga\sin\varphi\text{，即}\quad \frac{\mathrm{d}^2\varphi}{\mathrm{d}t^2}+\frac{mga}{I_O}\sin\varphi=0$$

当摆做微幅摆动时，可取 $\sin\varphi\approx\varphi$，令 $\omega_n^2=\frac{mga}{J_O}$，上式写为

$$\frac{\mathrm{d}^2\varphi}{\mathrm{d}t^2}+\omega_n^2\varphi=0$$

解此微分方程得

$$\varphi=\varphi_0\sin(\omega_n t+\alpha)$$

式中：φ_0为角振幅；α为初位相。两者均由初始条件决定。复摆的周期为

$$T=\frac{2\pi}{\omega_n}=2\pi\sqrt{\frac{J_O}{mga}}$$

在工程实际中常用上式，通过测定零件（如曲柄、连杆等）的摆动周期，计算其转动惯量$J_O=\dfrac{T^2mga}{4\pi^2}$。这种测量转动惯量的实验方法，称为摆动法。

14.2.5 刚体平面运动微分方程

由运动学知，刚体的平面运动可以分解为随基点的平动和绕基点的转动。在动力学中，常取质心 C 为基点（图 14.18），它的坐标为(x_C,y_C)，刚体上的任一线段 CD 与 x 轴夹角为φ，则刚体的位置由x_C、y_C和φ确定，刚体的运动分解为随质心的平动和绕质心的转动两部分。

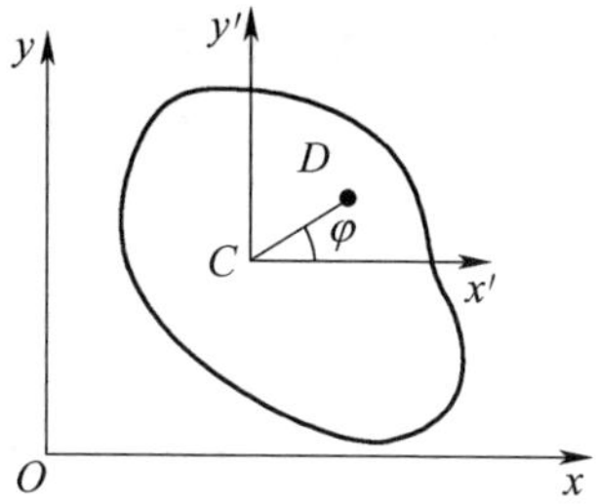

图 14.18

图 14.18 中 $Cx'y'$为固连于质心 C 的动坐标系，平面运动刚体相对于此动坐标系的运动是绕质心 C 的转动，则刚体对质心 C 的动量矩为$L_C=J_C\omega$。

如果刚体上作用的外力系可以向质心所在平面简化为一个平面任意力系，则在该平面力系作用下，刚体随质心的平动部分可运用质心运动定理，相对质心的转动部分可运用相对于质心的动量矩定理来确定，从而得到刚体平面运动微分方程。即

$$\left.\begin{aligned}m\boldsymbol{a}_C&=\sum\boldsymbol{F}^{(\mathrm{e})}\\J_C\alpha&=\sum M_C(\boldsymbol{F}^{(\mathrm{e})})\end{aligned}\right\}\qquad(14.38)$$

或
$$\left.\begin{aligned} m\frac{\mathrm{d}^2\boldsymbol{r}_C}{\mathrm{d}t^2} &= \sum \boldsymbol{F}^{(\mathrm{e})} \\ J_C\frac{\mathrm{d}^2\varphi}{\mathrm{d}t^2} &= \sum M_C(\boldsymbol{F}^{(\mathrm{e})}) \end{aligned}\right\} \tag{14.39}$$

在应用时需取其投影式：

$$\left.\begin{aligned} m\frac{\mathrm{d}^2 x_C}{\mathrm{d}t^2} &= \sum X^{(\mathrm{e})} \\ m\frac{\mathrm{d}^2 y_C}{\mathrm{d}t^2} &= \sum Y^{(\mathrm{e})} \\ J_C\frac{\mathrm{d}^2\varphi}{\mathrm{d}t^2} &= \sum M_C(\boldsymbol{F}^{(\mathrm{e})}) \end{aligned}\right\} \quad 或 \quad \left.\begin{aligned} m\frac{v_C^2}{\rho_C} &= \sum F_n^{(\mathrm{e})} \\ m\frac{\mathrm{d}v_C}{\mathrm{d}t} &= \sum F_\tau^{(\mathrm{e})} \\ J_C\frac{\mathrm{d}^2\varphi}{\mathrm{d}t^2} &= \sum M_C(\boldsymbol{F}^{(\mathrm{e})}) \end{aligned}\right\} \tag{14.40}$$

下面举例说明刚体平面运动微分运动微分方程的应用。

例 14.8　半径为 r，重力为 $\boldsymbol{P}$ 的均质圆轮沿水平直线滚动，如图 14.19 所示。设轮的惯性半径为 ρ，作用于圆轮的力偶矩为 M。求轮心的加速度。如果圆轮对地面的静滑动摩擦因数为 f，力偶矩 M 必须符合什么条件方不致圆轮滑动？

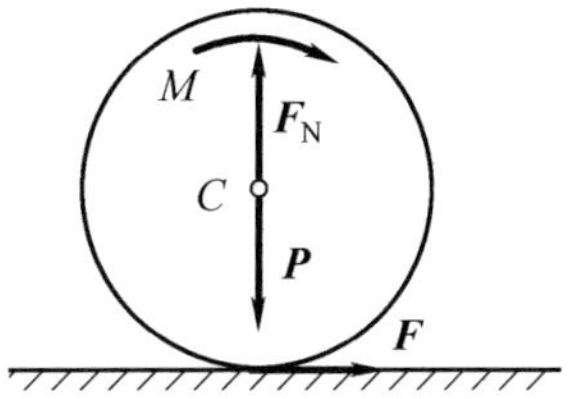

图 14.19

解：以轮为研究对象，轮做平面运动，受力如图 14.19 所示。则根据刚体平面运动微分方程可得

$$\frac{P}{g}a_{Cx} = F \tag{a}$$

$$\frac{P}{g}a_{Cy} = F_{\mathrm{N}} - P \tag{b}$$

$$\frac{P}{g}\rho^2\alpha = M - Fr \tag{c}$$

因 $a_{Cy}=0$，故 $a_{Cx}=a_C$。

由圆轮滚而不滑的条件可得如下补充方程：

$$a_C = r\alpha \tag{d}$$

联立式（a）～式（d）求解得

$$F = \frac{P}{g}r\alpha，\quad F_{\mathrm{N}} = P$$

$$\alpha = \frac{Mg}{P(\rho^2+r^2)}，\quad M = \frac{F(r^2+\rho^2)}{r}$$

欲使圆轮只滚不滑，还要满足$F \leqslant fF_N$，故得圆轮只滚不滑的条件为

$$M \leqslant fP\frac{r^2+\rho^2}{r}$$

14.3 动能定理

14.3.1 力做的功

力所做的功表示力在一段路程中的累积效果。下面介绍功的计算方法。

1. 常力在直线运动中做的功

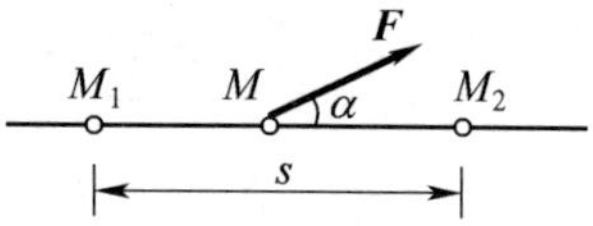

图 14.20

设质点M在常力$\boldsymbol{F}$作用下沿直线从M_1运动到M_2（图 14.20），其位移为$\boldsymbol{s}$，$\boldsymbol{F}$与$\boldsymbol{s}$的夹角为α，则常力$\boldsymbol{F}$在此过程中所做的功，用W表示为

$$W = F\cos\alpha \cdot s = \boldsymbol{F}\cdot\boldsymbol{s} \tag{14.41}$$

功是代数量，在国际单位制中，功的单位为$\mathrm{N\cdot m}$，称为焦耳（J）。

容易看出：$\alpha<\pi/2$时，$W>0$，力做正功；$\alpha=\pi/2$时，$W=0$，力不做功；$\alpha>\pi/2$时，$W<0$，力做负功。

2. 变力在曲线运动中做的功

设质点M沿曲线M_1M_2运动，作用在质点上的力为变力$\boldsymbol{F}$，如图 14.21 所示。在微小的路程$\mathrm{d}s$上，力$\boldsymbol{F}$的大小和方向皆可视为不变，而微小路程$\mathrm{d}s$亦可看作直线，如以$\mathrm{d}\boldsymbol{r}$表示相应于$\mathrm{d}s$的微小位移，那么力$\boldsymbol{F}$在路程$\mathrm{d}s$上所做的功等于力$\boldsymbol{F}$与在微小位移$\mathrm{d}\boldsymbol{r}$的标量积，称为变力$\boldsymbol{F}$的元功，用δW表示，即

$$\delta W = F\cos\alpha\mathrm{d}s = F_\tau\mathrm{d}s = \boldsymbol{F}\cdot\mathrm{d}\boldsymbol{r} \tag{14.42}$$

式中：F_τ为力$\boldsymbol{F}$在M点沿轨迹切线处的投影。

在一般情况下，上式右边不表示某个坐标函数的全微分，所以元功用符号δW而不用$\mathrm{d}W$。

以矢量的形式表示力$\boldsymbol{F}$和微小位移：

$$\boldsymbol{F} = F_x\boldsymbol{i} + F_y\boldsymbol{j} + F_z\boldsymbol{k}, \quad \mathrm{d}\boldsymbol{r} = \mathrm{d}x\boldsymbol{i} + \mathrm{d}y\boldsymbol{j} + \mathrm{d}z\boldsymbol{k}$$

将上式代入式（14.42），可得元功的解析式：

$$\delta W = F_x\mathrm{d}x + F_y\mathrm{d}y + F_z\mathrm{d}z \tag{14.43}$$

当质点沿轨迹曲线从M_1运动到M_2时，变力$\boldsymbol{F}$所做的功表示为

$$W_{12}=\int_{M_1}^{M_2}\delta W=\int_{M_1}^{M_2}\boldsymbol{F}\cdot \mathrm{d}\boldsymbol{r}=\int_{M_1}^{M_2}(F_x\mathrm{d}x+F_y\mathrm{d}y+F_z\mathrm{d}z) \tag{14.44}$$

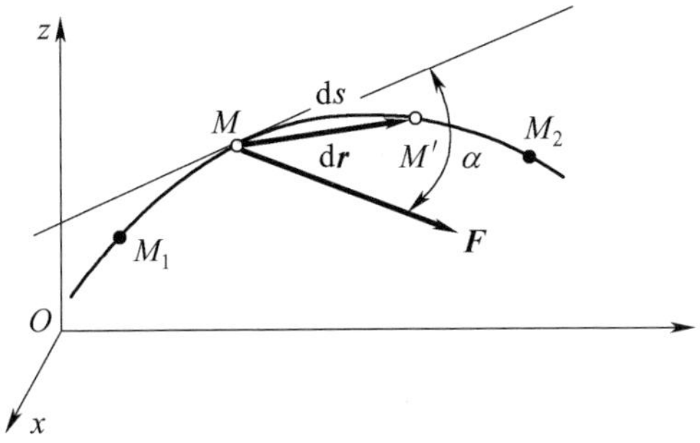

图 14.21

3. 合力做的功

设在物体的 M 点处，同时作用有力 $\boldsymbol{F}_1$，$\boldsymbol{F}_2$，…，$\boldsymbol{F}_n$，如图 14.22 所示，此汇交力系的合力为

$$\boldsymbol{F}_{\mathrm{R}}=\sum \boldsymbol{F}_i$$

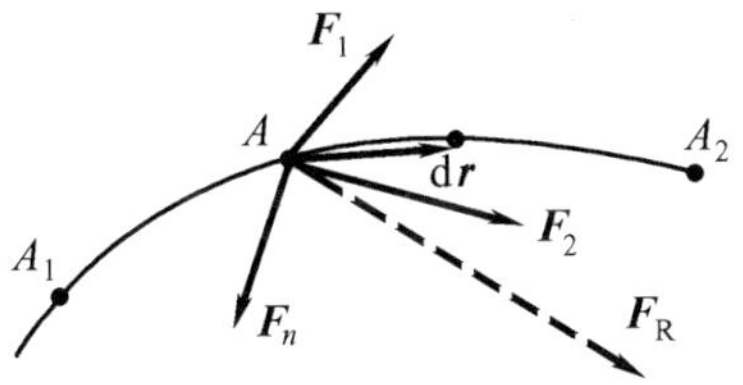

图 14.22

设点 M 的位移为 $\mathrm{d}\boldsymbol{r}$，则合力做的功为

$$\begin{aligned}W_{12}&=\int_{M_1}^{M_2}\boldsymbol{F}_{\mathrm{R}}\cdot \mathrm{d}\boldsymbol{r}=\int_{M_1}^{M_2}\left(\sum \boldsymbol{F}_i\cdot \mathrm{d}\boldsymbol{r}\right)\\&=\int_{M_1}^{M_2}\boldsymbol{F}_1\cdot \mathrm{d}\boldsymbol{r}+\cdots+\int_{M_1}^{M_2}\boldsymbol{F}_n\cdot \mathrm{d}\boldsymbol{r}\end{aligned}$$

上式右端各项积分分别为各分力做的功，则

$$W_{12}=\sum_{i=1}^{n}W_i \tag{14.45}$$

即在某一段路程中，合力做的功等于各分力做的功的代数和。

4. 几种常见力做的功

（1）重力做的功。设所受重力为 $\boldsymbol{Q}$ 的质点 M 沿某一轨迹由位置 M_1 运动到 M_2，如图 14.23 所示，建立直角坐标系 $Oxyz$，令 Oz 轴平行于重力 $\boldsymbol{Q}$，则

$$F_x=F_y=0,\ \ F_z=-Q$$

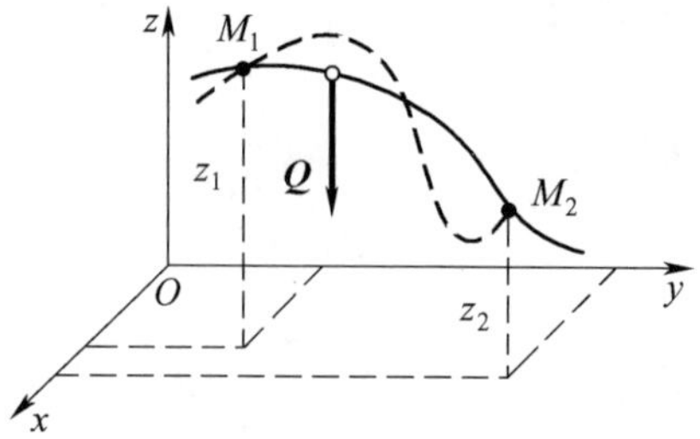

图 14.23

应用式（14.44）得

$$W_{12}=\int_{z_1}^{z_2}-Q\mathrm{d}z=Q(z_1-z_2) \tag{14.46}$$

即重力所做的功仅取决于其重心始末位置的高度差(z_1-z_2)。若$(z_1-z_2)>0$，物体的重心下降，重力做的功为正值；反之，$(z_1-z_2)<0$，物体的重心上升，重力做的功为负值。而如果重心始末位置高度相同，则不论物体运动中重心经过了怎样的路径，重力做的功都等于零。重力做的功与运动轨迹无关。

（2）弹性力做的功。设一弹簧，自然长度为 l_0，一端 O 点处固定，另一端 A 点系一物体，设物体受到弹性力的作用，作用点 A 的轨迹为如图 14.24 所示的曲线 A_1A_2。在弹性限度内，弹性力的方向总是指向自然位置。比例系数 k 为弹簧的刚性系数。

以 O 点为原点。设 A 点的矢径为 $\boldsymbol{r}$，沿矢径方向的单位矢为 $\boldsymbol{r}_0$，则

$$\boldsymbol{F}=-k(r-l_0)\boldsymbol{r}_0$$

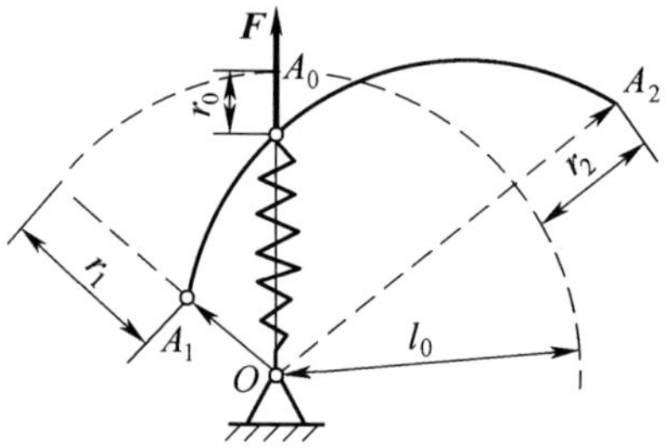

图 14.24

应用式（14.44）得

$$W_{12}=\int_{A_1}^{A_2}\boldsymbol{F}\cdot\mathrm{d}\boldsymbol{r}=\int_{A_1}^{A_2}-k(r-l_0)\boldsymbol{r}_0\cdot\mathrm{d}\boldsymbol{r}$$

由于

$$\boldsymbol{r}_0 \cdot \mathrm{d}\boldsymbol{r} = \frac{\boldsymbol{r}}{r} \cdot \mathrm{d}\boldsymbol{r} = \frac{1}{2r}\mathrm{d}(\boldsymbol{r} \cdot \boldsymbol{r}) = \frac{1}{2r}\mathrm{d}(r^2) = \mathrm{d}r$$

故

$$\begin{aligned} W_{12} &= \int_{r_1}^{r_2} -k(r-l_0)\mathrm{d}r = \frac{k}{2}\left[(r_1-l_0)^2-(r_2-l_0)^2\right] \\ &= \frac{k}{2}(\delta_1^2-\delta_2^2) \end{aligned} \tag{14.47}$$

式中：δ_1、δ_2 为初始和末了位置弹簧的变形量。

式（14.47）即为计算弹性力做功的普遍公式。即弹性力做的功只取决于弹簧起始和末了的变形量，而与路径无关。当 $\delta_1 > \delta_2$ 时，弹性力做正功；当 $\delta_1 < \delta_2$ 时，弹性力做负功。如果弹簧最后返回到初始位置，则弹性力做的功等于零。

（3）作用在刚体上力偶做的功。如图 14.25 所示为做平面运动的刚体。刚体上作用有 $\boldsymbol{F}$ 和 $\boldsymbol{F}'$ 组成的力偶，其力偶矩为 M。在刚体上任选一基点 A，则此平面运动分解为随基点 A 的平动和绕基点 A 的转动。

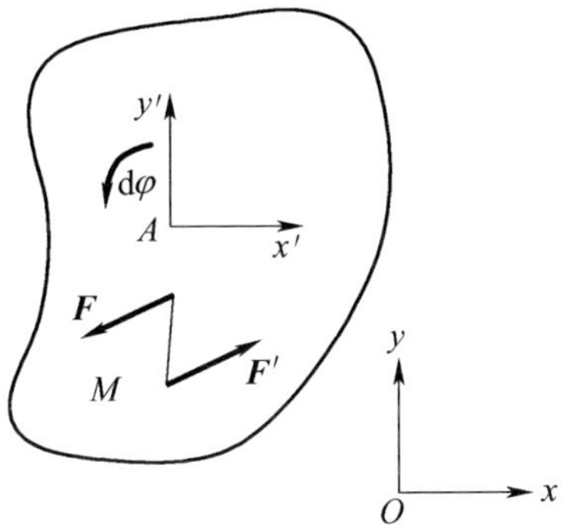

图 14.25

在时间间隔 $\mathrm{d}t$ 内，基点 A 的线位移微元为 $\mathrm{d}\boldsymbol{r}_A$，刚体的角位移微元为 $\mathrm{d}\varphi$，则由于 $F = F'$，因此力偶 M 在上述元位移上的元功为

$$\delta W = \boldsymbol{F} \cdot \mathrm{d}\boldsymbol{r} = \boldsymbol{F} \cdot \mathrm{d}\boldsymbol{r}_A - \boldsymbol{F}' \cdot \mathrm{d}\boldsymbol{r}_A + M\mathrm{d}\varphi = M\mathrm{d}\varphi$$

力偶 M 在角位移 φ_1 到 φ_2 中所做的功为

$$W = \int_{\varphi_1}^{\varphi_2} M\mathrm{d}\varphi \tag{14.48}$$

（4）摩擦力做的功。如果摩擦不能忽略，其功是正是负或是零要进行具体分析，关键看摩擦力的作用点有无位移，它的位移方向与摩擦力的方向相同还是相反。一般情况下，当两物体的接触面发生相对滑动时，如图 14.26 所示，因为动滑动摩擦力与物体相对位移方向相反，故动滑动摩擦力做负功。

当物体沿某一固定面做无滑动的纯滚动时，如图 14.27 所示，滑动摩擦力 $\boldsymbol{F}$ 过速度瞬心 B，$v_B=0$，因而其作用点处的位移为零，静滑动摩擦力不做功。

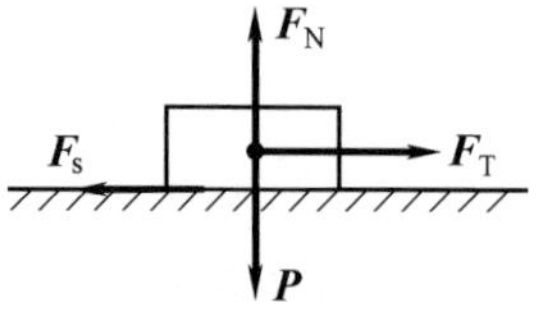

图 14.26

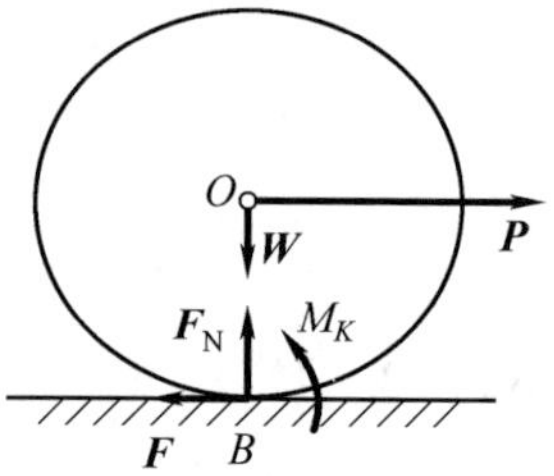

图 14.27

对于由摩擦力所带动的从动件，如摩擦轮传动中的从动轮，如图 14.28（a）所示，主动轮 O_1 带动从动轮 O_2 反向转动。对于主动轮来说，它受到的摩擦力 $\boldsymbol{F}$ 是个阻力，方向向上做负功；而对于从动轮 O_2 来说，所受摩擦力 $\boldsymbol{F}'$ 方向向下，是个主动力，与作用点的位移方向一致，故 $\boldsymbol{F}'$ 做的功是正功，如图 14.28（b）所示。

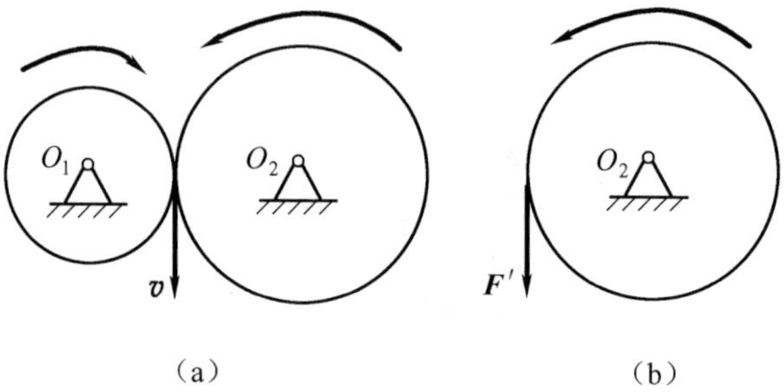

图 14.28

5. 内力做的功

质点系的内力都是成对出现的，彼此大小相等，方向相反，作用在同一条直线上。但所做功的和并不一定等于零。例如，汽车内燃机气缸内膨胀的气体质点之间的作用力、气体质点对活塞和气缸的作用力等都是内力，正是这些力做功使汽车的动能增加；机器内有相对滑动的两个零件之间的内摩擦力做负功，消耗机器的能量；还有轴与轴承摩擦力做功的问题等。同时也应注意，在很多情况下内力做功为零。例如，刚体内两质点相互作用的内力，由于刚体上任意两质点间的距离始终保持不变，因此沿这两点连线的位移必定相等，致使其中一个内力做正功，另一个内力做负功，则这对力所做功的和为零。刚体中任意一对内力所做的功都等于零，所以刚体内力所做功的总和恒为零。

6. 理想约束反力做的功

（1）光滑支承面、活动铰链支座、轴承、销钉的约束反力，总是和它作用点的微小位移 d$\boldsymbol{r}$ 相垂直，如图 14.29 所示，这些约束反力做的功恒等于零。

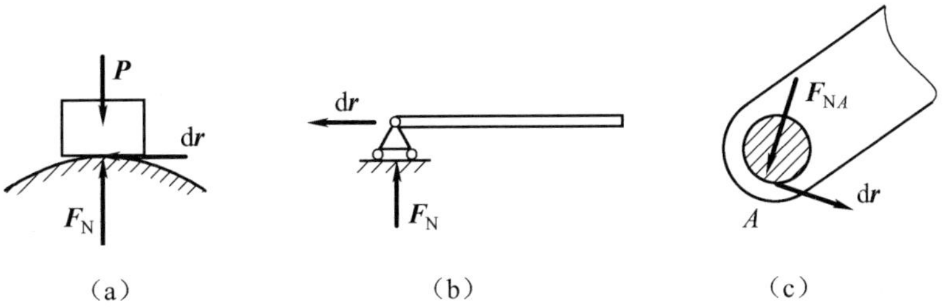

图 14.29

（2）光滑铰链约束反力。对于系统的光滑铰链约束，如图 14.30（a）所示，其约束反力是一等值、反向、共线的内力，当铰链中心产生位移 d$\boldsymbol{r}$ 时，这两个力所做的功大小相等，而符号相反，因而其和亦为零。

（3）不可伸长的柔绳的拉力，如图 14.30（b）所示。绳索两端的约束力 $\boldsymbol{F}_1$ 和 $\boldsymbol{F}_2$ 大小相等，即 $F_1 = F_2$，由于绳索不可伸长，A、B 两点的微小位移 d$\boldsymbol{r}_1$ 和 d$\boldsymbol{r}_2$ 在绳索中心线上的投影必相等，即 $\mathrm{d}r_1 \cos\varphi_1 = \mathrm{d}r_2 \cos\varphi_2$，因此不可伸长的绳索的约束力元功之和等于零。约束反力做功之和等于零的约束，称为理想约束。

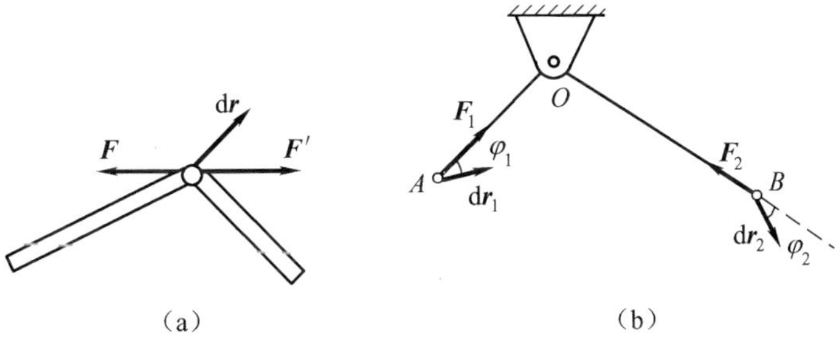

图 14.30

14.3.2　动能

1. 质点的动能

设质点的质量为 m，速度为 v，则质点的动能等于它的质量和速度平方乘积的一半，即

$$T = mv^2 / 2 \qquad (14.49)$$

动能是标量，恒取正值。在国际单位制中，动能的常用单位是 J，和功的单位相同。

2. 质点系的动能

质点系的动能等于系统内所有质点动能的算术和，即

$$T=\sum\frac{1}{2}m_i v_i^2 \tag{14.50}$$

刚体是由无数质点组成的质点系，刚体在做不同的运动时，其内各点的速度分布也不同，所以动能表达式也不同。

（1）平动刚体的动能。当刚体做平动时，其内各点的速度都等于质心 C 的速度 $\boldsymbol{v}_C$，则刚体平动的动能为

$$T=\sum\frac{1}{2}m_i v_i^2=\frac{1}{2}\left(\sum m_i\right)v_C^2$$

$$T=\frac{1}{2}Mv_C^2 \tag{14.51}$$

也就是说：平动刚体的动能，等于刚体的质量与速度平方乘积的一半。可见，平动刚体的动能与将它的质量集中于一点时的动能相同。

（2）转动刚体的动能。设刚体以角速度 ω 绕定轴 z 转动，如图 14.31 所示，以 m_i 表示刚体内任一点 M_i 的质量，以 r_i 表示 m_i 的转动半径，则刚体的动能是

$$T=\sum\frac{1}{2}m_i v_i^2=\frac{1}{2}\sum m_i(r_i\omega)^2=\frac{\omega^2}{2}\sum m_i r_i^2$$

式中：$\sum m_i r_i^2=J_z$，为刚体对转轴 z 的转动惯量。可得

$$T=\frac{1}{2}J_z\omega^2 \tag{14.52}$$

即转动刚体的动能，等于刚体对转轴的转动惯量与其角速度平方乘积的一半。

（3）平面运动刚体的动能。

取刚体的质心 C 所在的平面图形，如图 14.32 所示，图形中的 P 点是平面图形某瞬时的瞬心，ω 是平面图形绕瞬心转动的角速度，此时刚体的运动可看成绕速度瞬心的瞬时转动，按定轴转动的公式计算，其动能为

$$T=\frac{1}{2}J_P\omega^2 \tag{14.53}$$

式中：J_P 为刚体对瞬时轴的转动惯量。然而在不同时刻，刚体以不同的点作为瞬心，因此上式计算动能很不方便。设 C 为刚体的质心。根据计算转动惯量的平行轴定理有

$$J_P=J_C+Md^2$$

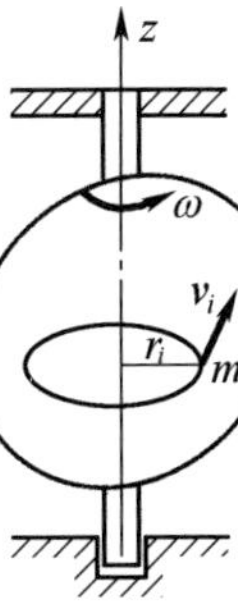

图 14.31

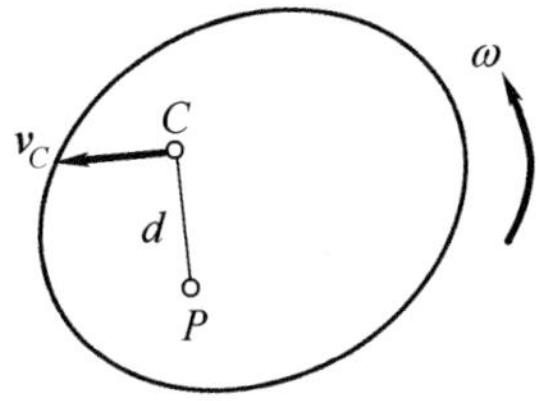

图 14.32

式中：M 为刚体的质量；$d=|CP|$；J_C 为对质心轴的转动惯量。代入式（14.53）中，得

$$T=\frac{1}{2}(J_C+Md^2)\omega^2=\frac{1}{2}J_C\omega^2+\frac{1}{2}M(d\omega)^2$$

因 $d\omega=v_C$，故

$$T=\frac{1}{2}Mv_C^2+\frac{1}{2}J_C\omega^2 \tag{14.54}$$

即平面运动刚体的动能，等于随质心平动的动能与绕质心转动的动能的和。

例 14.9　如图 14.33 所示坦克履带单位长度的质量为 m，两轮的质量均为 m_1，可视为均质圆盘，半径为 R，两轮轴间距离为 $l=\pi R$，当坦克以速度 $\boldsymbol{v}$ 沿直线行驶时，试求此系统的动能。

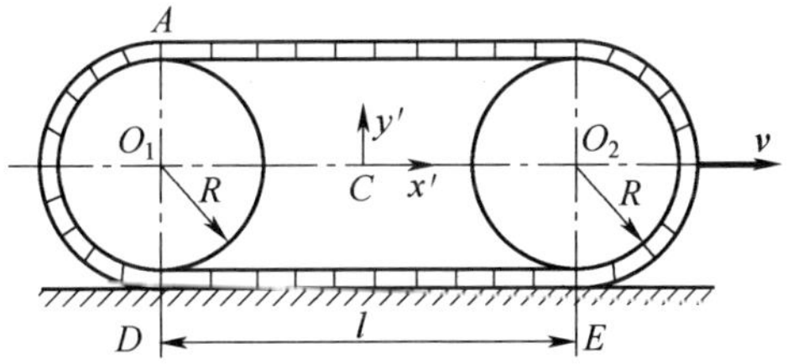

图 14.33

解：此系统的动能等于系统内各部分动能之和。两轮及其上履带部分做平面运动，其瞬心分别为 D、E，可知轮的角速度 $\omega=\dfrac{v}{R}$，履带 AB 部分做平动，平动速度为 $2v$，履带 DE 部分速度为零。

（1）轮的动能为

$$T_1=T_2=\frac{1}{2}m_1v^2+\frac{1}{2}\left(\frac{1}{2}m_1R^2\right)\left(\frac{v}{R}\right)^2=\frac{3}{4}m_1v^2$$

（2）履带 AB 部分动能为

$$T_{AB}=\frac{1}{2}m_{AB}(2v)^2=\frac{1}{2}m\pi R4v^2=2m\pi Rv^2$$

（3）两轮上履带（合并为一均质圆环）动能为

$$T_3=\frac{1}{2}J_D\omega^2=\frac{1}{2}(2\pi Rm\cdot R^2+2\pi Rm\cdot R^2)\left(\frac{v}{R}\right)^2=2\pi Rmv^2$$

所以，此系统的动能为

$$T=2T_1+T_{AB}+T_3+T_{ED}=2\times\frac{3}{4}m_1v^2+2m\pi Rv^2+2\pi Rmv^2+0$$
$$=\left(\frac{3}{2}m_1+4\pi mR\right)v^2$$

14.3.3　动能定理概述

1. 质点的动能定理

取质点的运动微分方程的矢量形式，即

$$m\frac{\mathrm{d}\boldsymbol{v}}{\mathrm{d}t}=\boldsymbol{F}$$

两边点乘 $\mathrm{d}\boldsymbol{r}$ 得 $m\frac{\mathrm{d}\boldsymbol{v}}{\mathrm{d}t}\cdot\mathrm{d}\boldsymbol{r}=\boldsymbol{F}\cdot\mathrm{d}\boldsymbol{r}$。

因 $\frac{\mathrm{d}\boldsymbol{r}}{\mathrm{d}t}=\boldsymbol{v}$，故上式可写成 $m\boldsymbol{v}\cdot\mathrm{d}\boldsymbol{v}=\boldsymbol{F}\cdot\mathrm{d}\boldsymbol{r}$，即

$$\mathrm{d}\left(\frac{1}{2}mv^2\right)=\delta W \tag{14.55}$$

式（14.55）称为质点动能定理的微分形式：质点动能的增量等于作用在质点上力的元功。

对式（14.55）积分得

$$\int_{v_1}^{v_2}\mathrm{d}\left(\frac{1}{2}mv^2\right)=W_{12}$$

或

$$\frac{1}{2}mv_2^2-\frac{1}{2}mv_1{}^2=W_{12} \tag{14.56}$$

式（14.56）称为质点动能定理的积分形式：在质点运动的某个过程中，质点动能的改变量等于作用于质点的力做的功。

2. 质点系的动能定理

对于质点系中任一质点，质量为 m_i，速度为 v_i，根据质点动能定理的微分形

式，可得

$$\mathrm{d}\left(\frac{1}{2}m_i v_i^2\right)=\delta W_i\,,\quad i=1,\ 2,\ \cdots,\ n$$

将所有的 n 个方程相加可得

$$\sum \mathrm{d}\left(\frac{1}{2}m_i v_i^2\right)=\sum \delta W_i$$

由 $T=\sum\left(\frac{m_i v_i^2}{2}\right)$ 得

$$\mathrm{d}T=\sum \delta W_i \tag{14.57}$$

式（14.57）称为质点系动能定理的微分形式：质点系动能的增量，等于作用在质点系上所有力的元功之和。

对上式积分，得

$$T_2-T_1=\sum W_i \tag{14.58}$$

式中：T_1 和 T_2 分别为质点系在某一段运动过程中，起点和终点的动能。

式（14.58）称为质点系动能定理的积分形式：质点系在某一运动过程中，起点和终点动能的改变量，等于作用于质点系的所有力在此过程中所做的功的和。

如果把作用于质点系内各质点上的力分为外力和内力，以 $W_i^{(\mathrm{e})}$ 和 $W_i^{(\mathrm{i})}$ 分别表示作用在质点 m_i 上外力的合力和内力的合力做的功，则式（14.58）中的 $\sum W_i$ 等于所有外力和内力做的功的和。即质点系动能定理的积分形式可写为

$$T_2-T_1=\sum W_i^{(\mathrm{e})}+\sum W_i^{(\mathrm{i})} \tag{14.59}$$

再次指出：在一般情况下，内力做的功之和并不一定等于零。为便于应用，质点系的动能定理还可表达为另一种形式，即把作用于质点系的力分为主动力和约束反力，则式（14.58）变为

$$T_2-T_1=\sum W_i^{(\mathrm{F})}+\sum W_i^{(\mathrm{N})} \tag{14.60}$$

式中：$\sum W_i^{(\mathrm{F})}$ 和 $\sum W_i^{(\mathrm{N})}$ 分别为所有主动力和约束反力在给定路程中做的功之和。

理想约束情况下，质点系所受的约束反力不做功，则有

$$T_2-T_1=\sum W_i^{(\mathrm{F})} \tag{14.61}$$

如果在质点系中还有做功不等于零的非理想约束反力，如摩擦力，只需把它们看作特殊的主动力加以处理。式（14.61）同样适用。

例 14.10　卷扬机如图 14.34 所示，鼓轮在常力矩 M 作用下将圆柱由静止沿斜面向上拉。已知鼓轮的半径为 R_1，重力为 $\boldsymbol{P}_1$，质量分布在轮缘上；圆柱的半径为 R_2，重力为 $\boldsymbol{P}_2$，质量均匀分布。设斜坡的倾角为 α，表面粗糙，使圆柱只滚不

滑。系统从静止开始运动，求圆柱中心 C 经过路程 l 时的速度和加速度。

解： 以圆柱和鼓轮一起组成的质点系为研究对象。作用于该质点系的力有：重力 $\boldsymbol{P}_1$ 和 $\boldsymbol{P}_2$，外力矩 M，轴承反力 $\boldsymbol{F}_{Ox}$ 和 $\boldsymbol{F}_{Oy}$，斜面对圆柱的作用力 $\boldsymbol{F}_{\mathrm{N}}$ 和静摩擦力 $\boldsymbol{F}$ 。

约束反力 $\boldsymbol{F}_{\mathrm{N}}$、$\boldsymbol{F}_{Ox}$ 和 $\boldsymbol{F}_{Oy}$ 及摩擦力均不做功，因此

$$\sum W_i^{(\mathrm{F})} = M\varphi - P_2 \sin\alpha \cdot l$$

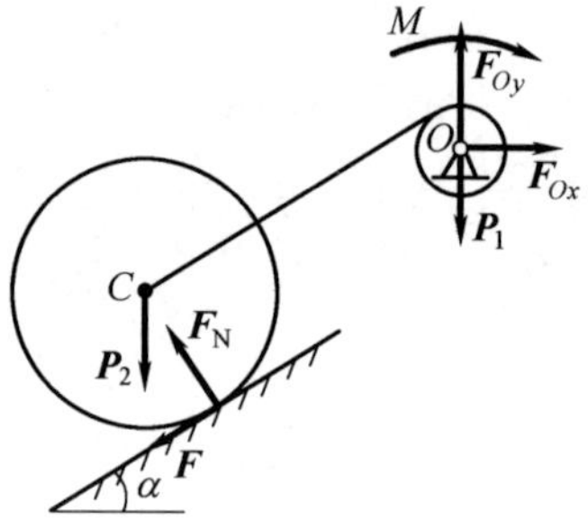

图 14.34

质点系的动能为：质点系初始静止，则有

$$T_1 = 0\text{，}\quad T_2 = \frac{1}{2}J_O\omega^2 + \frac{1}{2}\frac{P_2}{g}v_C^2 + \frac{1}{2}J_C\omega_2^2$$

式中：J_O、J_C 分别为鼓轮对于中心轴 O、圆柱对过质心 C 的轴的转动惯量，即

$$J_O = \frac{P_1}{g}R_1^2\text{，}\quad J_C = \frac{P_2}{2g}R_2^2$$

因 ω_1 和 ω_2 分别为鼓轮和圆柱的角速度，$\omega_1 = v_C/R_1$，$\omega_2 = v_C/R_2$，于是

$$T_2 = \frac{v_C^2}{4g}(2P_1 + 3P_2)$$

由动能定理求解，即

$$T_2 - T_1 = \sum W_i^{(\mathrm{F})}$$

$$\frac{v_C^2}{4g}(2P_1 + 3P_2) - 0 = M\varphi - P_2 \sin\alpha \cdot l$$

将 $\varphi = l/R_1$ 代入上式解得

$$v_C = 2\sqrt{\frac{(M - P_2R_1\sin\alpha)gl}{R_1(2P_1 + 3P_2)}}$$

将上式平方后，视 l 为变量，对时间求导得

$$\frac{\mathrm{d}}{\mathrm{d}t}(v_C^2)=4\frac{(M-P_2R_1\sin\alpha)g}{R_1(2P_1+3P_2)}\frac{\mathrm{d}l}{\mathrm{d}t}$$

因 $\dfrac{\mathrm{d}v_C}{\mathrm{d}t}=a_C$， $\dfrac{\mathrm{d}l}{\mathrm{d}t}=v_C$，故上式变为

$$2v_Ca_C=4v_C\frac{(M-P_2R_1\sin\alpha)g}{R_1(2P_1+3P_2)}$$

即

$$a_C=2\frac{M-P_2R_1\sin\alpha}{R_1(2P_1+3P_2)}g$$

14.3.4 功率、功率方程、机械效率

1. *功率*

在工程实际中，为了表明力做功的效率，需要知道力在一定时间内所做的功，即单位时间内力所做的功，称为功率，以 P 表示。

$\mathrm{d}t$ 时间内，力的元功 $\delta W=\boldsymbol{F}\cdot\mathrm{d}\boldsymbol{r}$，则力的功率表示为

$$P=\frac{\mathrm{d}W}{\mathrm{d}t}=\frac{\boldsymbol{F}\cdot\mathrm{d}\boldsymbol{r}}{\mathrm{d}t}=\boldsymbol{F}\cdot\boldsymbol{v} \tag{14.62}$$

式中：$\boldsymbol{v}$ 为力 $\boldsymbol{F}$ 作用点的速度。

上式表明力的功率等于力在力作用点速度方向上的投影与速度的乘积。机器能够输出的最大功率是一定的，由此可知，用机床加工时，如果希望有较大的切削力，则必须选择较小的切削速度。汽车上坡时需要较大的驱动力，这时须换用低速挡，以求在发动机功率一定的条件下，产生较大的驱动力。

由于力矩在 $\mathrm{d}t$ 时间内的元功为 $\mathrm{d}W=M\mathrm{d}\varphi$，因此力矩的功率为

$$P=\frac{\mathrm{d}W}{\mathrm{d}t}=\frac{M\mathrm{d}\varphi}{\mathrm{d}t}=M\omega \tag{14.63}$$

在国际单位制中，功率的单位是焦耳/秒（J/s），称为瓦特（W），1W=1J/s，工程中功率的单位常用千瓦（kW），$1000\mathrm{W}=1\mathrm{kW}$。

2. *功率方程*

由质点系动能定理的微分形式，两端同除以 $\mathrm{d}t$，得

$$\frac{\mathrm{d}T}{\mathrm{d}t}=\frac{\sum\delta W_i}{\mathrm{d}t}=\sum P_i \tag{14.64}$$

上式称为功率方程，即质点系动能对时间的一阶导数等于作用于质点系的所有力的功率之和。该式表达了质点系动能的变化与作用在该质点系上各力的功率之间的关系。

功率方程可用来研究机械系统工作中能量变化的状态。在起重机工作中，电

动机启动后，定子对转子有驱动力矩作用，这个驱动力矩，为起重机提供能源，它的功率为正功，称为输入功率。起重机要起吊重物，重物的重力做负功，在起吊过程中要消耗起重机的功率，这部分消耗的功率，是用来达到起重的工作目的，称为有用功率或输出功率。此外，在起吊过程中，还要受到各接触处的摩擦阻力、空气阻力等的作用，这些阻力也做负功，这部分功率称为无用功率。

由于所有机器的功率一般都可分为上述三部分，因此式（14.64）可写成

$$\frac{\mathrm{d}T}{\mathrm{d}t}=P_{输入}-P_{有用}-P_{无用} \tag{14.65}$$

或

$$P_{输入}=P_{有用}+P_{无用}+\mathrm{d}T/\mathrm{d}t \tag{14.66}$$

上式说明，机器的输入功率消耗在三方面：克服有用阻力、无用阻力及使机器加速运转。

3. 机械效率

任何机器输出的有用功率总是小于其输入功率，即 $P_{有用}<P_{输入}$。工程上把机器的有用输出功率（有效功率）与输入功率的百分比称为机械效率，用 η 表示，即

$$\eta=\frac{有效功率}{输入功率} \tag{14.67}$$

机器的机械效率的高与低，表明机器对输入功率的有效利用程度的高或低，它是评价机器质量优劣的一个重要指标。一般情况下，$\eta<1$。

14.3.5 动力学普遍定理的综合应用

动力学普遍定理包括动量定理、动量矩定理和动能定理。它们建立了质点或质点系运动的变化与所受的力之间的关系，都是由质点的牛顿定律推导出来的。动量定理和动量矩定理在描述运动的改变与作用力的关系中，都反映了方向性，以矢量的形式表达。质心运动定理也是矢量形式，常用来分析质点系受力与质心运动之间的关系，与相对于质心的动量矩定理联合，可共同描述质点系机械运动的总体情况，可建立刚体运动的基本方程，如平面运动微分方程等。动能定理是标量形式，它用能量变化来反映运动的改变，并用力的功来度量这个改变，在很多实际问题中将约束视为理想情况，约束力不做功，因而在动能定理的方程中不出现约束力，会使问题大为简化。

动力学普遍定理中的各个定理各有特点，都有一定的适用范围，因此在求解动力学问题时，需要根据质点或质点系的运动及受力情况、给定的条件和要求解

的未知量，适当选择适宜的定理，灵活应用。在求解比较复杂的问题时，却往往需要几个定理联合运用。

例 14.11　在如图 14.35（a）所示的机构中，已知纯滚动的均质轮与物 A 的质量均为 m，轮半径为 r，斜面倾角为 β，物 A 与斜面间的动摩擦因数为 f'，不计杆 OA 的质量和轮子的滚动摩阻。试求：

（1）O 点的加速度；

（2）杆 OA 的内力。

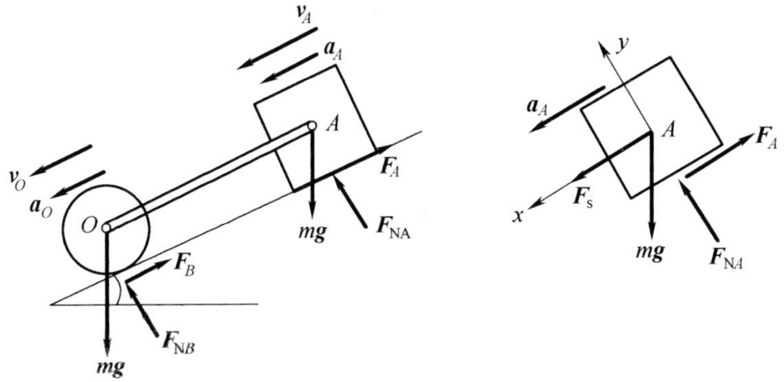

（a）　　　　（b）

图 14.35

解：（1）对系统由动能定理得

$$\mathrm{d}T = \sum \delta W$$

$$\mathrm{d}\left(\frac{1}{2}mv_A{}^2 + \frac{1}{2}mv_O{}^2 + \frac{1}{2}J_O\omega^2\right) = 2mg\sin\beta \mathrm{d}L - f'mg\cos\beta\,\mathrm{d}L$$

其中，$v_A = v_O$，$a_A = a_O$，对上式两边同除以 $\mathrm{d}t$ 得

$$a_O = \mathrm{d}v_O / \mathrm{d}t = \mathrm{d}v_A / \mathrm{d}t = 2(2\sin\beta - f'\cdot\cos\beta)g/5$$

（2）如图 14.35（b）所示，分析滑块 A 受力得

$$F_{NA} - mg\cdot\cos\beta = 0，\ F_{NA} = mg\cos\beta，\ F_A = f'F_{NA} = f'mg\cos\beta$$

（3）对滑块 A 按质心运动定理得

$$F_s - F_A + mg\cdot\sin\beta = ma_A$$

其中　$a_A = a_O$

由上式得　$F_s = (3f'\cdot\cos\beta - \sin\beta)mg/5$

附录 I　平面图形的几何性质

杆件在外力作用下的应力与变形，与其横截面的形状和尺寸有关。例如，圆轴扭转切应力与横截面的极惯性矩有关，梁的弯曲正应力与横截面的形心及惯性矩有关。这些只与截面形状和尺寸有关的量称为截面几何性质。

I.1　静矩和形心

任意平面图形如图 I.1 所示，其面积为 A。y 轴和 z 轴为图形所在平面的坐标轴。在坐标为(y,z)的任一点处，取微面积 $\mathrm{d}A$，则 $y\mathrm{d}A$ 和 $z\mathrm{d}A$ 分别称为微面积 $\mathrm{d}A$ 对 z 轴和 y 轴的静矩或一次矩，而下列两积分

$$S_z = \int_A y\mathrm{dA}, \qquad S_y = \int_A z\mathrm{dA} \tag{I.1}$$

分别定义为图形对 z 轴和 y 轴的静矩或一次矩。

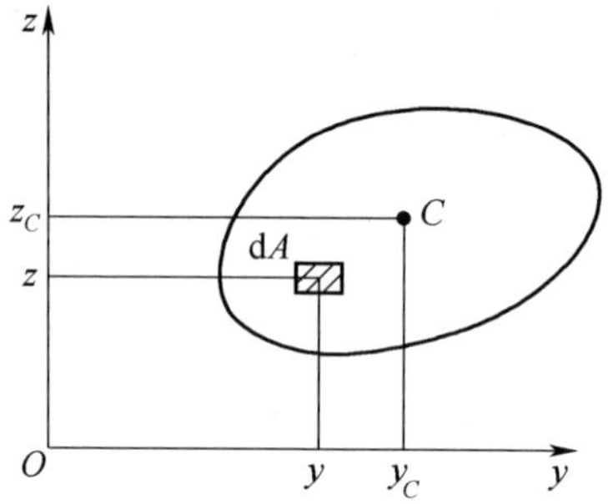

图 I.1

从式（I.1）看出，平面图形的静矩是对某一坐标轴而言的，同一图形对不同的坐标轴，其静矩一般是不同的。静矩可能为正值或负值，也可能等于零。其量纲为长度的三次方，常用单位是 m^3 或 mm^3。

设有一均质薄板，其重心与图 I.1 中的平面图形的形心有相同的坐标 z_C 和 y_C，由理论力学可知，薄板重心的坐标 y_C 和 z_C 分别是

$$y_C = \frac{\int_A y\mathrm{dA}}{A}, \qquad z_C = \frac{\int_A z\mathrm{dA}}{A} \tag{I.2}$$

这也就是确定平面图形的形心坐标的公式。

利用式（I.1），可以把式（I.2）改写成

$$S_z = A \cdot y_C, \quad S_y = A \cdot z_C \tag{I.3}$$

所以，平面图形对 z 轴和 y 轴的静矩，分别等于图形面积 A 乘以形心的坐标 y_C 和 z_C。

形心坐标也可写成

$$y_C = \frac{S_z}{A}, \quad z_C = \frac{S_y}{A} \tag{I.4}$$

由上述公式得知，$y_C = 0$，$S_z = 0$ 和 $z_C = 0$，$S_y = 0$。可见，若某坐标轴通过形心，则图形对该轴的静矩等于零；反之，若图形对某一轴的静矩等于零，则该轴必然通过图形的形心。

例 I.1　如图 I.2 所示半圆形，半径为 R。求该半圆形对 y 轴和 z 轴的静矩 S_z、S_y，并确定形心 C 坐标。

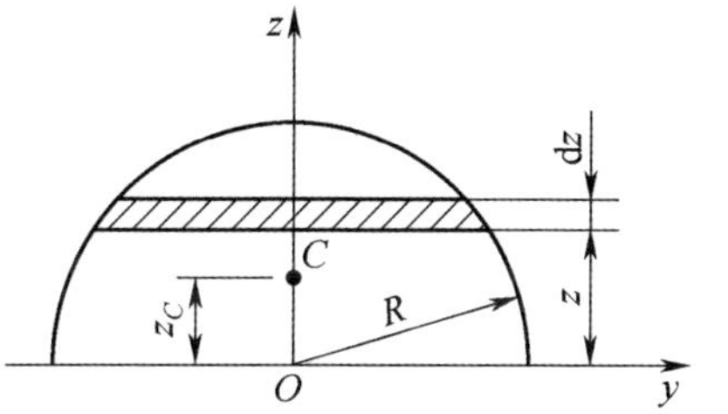

图 I.2

解：半圆形关于 z 轴对称，其形心必然在这一对称轴上，所以 $y_C = 0$，$S_z = 0$。

取平行于 y 轴的狭长条作为微面积 $\mathrm{d}A$，则

$$\mathrm{d}A = y\mathrm{d}z = 2\sqrt{R^2 - z^2}\,\mathrm{d}z$$

所以

$$S_y = \int_A z\mathrm{dA} - \int_0^R z \cdot 2\sqrt{R^2 - z^2}\,\mathrm{d}z = \frac{2}{3}R^3$$

代入式（I.4），得

$$z_C = \frac{S_y}{A} = \frac{4R}{3\pi}$$

当一个平面图形是由几个简单平面图形组成时，称为组合截面。组合截面对某轴的静矩等于其各组成部分对该轴静矩的代数和。设第 i 部分图形的面积为 A_i，形心坐标为 y_{Ci}、z_{Ci}，则整个图形的静矩和形心坐标分别为

$$S_z = \sum_{i=1}^{n} A_i y_{Ci}, \quad S_y = \sum_{i=1}^{n} A_i z_{Ci} \tag{I.5}$$

$$y_C = \frac{S_z}{A} = \frac{\sum_{i=1}^{n} A_i y_{Ci}}{\sum_{i=1}^{n} A_i}, \quad z_C = \frac{S_y}{A} = \frac{\sum_{i=1}^{n} A_i z_{Ci}}{\sum_{i=1}^{n} A_i} \tag{I.6}$$

例 I.2 试确定如图 I.3 所示图形的形心位置。

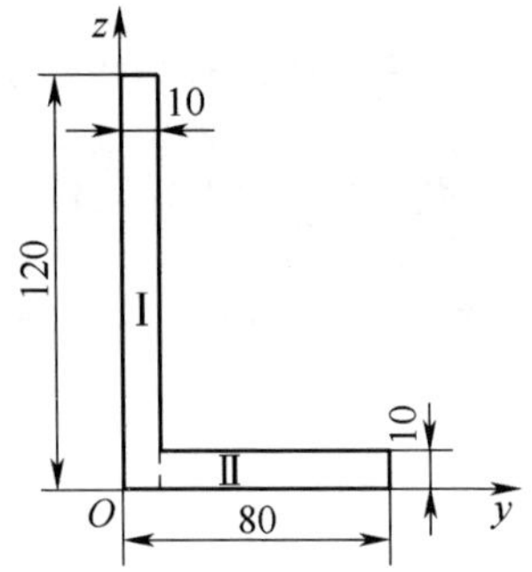

图 I.3

解：将图形看作由两个矩形 I 和 II 组成，选取图示坐标系。每个矩形的面积及形心位置分别为

矩形 I　$A_1 = 120 \times 10\text{mm}^2 = 1200\text{mm}^2$

$$y_{C1} = \frac{10}{2}\text{mm} = 5\text{mm}, \quad z_{C1} = \frac{120}{2}\text{mm} = 60\text{mm}$$

矩形 II　$A_2 = 70 \times 10\text{mm}^2 = 700\text{mm}^2$

$$y_{C2} = \left(10 + \frac{70}{2}\right)\text{mm} = 45\text{mm}, \quad z_{C2} = \frac{10}{2}\text{mm} = 5\text{mm}$$

由式（I.6），整个图形形心 C 的坐标为

$$y_C = \frac{A_1 y_{C1} + A_2 y_{C2}}{A_1 + A_2} = \frac{1200 \times 5 + 700 \times 45}{1200 + 700}\text{mm} \approx 20\,\text{mm}$$

$$z_C = \frac{A_1 z_{C1} + A_2 z_{C2}}{A_1 + A_2} = \frac{1200 \times 60 + 700 \times 5}{1200 + 700}\text{mm} \approx 40\,\text{mm}$$

I.2　惯性矩、惯性积和惯性半径

任意平面图形如图 I.4 所示，其面积为 A。y 轴和 z 轴为图形所在平面的坐标

轴。在坐标为(y,z)的任一点处，取微面积 $\mathrm{d}A$，则 $z^2\mathrm{d}A$ 和 $y^2\mathrm{d}A$ 分别称为微面积 $\mathrm{d}A$ 对 y 轴和 z 轴的惯性矩，而下列两积分

$$I_y = \int_A z^2 \mathrm{dA}, \quad I_z = \int_A y^2 \mathrm{dA} \tag{I.7}$$

分别定义为图形对 y 轴和 z 轴的惯性矩。显然，惯性矩的数值恒为正值，其量纲是长度的四次方，常用单位是 m^4 或 mm^4。

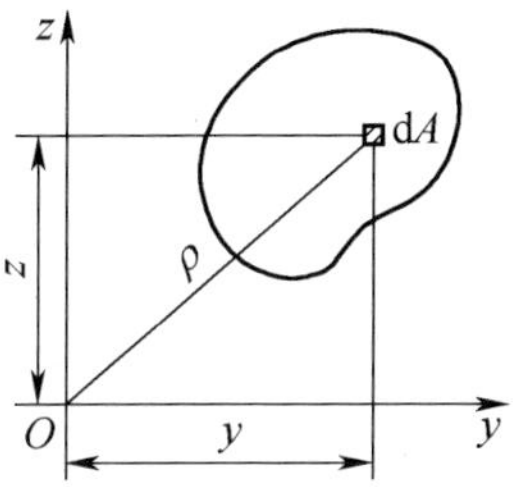

图 I.4

以 ρ 表示微面积 $\mathrm{d}A$ 到坐标原点 O 的距离，则 $\rho^2\mathrm{d}A$ 称为微面积 $\mathrm{d}A$ 对于坐标原点 O 的极惯性矩，而下列积分

$$I_{\mathrm{P}} = \int_A \rho^2 \mathrm{d}A \tag{I.8}$$

定义为图形对坐标原点 O 的极惯性矩。显然，极惯性矩的数值恒为正值，其量纲是长度的四次方，常用单位为 m^4 或 mm^4。

由图 I.4 可知，$\rho^2 = y^2 + z^2$，于是极惯性矩与惯性矩有以下关系

$$I_{\mathrm{P}} = \int_A \rho^2 \mathrm{d}A = \int_A (y^2 + z^2)\mathrm{d}A = I_z + I_y \tag{I.9}$$

式（I.9）表明，图形对任意一对互相垂直的轴的惯性矩之和，等于它对该两轴交点的极惯性矩。

微面积 $\mathrm{d}A$ 与其分别至 z 轴和 y 轴的距离的乘积 $yz\mathrm{d}A$，称为微面积对 y、z 轴的惯性积。而以下积分

$$I_{yz} = \int_A yz\mathrm{d}A \tag{I.10}$$

定义为图形对 y、z 轴的惯性积。显然，惯性积的数值可能是正值或负值，也可能等于零，量纲为长度的四次方，常用单位是 m^4 或 mm^4。

若 y、z 两坐标轴中有一根为图形的对称轴，则图形对这一坐标系的惯性积 I_{yz} 恒等于零。如图 I.5 所示，z 轴为对称轴，在对称轴的两侧，处于对称位置的两个微面积 $\mathrm{d}A$，两者的 z 坐标相同，y 坐标则数值相等但正负号相反。因而两个微面积与坐标 y、z 的乘积，数值相等而正负号相反，在积分中相互抵消，则惯性积 I_{yz} 必为零。

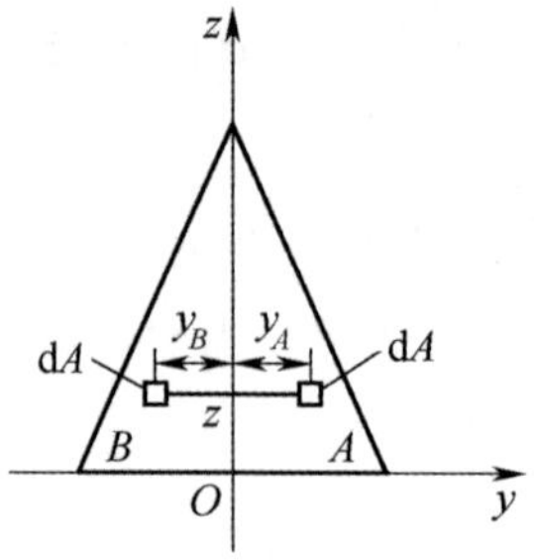

图 I.5

力学计算中，惯性矩又可以表示为图形面积 A 与某一长度的平方的乘积，即

$$I_y = A \cdot i_y^2, \quad I_z = A \cdot i_z^2 \tag{I.11}$$

式中：i_y 和 i_z 分别为图形对 y 轴和对 z 轴的惯性半径，量纲为长度的一次方，常用单位为 m 或 mm。

由上式可知，惯性半径的计算公式为

$$i_y = \sqrt{\frac{I_y}{A}}, \quad i_z = \sqrt{\frac{I_z}{A}} \tag{I.12}$$

当一个平面图形是由若干个简单的图形组成时，组合截面对某轴的惯性矩等于其各组成部分对该轴惯性矩的和。用公式表达为

$$I_y = \sum_{i=1}^{n} I_{yi} \qquad I_z = \sum_{i=1}^{n} I_{zi} \tag{I.13}$$

例 I.3 如图 I.6 所示，矩形的高为 h，宽为 b。试计算矩形截面对其对称轴 y 和 z 的惯性矩。

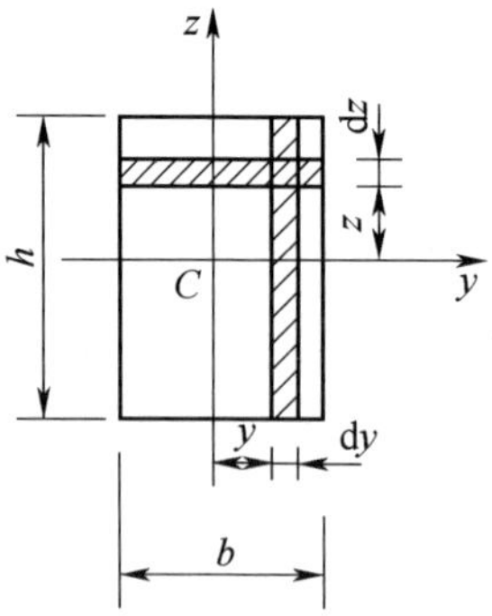

图 I.6

解：求对 y 轴的惯性矩，取平行于 y 轴的狭长条作为微面积 dA，即

$$dA = bdz$$

由式（I.7）得　$$I_y = \int_A z^2 dA = \int_{-\frac{h}{2}}^{\frac{h}{2}} z^2 b dz = \frac{bh^3}{12}$$

同理，求对 z 轴的惯性矩，取平行于 z 轴的狭长条作为微面积 dA，即

$$dA = hdy$$

由式（I.7）得　$$I_z = \int_A y^2 dA = \int_{-\frac{b}{2}}^{\frac{b}{2}} y^2 h dy = \frac{hb^3}{12}$$

例 I.4　计算如图 I.7 所示的圆形截面（直径为 d）对 y 轴和 z 轴的惯性矩、惯性半径及对坐标原点 O 的极惯性矩。

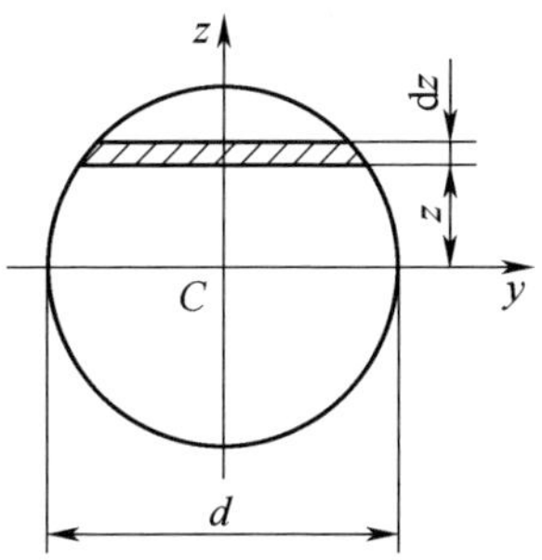

图 I.7

解：如图 I.7 所示，平行于 y 轴，取阴影线面积为 dA，则

$$dA = 2ydz = 2\sqrt{R^2 - z^2}dz$$

由式（I.7）得

$$I_y = \int_A z^2 dA = \int_{-\frac{d}{2}}^{\frac{d}{2}} z^2 \cdot 2\sqrt{R^2 - z^2}dz = \frac{\pi d^4}{64}$$

由式（I.12），惯性半径为

$$i_y = \sqrt{\frac{I_y}{A}} = \sqrt{\frac{\frac{\pi d^4}{64}}{\frac{\pi d^2}{4}}} = \frac{d}{4}$$

由于对称性，必然有

$$I_y = I_z = \frac{\pi d^4}{64}, \quad i_y = i_z = \frac{d}{4}$$

由式（I.9），可得

$$I_P = I_y + I_z = \frac{\pi d^4}{32}$$

对于空心圆截面，外径为D，内径为d，则

$$I_y = I_z = \frac{\pi D^4}{64}(1-\alpha^4)，\quad \alpha = \frac{d}{D}$$

$$I_P = \frac{\pi D^4}{32}(1-\alpha^4)$$

I.3 平行移轴公式

由惯性矩和惯性积的定义可知，同一平面图形对不同坐标轴的惯性矩和惯性积一般不相同。但当两对坐标轴相互平行，且其中一对轴是图形的形心轴时，它们之间有比较简单的关系。

如图 I.8 所示，C 为图形的形心，y_C 和 z_C 是通过形心的坐标轴，y 轴平行于 y_C 轴，且两者的距离为 a，z 轴平行于 z_C 轴，且两者的距离为 b，则有如下公式

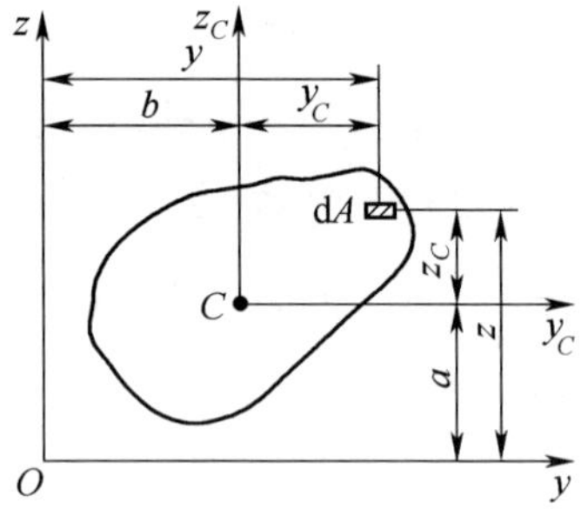

图 I.8

$$\left.\begin{aligned} I_y &= I_{y_C} + a^2 A \\ I_z &= I_{z_C} + b^2 A \\ I_{yz} &= I_{y_C z_C} + abA \end{aligned}\right\} \tag{I.14}$$

式（I.14）即为惯性矩和惯性积的平行移轴公式。

简单证明：由图 I.8 可以看出

$$y = y_C + b，\quad z = z_C + a$$

$$I_y = \int_A z^2 \mathrm{d}A = \int_A (z_C + a)^2 \mathrm{d}A = \int_A {z_C}^2 \mathrm{d}A + 2a\int_A z_C \mathrm{d}A + a^2 \int_A \mathrm{d}A$$

式中：$\int_A z_C \mathrm{d}A$ 为图形对形心轴 y_C 的静矩，其值应等于零，则得

$$I_y = I_{y_C} + a^2 A$$

同理，可证（I.14）中的其他两式。

平行移轴公式表明：

（1）图形对任意轴的惯性矩，等于图形对与该轴平行的形心轴的惯性矩，加上图形面积与两平行轴间距离平方的乘积。

（2）图形对任意一对直角坐标轴的惯性积，等于图形对平行于该坐标轴的一对通过形心的直角坐标轴的惯性积，加上图形面积与两对平行轴间距离的乘积。

（3）因为面积及 a^2、b^2 项恒为正，故图形对形心轴的惯性矩是最小的。

（4）a、b 为图形的形心在原坐标系中的坐标，它们是有正负的，所以移轴后惯性积有可能增加也可能减少。在使用惯性积移轴公式时应注意 a、b 的正负号。

例I.5 试计算如图I.9所示图形对其形心轴 y_C 的惯性矩 I_{y_C}。

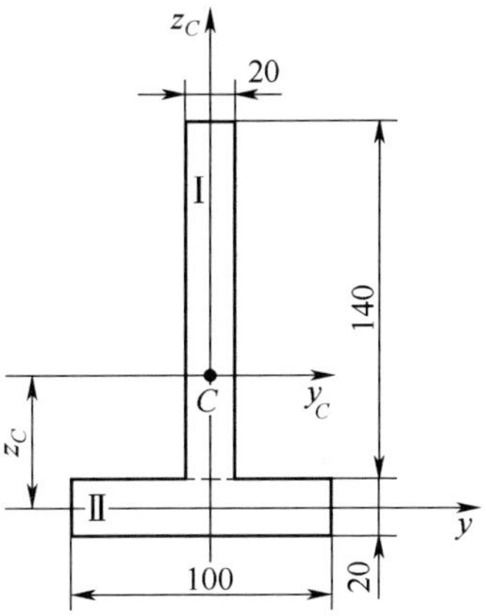

图 I.9

解： 把图形看作由两个矩形 I 和 II 组成，图形的形心必然在对称轴 z_C 上。建立图示坐标系，则有

$$z_C = \frac{A_{\mathrm{I}} z_{C\mathrm{I}} + A_{\mathrm{II}} z_{C\mathrm{II}}}{A_{\mathrm{I}} + A_{\mathrm{II}}} = \frac{20 \times 140 \times 80 + 100 \times 20 \times 0}{20 \times 140 + 100 \times 20}\,\mathrm{mm} = 46.7\,\mathrm{mm}$$

形心位置确定后，使用平行移轴公式，分别计算矩形 I 和 II 对 y_C 轴的惯性矩

$$I_{y_C}^{\mathrm{I}} = \left[\frac{20 \times 140^3}{12} + (80 - 46.7)^2 \times 20 \times 140\right]\mathrm{mm}^4 = 7.69 \times 10^6\,\mathrm{mm}^4$$

$$I_{y_C}^{\mathrm{II}} = \left(\frac{100 \times 20^3}{12} + 46.7^2 \times 100 \times 20\right)\mathrm{mm}^4 = 4.43 \times 10^6\,\mathrm{mm}^4$$

整个图形对 y_C 轴的惯性矩为

$$I_{y_C} = I_{y_C}^{\mathrm{I}} + I_{y_C}^{\mathrm{II}} = 12.12 \times 10^6\,\mathrm{mm}^4$$

参考文献

[1] 西南交通大学应用力学与工程系．工程力学教程[M]．2 版．北京：高等教育出版社，2009．

[2] 单辉祖，谢传锋．工程力学（静力学与材料力学）[M]．北京：高等教育出版社，2007．

[3] 教育部高等教育司．工程力学[M]．北京：高等教育出版社，2000．

[4] 哈尔滨工业大学理论力学教研室．理论力学（I）[M]．7 版．北京：高等教育出版社，2009．

[5] 哈尔滨工业大学理论力学教研室．理论力学（II）[M]．7 版．北京：高等教育出版社，2009．

[6] 郝桐生．理论力学[M]．2 版．北京：高等教育出版社，1982．

[7] 范钦珊，薛克宗，程保荣．理论力学[M]．北京：高等教育出版社，2000．

[8] 陈立群，戈新生，徐凯宇，等．理论力学[M]．北京：清华大学出版社，2006．

[9] 刘鸿文．材料力学（I）[M]．5 版．北京：高等教育出版社，2011．

[10] 刘鸿文．材料力学（II）[M]．5 版．北京：高等教育出版社，2011．

[11] 孙训方，方孝淑，关来泰，等．材料力学（I）[M]．5 版．北京：高等教育出版社，2012．

[12] 范钦珊，蔡新．材料力学[M]．北京：清华大学出版社，2006．

[13] 粟一凡．材料力学[M]．2 版．北京：高等教育出版社，1983．